컨버전스 시대!

경영과
컴퓨터의 만남

제주문화콘텐츠산업 전문인력양성사업단
Jeju Cultural Technology Education Center

컨버전스 시대!

Convergence

경영과
컴퓨터의 만남

김근형 지음

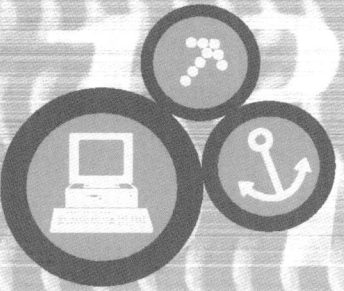

한국학술정보(주)

자본주의사회를 살아가는 현대인들에게 경영마인드에 대한 이해는 매우 중요하다. 기업경영에 종사하는 사람들뿐만 아니라 비영리조직이나 심지어 가정의 전업주부 등 크고 작은 조직에 몸담고 있는 사람들은 조직의 효과적이고 효율적 운영 또는 조직에의 효과적 기여, 자기경영 등을 위해서 경영마인드를 가질 필요가 있다. 또한 정보화 사회를 살아가는 현대인들은 전문가와 비전문가를 막론하고 컴퓨터에 대한 이해는 필수적이라 해도 과언이 아니다. 한마디로 경영마인드와 컴퓨터에 대한 기본적 지식습득은 현대사회의 능동적 지식인이 되기 위한 발판인 셈이다.

이러한 사회적 필요에 따라 경영학과 컴퓨터학의 조화를 통한 시너지를 기대하면서 경영정보학이 태동되었다. 경영정보학은 경영학과 컴퓨터학을 단순히 결합한 것으로 이해할 수도 있지만 사실은 화학적 결합을 통한 시너지 창출이 더욱 중요할 수 있다. 기업경영환경을 이해하고 기업경영을 보다 효율적이고 효과적으로 수행하기 위한 수단으로서 컴퓨터의 체계적인 적용을 모색해보자는 목적이 있는 것이다. 이를 위해서는 경영학의 핵심과 컴퓨터학의 핵심을 정확히 이해한 후 경영분야에서의 컴퓨터 응용 영역을 체계적으로 학습할 필요가 있다.

이 책은 저자가 수년 동안 경영정보학과에서 강의와 연구 활동의 경험을 바탕으로 경영학의 핵심인 경영전략, 인사관리, 마케팅, 회계 및 재무, 생산관리 등과 함께 컴퓨터 응용분야인 경영정보시스템, e-비즈니스 등을 다루고 있을 뿐만 아니라 컴퓨터학의 핵심인 컴퓨터조직, 운영체제, 정보통신, 데이터베이스, 프로그래밍 등을 아우르고 있다.

이 책은 1차적으로 경영정보학과 학생들을 대상으로 집필되었으나 컴퓨터분야를 심도 있게 공부하고 싶은 경영학 전공자 또는 경영마인드를 쌓고 싶은 컴퓨터공학도나 산업공학도, 기타 공학 전공자들이 보기에도 무리가 없을 것이다.

특히, 대학생이 아닌 일반인들도 이 책을 이용하여 경영마인드와 컴퓨터마인드라는 두 마리 토끼를 동시에 잡을 수 있는 기회가 될 수 있을 것이다. 물론 재미는 덜하겠지만……

이 책의 개략적인 구성은 다음과 같다.

1장에서는 기업경영환경에서 정보의 필요성과 정보시스템의 중요성을 언급하면서 정보의 개념과 정보시스템의 역사 등을 서술하였다.

2장부터 6장까지는 경영의 개념과 정의, 경영전략, 인적자원관리, 마케팅, 회계 및 재무, 생산관리 등 경영학의 핵심영역에 대하여 설명하였다.

7장과 8장에서는 경영분야에서의 컴퓨터 응용영역인 경영정보시스템과 e-비즈니스에 대하여 설명하였다.

9장부터 14장에서는 컴퓨터학의 핵심분야면서 경영정보시스템을 구축할 때 이용되는 지식들인 컴퓨터 조직, 하드웨어와 소프트웨어, 운영체제, 데이터베이스, 정보통신, 프로그래밍 등에 대하여 설명하였다.

이 책은 집필경험이 적은 저자의 한계로 인하여 많은 부족한 점들이 있을 것으로 생각되지만 앞으로 계속적인 수정보완을 통하여 좋은 책이 될 수 있도록 노력할 것이다.

아무쪼록 이 책이 경영마인드와 컴퓨터마인드를 쌓으려는 독자들에게 조그마한 도움이 되었으면 하는 바람이다.

저자 김근형

· 차 례 ·

제1장 기업경영과 정보시스템 ······················13

    1. 정보화 시대의 도래 ·····················14

    2. 경영정보의 필요성 ······················14

    3. 정보의 개념 ·······················18

    4. 정보시스템 ·······················22

    5. 경영정보시스템 ·····················24

제2장 경영과 경영전략 ························33

    1. 경영의 정의 ·······················34

    2. 기업경영의 구성요소 ···················35

    3. 경영전략 ························37

    4. 경쟁전략 ························41

제3장 인적자원관리 ·························53

    1. 인사관리의 기능 ·····················54

    2. 인사관리의 패러다임 변화 ················55

    3. 기업경영과 인적자원관리 ················57

    4. 인간존중 경영의 필요성 ·················58

    5. 기업문화 ························60

6. 리더십 ··· 61

7. 동기부여 ··· 63

8. 경영계층별 관리기술 ······························· 67

9. 임파워먼트 ··· 68

10. 보 상 ··· 69

11. 인사평가 ··· 71

제4장 마케팅관리 ·· **77**

1. 마케팅의 정의 ··· 78

2. 마케팅의 이슈 ··· 80

3. 마케팅의 변화 ··· 81

4. 마케팅 과정 ··· 82

5. STP 수립 전략 ··· 84

6. 시장세분화 ··· 85

7. 목표시장 설정 ··· 87

8. 포지셔닝 ··· 88

9. 마케팅 4P ·· 89

10. 제품수명주기와 마케팅믹스 ················· 91

11. 고객관계관리 ··· 93

제5장 회 계 ···99

  1. 회계의 개념 ···100

  2. 회계의 구분 ···101

  3. 재무회계 ···104

  4. 관리회계 ···109

제6장 재무관리 ···123

  1. 재무관리의 역할 ·····································124

  2. 자본예산 ···126

  3. 자본조달과 자본구조 ·····························132

제7장 생산관리 ···139

  1. 생산관리의 개념과 정의 ························140

  2. 생산관리의 패러다임 변화 ····················141

  3. 생산시스템 ···143

  4. 품질경영 ···152

  5. 6시그마 ··154

제8장 경영정보시스템 ···161

  1. 경영과 정보기술의 만남 ························162

2. 시스템의 개념 ……………………………………………162

3. 경영계층별 활동과 정보의 특성 ……………………………165

4. 경영계층별 정보시스템 …………………………………168

5. 지원시스템별 경영정보시스템 …………………………173

6. 기능별 경영정보시스템 …………………………………177

7. 경영계층과 기능별 정보시스템의 매트릭스모형 …………185

제9장 e-비즈니스 ……………………………………………191

1. e-비즈니스 ………………………………………………192

2. ERP ………………………………………………………199

3. SCM ………………………………………………………205

제10장 컴퓨터의 하드웨어 구성요소 …………………………215

1. MIS를 위한 IT분야 ………………………………………216

2. 컴퓨터조직 구조 …………………………………………218

3. 컴퓨터 하드웨어 구성요소 ………………………………218

4. 중앙처리장치 ……………………………………………221

5. 기억장치 …………………………………………………222

6. 속도와 성능 ………………………………………………229

7. 입력장치 …………………………………………………231

8. 출력장치 …………………………………………………234

제11장 컴퓨터소프트웨어와 운영체제 ·······································**239**

   1. 컴퓨터시스템 조직구조 ··240

   2. 소프트웨어의 유형 ···243

   3. 컴퓨터시스템의 계층적 표현 ····································248

   4. 협의의 정보시스템 ···250

   5. 운영체제 ···252

제12장 정보통신 ···**269**

   1. 정보시스템과 통신 ···270

   2. 통신 개요 ···272

   3. 통신망의 발전과정 ···273

   4. 통신 기초기술 ···278

   5. 최신통신기술 ···287

   6. 인터넷 ···294

제13장 데이터베이스 ···**309**

   1. 정보시스템과 데이터베이스 ····································310

   2. 데이터베이스의 개념 ··312

   3. 데이터베이스의 특징과 장점 ··································316

   4. 데이터 모델 ···319

5. 관계형 데이터모델 ·· 323
6. 관계형 데이터베이스시스템 ·································· 324
7. MS 액세스2000 ·· 325

제14장 프로그래밍언어 ··· **339**
1. 알고리즘 ··· 340
2. 컴퓨터 프로그램 ·· 341
3. 프로그래밍언어 ··· 346

제1장

기업경영과 정보시스템

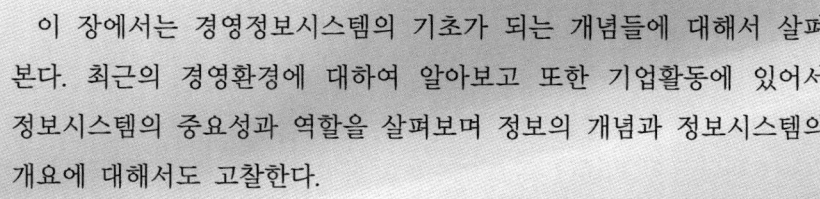

이 장에서는 경영정보시스템의 기초가 되는 개념들에 대해서 살펴본다. 최근의 경영환경에 대하여 알아보고 또한 기업활동에 있어서 정보시스템의 중요성과 역할을 살펴보며 정보의 개념과 정보시스템의 개요에 대해서도 고찰한다.

1. 정보화 시대의 도래

오늘날을 흔히 정보화 시대라고 하는데 이 말은 우리 삶에 있어서 정보가 매우 중요한 역할을 한다는 의미일 것이다. 정보가 우리 생활과 왜 밀접하게 관련되고 또 우리의 일상생활에서 없어서는 안 될 중요한 수단이 되는지 세 가지 관점에서 살펴볼 수 있다.

첫째, 컴퓨터 가격이 하락으로 인하여 컴퓨터 보급이 보편화되었고 컴퓨터에 대한 접근이 용이해지면서 컴퓨터에 의한 정보처리 환경이 일반화되었다는 사실이다. 정보화 시대를 가능하게 한 둘째 요인은 통신 인프라의 구축이 전 세계적으로 확대되면서 세계 어느 곳의 정보든지 자유롭게 이용할 수 있게 되었고 결국 정보의 효과성이 더 커졌기 때문이다. 세 번째 요인은 누구나 쉽게 컴퓨터를 이용할 수 있게 하는 다양한 소프트웨어들의 등장으로 컴퓨터와 매우 친숙하게 되고 이는 정보에 대한 접근성을 수월하게 함으로써 우리의 일상생활에서 정보가 밀접하고 중요한 역할을 할 수 있게 하였다.

정보화 시대에는 기업의 경영활동도 산업화시대와는 다르게 이루어져야 할 것이다. 컴퓨터와 정보기술을 이용하여 보다 효율적이고 효과적인 기업 활동을 영위함으로써 그 발전 속도를 더욱 가속화해야 할 것이다.

2. 경영정보의 필요성

기업에서의 경영활동은 수익창출 또는 가치창출 등의 어떤 목표달성을 위하여 이루어지는데 이러한 목표달성을 위하여 다양한 자원들이 이용된다. 건물, 토지, 기계, 인력, 자금, 물자, 원자재 등을 이용하여 기업활동을 수행하고 가치 창출을 하여 이윤을 발생시킬 때, 보다 많은 가치창출과 수익성을 얻으려면 기업활동을 위한 여러 자원들 중에서도 경영정보라는 자원이 중요하게 된다. 예를 들어, 어떤 제품을 생산하였을 때 보다 많은 소비자들에게 판매되어야 많은 수익이 발생하는데 보다 많은 소비자들이 구매할 수 있도록 하기 위해서는 소비자들이 원하는 제품을 만들어야 할 것이다. 이는 제품을 만들기 전에 소비자들이 어떠한 제품을 원하는지에 대한 정보를 미리 파악해서 소비자가 원하는 제품들을 생산하여야 한다는 말일 것이다. 소비자들의 요구사항을 파악하지 않고 무작정 제품을 만드는 경우와 다양한 정보에 기반하여 소비자들이 필요로 하는 제품을 만드는 경우는 매출이나 수익성에 있어서 분명 차이가 있을 것이다. 이러한 관점에서 볼 때 경영정보가 기업활동을 위한 중요한 자원이 될 수 있다는 것이다.

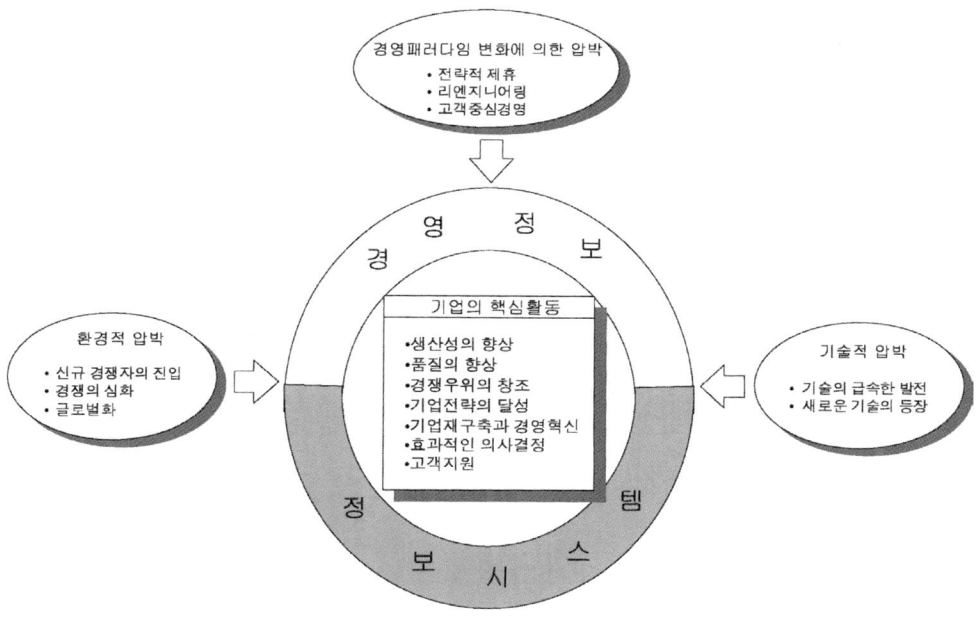

〈그림 1-1〉 기업경영에서 경영정보의 역할

경영정보라는 것은 더 이상 기업활동의 부산물이 아니라 기업활동의 중심에 있는 중요한 자원이고 이를 체계적으로 관리하면서 보다 효용성 있게 이용하는 것이 필요하다. 이러한 관점에서 기업 정보자원관리(IRM, Information Resource Management)라는 용어가 생겨났는데, 정보자원관리라는 것은 기업활동에서 중요한 정보를 원만하고 효과적으로 획득하기 위하여 정보자원을 체계적이고 효율적으로 관리하는 것을 목적으로 한다. 또한, 정보를 전략적인 시각에서 바라보고 관리함으로써 기업의 경쟁우위를 확보할 수 있고 타 기업보다 앞서 갈 수 있는 기회를 만들기 위한 목적을 갖는다고 할 수 있다.

한편, 정보시스템이라는 것은 정보자원관리를 지원하기 위한 구성요소들의 집합이라고 할 수 있다. 정보시스템의 구성요소는 컴퓨터기반시스템(computer based system)이 포함될 뿐만 아니라 정보시스템을 관리하고 운영하는 사람도 포함될 수 있고 기타 여러 가지 요소들이 정보시스템의 구성요소가 될 수 있다. 〈그림 1-1〉에서 보여주는 바와 같이 이러한 정보시스템은 경영정보를 생성하는 등 기업활동에서 여러 가지 역할을 하면서 기업의 핵심활동을 지원할 뿐만 아니라 기업활동의 압박 요인을 완화시키거나 제거하는 역할을 하게 된다.

기업경영을 하다 보면 여러 가지 압박요인들이 발생하게 된다. 환경적인 압박요인으로는 시장 경제원리에 입각한 정책을 통하여 정부의 규제가 완화되거나 해제된다면 관련 산업분야에서 여러 경쟁자들의 진입이 수월해져서 경쟁이 심화된다는 것이다. 이러한 상황은 기업들로 하여금 경쟁에서 살아남기 위하여 여러 가지 전략들을 고려하게 하는데 그중의 하나로서 세계화(globalization) 전략을 생각해 볼 수 있다. 세계화라는 것은 기업활동을 국내로만 국한하는 것이 아니라 해외로 그 영역을 넓히는 것이다. 생산활동의 경우 선진국의 노동임금과 개발도상국의 노동임금은 차이가 있고 비용절감 차원에서 노동임금이 저렴한 나라에서 생산활동을 하는 것이 더 효율적일 수 있을 것이다. 결국 경쟁이 심해지다 보면 세계화에 대한 요구가 생겨나게 된다. 이러한 글로벌 경영을 수월하게 해주거나 촉진시켜주는 수단이 정보기술이다. 세계적으로 통신망이 구축이 되어 인터넷이 확산되고 발전됨에 따라서 글로벌 경영을 위한 국가 간 거래비용이 저렴하게 될 것이기 때문에 결국 정보시스템이 기업경영의 압박요인을 완화시키는 수단이 될 수 있는 것이다.

　또 하나의 압박요인으로 경영 패러다임의 변화를 들 수 있다. 전략적 제휴라든가 리엔지리어링, 고객중심경영 등과 같은 새로운 경영기법들이 중요하게 되었는데 기업 경쟁력 강화를 위해서 받아들일 수밖에 없는 현실이 되었다. 전략적 제휴라는 것은 말 그대로 전략적으로 다른 기업과 협력 관계를 맺어서 기업 경쟁력을 높이겠다는 것이다. 제휴에 대한 예로는 공동기술개발, 기업경영자원의 공유, 공급관계의 영구적 지속 등을 들 수 있다. 전략적 제휴를 위한 기업들끼리의 협력과정에서 정보기술을 이용하여 거래비용을 절감시킬 필요가 있다. 리엔지니어링이라는 것은 기업조직을 업무프로세스 위주로 혁신적으로 재조직하는 것으로 부서들끼리 통합될 수 있고, 필요 없는 조직 인력이 감축될 수도 있다. 리엔지니어링을 통한 조직 혁신은 정보시스템을 도입함으로써 그 효과성이 배가 될 수 있다. 고객중심경영은 고객들의 요구사항을 잘 파악하여 고객이 요구하는 제품을 만들어서 매출과 수익을 확대시키려는 경영전략이라고 할 수 있다. 과거 산업사회에서는 생산기술이 발전되지 않아서 제품들의 공급부족 현상이 있었다. 제품을 생산하는 사람은 적고 구매하겠다는 사람은 많았기 때문에 별도의 판매전략이 필요하지 않았다고 할 수 있겠지만, 오늘날의 경우를 보면 생산기술도 발전되었을 뿐 아니라 경쟁기업들도 많아져서 상당히 많은 제품들이 생산되고 있을 뿐만 아니라 제품을 소비할 소비자들의 요구수준도 높아져서 제품의 판매가 어려워지는 상황이 되었다. 그래서 제품이나 서비스를 생산할 때부터 소비자의 요구사항이 무엇인지 분석해서 소비자가 원하는 제품이나 서비스를 생산해야 잘 팔리게 되고 결과적으로 수익을 창출할 수 있게 된다는 것이다. 소비자들의 요구사항을 잘 파악하기 위한 수단으로서 정보기술을 이용할 필요가 있는데, 소비자들의 동향 등을 데이터베이스로 구축해두고 이를 분석함으로써 적절한 판매전략이나 생산전략을 수립할 수 있다.

　또 하나의 압박요인으로 기술적 요인을 고려해 볼 수 있다. 기술의 급속한 발전은 기업들로 하여금 보다 효율적인 기업경영활동을 수행하기 위한 새로운 기술을 수용하게 한다. 예를 들면, 정보기술의 발전으로 인하여 컴퓨터 성능은 날이 갈수록 좋아지고 있는데 컴퓨터 가격은 계속 하락하고 있다. 현재의 컴퓨터기술 발달

추이로 보아서 10년 후의 컴퓨터 성능은 현재에 비하여 50배 정도 향상될 것이다. 반면에 10년 후의 노동 인건비가 2배 정도 상승한다면 10년 후 컴퓨터의 업무처리 능력은 현재보다 100배 정도 증가할 것이다. 10년 후에는 지금보다 컴퓨터를 더 많이 이용할 수밖에 없는 상황이 될 것이다. 신기술을 도입했을 때 업무의 효율화를 꾀할 수 있다면 당연히 그 기술을 도입해서 이용해야 할 것이고 이러한 경우의 신기술은 경영활동의 압박요인으로 작용할 수 있게 되는 것이다. 결국 신기술을 채택한 정보시스템은 이러한 압박요인들에 대응하거나 완화시키는 주요 수단이 될 수 있다.

기업은 기업의 목표인 가치창출과 수익확대를 위해서 생산성 향상, 품질향상 등의 핵심활동들을 한다. 이러한 핵심활동을 수행할 때에도 정보시스템은 중요한 역할을 한다. 기업에서 생산성을 향상시키는 활동은 중요하면서도 기본적인 요구사항이라고 할 수 있는데 이는 정보시스템을 도입하여 업무효율화를 통한 비용절감을 함으로써 가능하게 된다. 즉 정보시스템을 도입함으로써 생산성 향상과 비용절감이 가능하게 되는 것이다. 또한 품질향상, 경쟁기업과의 차별화를 통한 경쟁우위 확보, 효과적인 의사결정을 위하여 정보시스템은 중요한 역할을 한다. 결과적으로 현대의 기업 경영활동을 수행할 때 정보시스템은 중요한 역할을 하고 또한 기업의 중요한 자원이 된다. 특히, 현재에도 정보시스템이 중요하지만 미래로 갈수록 그 중요성을 더하게 될 것이다.

정보시스템에 대한 구체적인 고찰을 하기에 앞서 정보의 개념에 대해서 간략히 살펴보도록 하자.

3. 정보의 개념

데이터의 의미와 비교하면서 정보의 의미를 이해하면 보다 쉽게 이해할 수 있다. 데이터는 가공하지 않은 원천적인 것(raw data)이라고 할 수 있고, 정보는 필요에 의해 데이터를 가공한 것이라 할 수 있다.

〈그림 1-2〉는 현실세계(real world)에서 발생한 데이터(input data)를 가공처리 (processing)해서 정보(information)로 변환시키고 이 정보를 의사결정자가 효과적인 의사결정을 하는 데 유용하게 이용한다는 것을 나타내고 있다. 저장데이터 (stored data)는 일종의 데이터베이스(database)로써 미리 입력되어 저장되어 있는 데이터를 의미한다. 예를 들면, 어떤 학급 학생들의 개별 몸무게는 데이터이고 이 몸무게 데이터들을 합해서 학급 학생수로 나누면 평균 몸무게가 계산되는데 이 평균 몸무게는 초등학교 급식 담당 영양사에게는 좋은 정보가 된다. 또 다른 예로, 올해 어떤 학년 학생들 몸무게 데이터를 이용하여 몸무게 평균을 구할 수 있고 동일한 학년 학생의 작년 몸무게는 데이터베이스에 저장되어 있어서 올해의 몸무게 평균과 작년의 몸무게 평균을 비교함으로써 또 다른 유용한 정보를 얻을 수 있다.

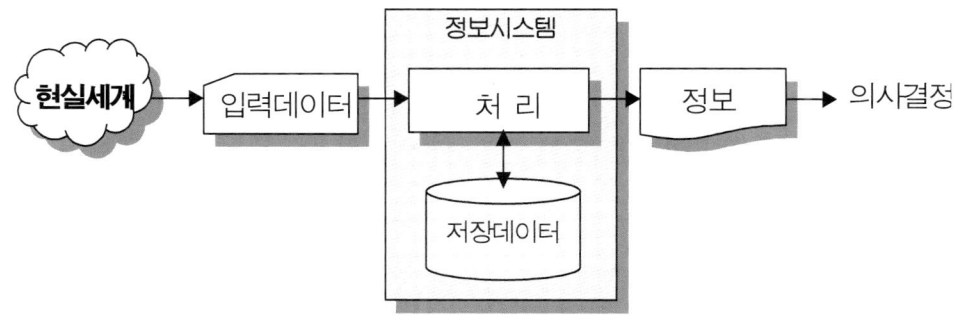

〈그림 1-2〉 정보의 개념

정보가 질적으로 가치를 갖기 위해서는 여러 가지 요건들이 만족이 되어야 한다. 첫 번째 요건은 적합성(relevance)이다. 이 말은 정보가 의사결정에 직접적으로 관련되어야 가치가 있을 것이라는 의미다. 예를 들면, 여행사에서 고객의 요청에 따라 비행기 좌석예약을 한다고 가정을 했을 경우 현재 어떤 비행기에 남아있는 좌석수가 몇 석인지는 중요한 정보가 될 수 있지만 탑승객의 직업이나 자녀수와 같은 정보는 좌석예약을 위한 의사결정과는 관련 없는 정보이기 때문에 적합성이 없는 정보라고 할 수 있다. 정보의 두 번째 질적 요건은 적시성이다. 의사결정자가 필요로 하는 시점에 맞게 정보가 제공되어야 한다는 것이다. 고객으로부터의 주문요청을 받아서 그 주문의 수락 여부와 관련된 의사결정을 할 때 현재 재고가 얼마 남아있는지는 중요한 정보가 되겠지만 일주일 전의 재고가 얼마였는지는 적시성이 결여된 정보라고 할 수 있다. 정보가 질적으로 좋아지려면 제때에 공급되어야 한다는 적시성이 있어야 된다. 세 번째 요건은 정확성이다. 정보는 오류가 없어야 한다는 말이다. 경우에 따라서 세부적인 오류는 용인될 수 있는 상황이 있을 수도 있다. 예를 들어서 마케팅부서나 기획부서에서는 끝자리까지의 금액정보를 요구하지 않지만 경리부서에서는 몇 원까지도 중요할 수 있기 때문에 정확성은 상대적인 개념이라고 할 수 있다. 네 번째 요건은 증거성이다. 정보의 정확성을 확인할 수 있는 근거가 있어야 한다는 의미이다. 예를 들어, 평균 몸무게가 있으면 그 평균이 어떤 데이터를 근거로 해서 계산된 것인지 각각의 개별 데이터를 추적할 수 있어야 질적으로 좋은 정보가 될 수 있다. 다른 말로 감사증적(audit trail)이라고도 하는데 요약된 정보로부터 본래의 출처를 추적하거나 또는 본래의 상세한 데이터로부터 요약된 정보까지 순차적으로 계산해 나가는 것을 의미한다. 다섯째 요건은 형태성이다. 형태성이란 정보 사용자의 요구에 맞는 형태로 제공되어야 한다는 것이다. 제품의 매출액 정보의 경우 월별로 매출액을 상세하게 숫자로 제시할 수도 있지만 그래프 형태로도 표현할 수도 있다. 최고 경영층의 입장에서는 세부적인 숫자에 의한 매출액 정보보다는 월별 비교도 할 수 있고 추세도 한눈에 파악할 수 있는 막대 그래프형태의 정보를 선호할 것이다.

또한, 정보가 보다 효과적으로 활용되기 위하여 만족되어져야 할 여러 가지 요건들이 있다. 첫 번째는 형태효용이 있어야 한다. 앞에서 살펴본 형태성과 비슷한 의미가 되겠지만 정보의 형태가 의사결정자의 요구사항과 밀접하게 부합이 될 때에 정보의 효용가치가 높아질 것이다. 두 번째는 시간효용이 있어야 된다. 의사결정자가 필요로 하는 시점에 제공되어야 정보의 효용가치가 높아질 수 있다는 말이다. 세 번째는 장소효용이 있어야 한다. 정보에 쉽게 접근할 수 있을 때에 정보의 효용가치가 높아질 수 있다는 말이다. 아무리 좋은 정보라도 쉽게 접근하여 취득할 수 없다면 쓸모없는 정보가 될 것이다. 네 번째는 소유효용이 있어야 한다. 정보 소유자는 다른 사람에게 정보가 흘러가는 것을 통제할 수 있어야 한다는 의미다. 필요한 사람에게만 정보를 전달할 수 있고 그렇지 않은 사람에게는 통제되어야 정보로서의 효용가치가 클 것이라는 말이다.

정보에 대한 이해를 높이기 위하여 또 다른 관점에서 〈그림 1-3〉과 같이 정보를 4가지 유형으로 나눠 볼 수 있다. 〈그림 1-3〉에서 볼 수 있는 바와 같이, 정보의 유형을 가로축과 세로축을 기준으로 해서 4분면으로 나눌 수 있다. 가로축에서 정형적(formal) 정보라는 것은 조직의 규칙이나 절차에 따라서 정형화된 문서로 기록하여 나타낸 정보를 의미한다. 비정형적(informal) 정보라는 것은 전화상에서의 통화처럼 기록이 안 된 채 유통된 정보를 의미한다. 세로축도 두 부분으로 나누어지고 있는데 공적(public)이란 의미는 조직 내의 관련된 사람들에게는 모두 알려질 필요가 있는 공문 같은 경우가 그 예라고 할 수 있다. 반면에 사적(private)인 정보라는 것은 특정 개인에 소유된 정보라 할 수 있다. 이런 방식으로 가로축과 세로축을 각각 두 부분으로 나누면 4분면의 형태로 정보유형을 나누어볼 수 있다. 첫 번째 유형인 공적이면서 정형적인 정보는 공문이라든가 정보시스템에 의해 만들어지는 보고서 같은 형태의 정보를 예로 들 수 있다. 두 번째 유형인 공적이면서 비정형적인 정보는 전화나 전자우편. 게시판 등을 통한 정보가 그 예라 할 수 있다. 세 번째 유형인 정형적이면서도 사적인 정보는 판매사원들의 개인별 판매실적 파일을 그 예로 들 수 있는데 판매활동을 통해 만들어지는 정보지만 개인이 주로 많이 이용하는 정보라 할 수 있다. 네 번째 유형인 사적이면서 비정형적인 정보는 부하직원에 대한 개별 신상정보를 그 예로 들 수 있다. 부하직원의 자녀 생일 등의 정보를 알게 되면 나중에 자녀들의 생일 때 어떠한 조치를 취함으로써 부하직원들의 사기를 향상시킬 수 있을 것이다.

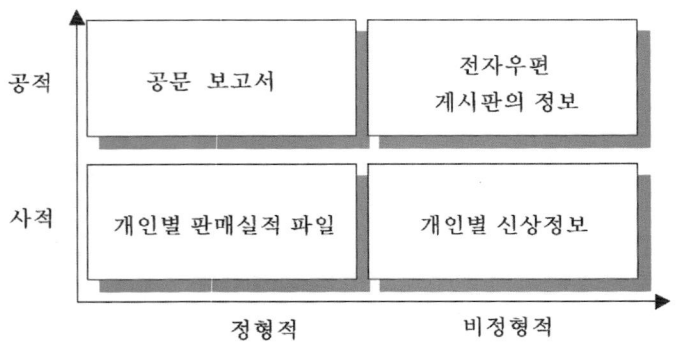

〈그림 1-3〉 정보의 유형

　전통적인 정보시스템은 공적이면서 정형적인 부분들을 주로 다루었지만 이러한 정보뿐만 아니라 사적 정보, 비정형 정보들을 잘 지원할 수 있는 정보시스템이 보다 효과적이고 차별적으로 경영활동을 지원할 수 있을 것이다. 최종사용자 컴퓨팅(enduser computing)은 새로운 개념의 정보생성 기법이라고 할 수 있는데 최종사용자가 자기의 필요에 의해서 자기가 원하는 형태로 정보를 생성하여 활용하는 것이다. 컴퓨터 사용방법이 쉬워지고 컴퓨터 사용자들의 정보마인드와 정보화 수준이 높아질수록 최종사용자 컴퓨팅 방식을 이용하여 보다 융통성 있게 정보를 생성하고 활용할 필요가 있다.

4. 정보시스템

　정보시스템을 한 마디로 정의하면 정보를 생성하는 수단이 되는 시스템이라 할 수 있다. 어떤 목적을 달성하기 위하여 유기적으로 협력하는 구성요소들의 집합을 시스템이라고 할 때, 정보시스템을 다시 한번 정의해 보면, 어떤 조직이나 기업에서 경영활동과 의사결정을 지원할 목적으로 데이터를 수집하고 저장하거나 처리해서 정보를 생성한 뒤에 배분하는 일련의 활동을 지원하기 위한 구성요소의 집합이 정보시스템이라 할 수 있다. 동적인 관점에서 보면 앞의 〈그림 1-2〉에서 보여주고 있듯이 데이터 입력이 있고 입력된 데이터를 데이터베이스상에 저장하거나 또는 출력정보로 가공 처리하는 시스템이라고 할 수 있다. 출력정보는 입력데이터를 기반으로 가공 처리하여 만들어지기도 하지만 데이터베이스상의 과거데이터를 사용자의 요구에 맞게 가공 처리하여 생성되기도 한다.

입력 데이터를 수작업으로 처리하여 정보형태로 만들 수도 있기 때문에 정보시스템의 구성요소로서 컴퓨터가 포함되지 않을 수도 있다. 그렇지만 일반적으로 정보시스템이라 하면 컴퓨터를 이용하여 정보를 생성하는 컴퓨터기반의 정보시스템(computer based information system)을 일컫는다. 기업 경영활동을 지원하기 위한 정보시스템은 기업 환경이라는 틀 내에서 존재하게 되는데 기업의 환경요소로는 고객, 공급자, 경쟁업체, 주주, 정부 등이 포함될 수 있다.

정보시스템의 구성요소들을 살펴보면 크게 컴퓨터 그리고 컴퓨터를 작동하거나 이용하는 사람으로 나누어 볼 수 있다. 컴퓨터는 하드웨어와 소프트웨어로 나누어 볼 수 있다. 컴퓨터 하드웨어에 속하는 요소들로는 중앙처리장치, 입출력장치, 보조기억장치, 통신 네트워크 장비 등이 포함된다. 특히, 요즘에는 인터넷에 연결되지 않은 컴퓨터는 그 효용가치가 매우 떨어지므로 통신네트워크 장비는 매우 중요한 컴퓨터 구성요소라고 할 수 있다. 컴퓨터 소프트웨어는 하드웨어의 작동을 지시하고 제어하는 기능을 수행한다. 컴퓨터 소프트웨어는 시스템 소프트웨어와 응용 소프트웨어로 나누어 볼 수 있는데 일반적으로 기업활동을 지원하는 정보시스템은 응용 소프트웨어의 형태로 사용자들에게 서비스 된다. 정보시스템의 또 다른 구성요소로써 데이터베이스가 있는데 데이터베이스는 조직에서 필요로 하는 데이터들을 공유를 할 목적으로 컴퓨터 보조기억장치상에 저장하여 놓은 데이터들의 모임이다. 데이터베이스는 일종의 소프트웨어라고 할 수 있다. 기업활동 또는 경영활동의 결과는 데이터의 형태로 정리해 둘 수 있는데 이러한 데이터들이 데이터베이스에 차곡차곡 쌓여 저장되면서 데이터베이스가 점점 커지고 데이터양이 증가하게 된다.

데이터베이스를 체계적으로 관리하기 위한 시스템 소프트웨어로서 DBMS(Database Management System)가 있다.

정보는 사람이 컴퓨터를 이용하여 생성하는 것이기 때문에 사람은 정보시스템의 중요한 구성요소라고 할 수 있다. 물론 사람의 관여를 최소한으로 하면서 유용한 정보를 생성할 수 있게 하는 정보기술이 정보시스템의 궁극적인 목표라 하겠지만 현재까지는 사람이 정보생성에 직접적으로 관여한다. 정보시스템은 정보시스템을 이용하는 사람, 즉 최종사용자를 위하여 존재한다고 할 수 있다. 최종사용자가 경영활동을 할 때 보다 효율적이고 효과적으로 업무처리를 할 수 있도록 지원하는 역할을 할 수 있어야 한다. 최종사용자가 정보시스템을 유용하게 사용하지 못해서 정보시스템의 효과가 발휘되지 못했다면 결과적으로 그러한 정보시스템은 쓸모없게 되는 것이다. 따라서 정보시스템은 최종사용자의 요구사항이 충분히 반영되도록 설계되어야 한다. IS(Information System)전문가는 정보시스템을 설계하고 구현하는 사람으로서 시스템분석가나 프로그래머 또는 시스템 관리자가 그러한 사람들이라고 할 수 있다. 즉 IS전문가는 정보시스템에 대해 기술적으로 많이 알고 있는 사람으로서 정보시스템의 또 다른 구성요소라고 할 수 있다.

5. 경영정보시스템

경영정보시스템은 MIS(Management Information Systems)이라고도 하는데 기업경영활동을 지원하는 목적을 갖는 정보시스템의 한 유형이라고 할 수 있다. 오늘날의 MIS의 의미와 과거의 MIS의 의미는 약간 다르다. 과거의 MIS는 협의의 개념으로서 경영관리층에 정보를 제공하는 정보보고시스템(Information Report System)의 역할을 의미하였다. 예를 들면 매일의 판매활동 결과를 정보시스템상의 데이터베이스에 축적해 두었다가 특정지역별 판매합계액이라든가 특정기간별 판매합계액 등의 요약정보를 보고서 형태로 만들어 주는 시스템을 정보보고시스템이라고 한다. 광의의 의미의 경영정보시스템은 정보보고시스템의 기능뿐만 아니라 추가적으로 경영활동을 지원하기 위한 다양한 기능을 포함하는 컴퓨터기반의 정보시스템(CBIS, Computer Based Information System)을 의미한다. 보다 더 넓게 생각한다면 CBIS와 MIS가 동일한 의미로 간주되기도 한다.

광의의 경영정보시스템이 어떤 기능들을 포함하고 있는지 경영정보시스템의 역사적인 발전과정을 통하여 살펴보기로 하자. 제일 처음에 생겨난 정보시스템은 거래처리시스템(Transaction Processing System)이다. 거래처리시스템은 말 그대로 기업의 일상적인 거래활동을 지원해주는 기능을 수행한다. 예를 들어 항공회사에서 항공 예약을 할 때 직원이 예약전화를 받아서 예약 데이터를 정보시스템에 기록해 두었다가 나중에 확인해 볼 수 있게 하는 기능, 은행에서 예금업무를 처리하는 기능, 기업에서 어떤 주문을 받으면 그 주문 상황을 컴퓨터상에 기록해두고 나중에 주문현황을 파악해 볼 수 있게 하는 기능 등 기업의 비즈니스거래 활동을 지원해주는 정보시스템을 거래처리시스템이라 한다.

그 다음에 나온 시스템이 정보보고시스템인데 앞에서 살펴보았던 협의의 경영정보시스템으로서 정형적인 경영의사결정을 지원하는 기능을 갖는다. 정형적이라는 말은 구조적이라는 의미와 비슷한데 문제의 해결과정을 단계별로 기술할 수 있다는 특징이 있다. 예를 들면 어떤 학생의 성적평균을 계산하는 것은 정형적인 문제의 예인데, 문제해결단계로서 첫 번째 단계에서는 총점을 구하고, 두 번째 단계에서는 총점을 과목 수로 나누어서 평균을 계산하면 된다. 비용절감을 위해서 보다 경제적인 제품주문을 하려면 제품 당 구매비용, 제품 판매액, 제품당 유지비용 등을 고려하여 최적의 주문량을 결정할 수 있는데 이러한 문제도 정형적인 문제의 예이다.

비정형적인 경영의사결정은 문제 해결 과정을 명시적으로 알 수 없는 경우를 말한다. 예를 들면, 어떤 기업의 국제시장 진출 여부에 대한 의사결정 문제는 새로운 시장의 경쟁자, 수요·공급에 관한 사항, 그 나라의 문화적인 측면도 고려해야 하기 때문에 문제해결 단계를 명시적으로 기술할 수 없는 비정형적인 문제의 예이다. 의사결정지원시스템(Decision Support System)은 비정형적인 경영의사결정을 지원하기 위한 정보시스템이다. 의사결정지원시스템은 100%의 정확한 의사결정을 하는 것이 아니고 어떤 의사결정자를 지원하는 보조적인 정보를 제공하는 것을 목적으로 한다.

〈표 1-1〉 광의의 경영정보시스템의 발전과정

시 기	정보시스템 유형	설 명
1960년대 이전	거래처리시스템 (Data Processing System 또는 Transaction Processing System)	거래자료처리, 전통적인 회계 응용프로그램
1960-1970	협의의 경영정보시스템 (Management Information System 또는 Information Reporting System)	정형적인 경영의사결정의 지원
1970-1980	의사결정지원시스템 (Decision Support System)	비정형적인 경영의사결정의 지원
1990-현재	사무자동화시스템 (Office Automation System)	사무부분의 생산성 향상
	전문가시스템(Expert System)	전문지식의 제공
	전략정보시스템 (Strategic Information System)	경쟁우위 위한 전략 지원
	중역정보시스템 (Executive Information System)	최고경영층 업무지원
	비즈니스리엔지니어링 (Business Reengineering)	비즈니스프로세스의 재설계와 혁신
	ERP(Enterprise Resource Planning)	기업의 내부업무를 전사적으로 통합 지원
	CRM (Customer Relationship Management)	관계마케팅전략을 지원
	SCM(Supply Chain Management)	공급망관리 지원
	BI(Business Intelligence)	기업경영에 필요한 효과적이고 지능적인 정보제공

사무자동화시스템(office automation system)은 사무업무의 생산성을 향상시키는 것을 목적으로 만들어진 소프트웨어로서 워드프로세서, 스프레드쉬트, 이메일 등을 그 예로 들 수 있다. 전문가시스템(expert system)은 인공지능 기술을 이용하여 전문지식을 제공할 수 있는 정보시스템인데 주식투자, 의료진단 등 다양한 분야에서 응용될 수 있고 그 효과성이 어느 정도 입증되었다고 할 수 있다. 전략정보시스템은 기업의 최고 경영자, 중역층에게 전략적인 의사결정을 하는 데 필요한 정보를 제공할 수도 있고 또는 경쟁 기업과 경쟁을 하면서 경쟁우위를 확보할 수 있도록 지원하는 정보시스템일 수도 있다. 예를 들어 A회사에서는 제품을 설계할 때 수작업으로 하기 때문에 시간이 많이 걸리는데, B회사에서는 CAD/CAM 시스템을 이용하여 아주 빠른 속도로 제품설계를 하고 제품 생산을 단축시킴으로써 A회사보다 더 생산성이 향상되면 CAD/CAM시스템은 전략정보시스템이 될 수 있다. 중역정보시스템(Executive information system)이라는 것도 있는데 기업 경영현황 정보를 한눈에 알아 볼 수 있게 요약정보들을 그래프형태로 표현하여 시각적인 효과를 극대화시킴으로써 기업 중역들이 보다 쉽게 정보시스템을 이용할 수 있게 하는 목적을 갖는다.

비즈니스리엔지니어링(Business Process Reengineering)은 조직의 업무처리구조나 절차 등을 혁신적으로 변화시켜 경영효율화를 달성하려는 목적을 갖는 새로운 경영기법 중의 하나이다. 비즈니스리엔지니어링을 성공적으로 수행하기 위하여 목적에 맞는 적절한 정보시스템의 도입은 거의 필수적이라고 할 수 있다.

최근에는 이런 정보시스템 말고도 ERP(Enterprise Resource Planning), SCM(Supply Chain Management), CRM(Customer Relationship Management) 등 최신 정보기술을 기반으로 만들어진 정보시스템들이 많이 이용되고 있다. ERP는 기업내부의 업무처리 효율화를 목적으로 만들어진 정보시스템이고, SCM은 기업 간 정보 공유 및 거래처리의 효율화, CRM은 고객과의 좋은 거래환경을 만들기 위한 목적을 갖는 정보시스템이라고 할 수 있다.

지금까지 소개한 다양한 정보시스템들을 통틀어 경영정보시스템이라고 할 수 있다. 이런 경영정보시스템을 본격적으로 이해하기 위해서는 우선 경영에 대한 지식이 필요하다. 왜냐하면 이러한 정보시스템들은 결국 기업에서 주로 사용될 것이기 때문에 기업활동이 어떻게 이루어지고 기업활동 중 어떤 분야에서 정보시스템을 필요로 하는지 등을 알아야 효과적이고 효율적인 정보시스템 도입전략을 수립할 수 있을 것이다. 또한, 정보시스템을 설계하고 구현하는 입장에서도 활용분야에 대한 충분한 지식이 있어야 사용자의 요구사항에 적합한 고품질의 기능을 제공할 수 있다. 따라서 경영정보시스템을 제대로 이해하려면 경영학에 대한 일반적인 지식, 즉 생산관리, 인적자원관리, 마케팅, 재무, 회계 등의 경영학 지식을 기반으로 전산학에 대한 지식도 필요하다. 정보시스템은 정보 기술을 기반으로 구현될 것이기 때문에 전산학 부분에서의 하드웨어, 소프트웨어에 대한 개념 및 기술, 데이터베이스, 정보통신, 시스템 분석 및 설계, 프로그래밍 등과 관련된 지식들이 필요하다.

결국 유능하고 차별화된 경영정보시스템 전문가가 되기 위해서는 경영학 지식과 전산학 지식을 골고루 터득하고 있어야 할 것이다.

【요 약】

환경적 압박요인과 경영패러다임 변화에 의한 압박요인, 기술적 압박요인 등은 기업이 핵심활동을 하는데 장애요인이 되고 있다. 정보시스템과 경영정보는 기업의 핵심활동을 달성하는데 도움을 주고 여러 가지 경영압박요인들을 완화시키는 역할을 한다.

정보는 의사결정자가 합리적인 의사결정을 할 수 있도록 지원하여야 하는데 일반적으로 정보시스템에 의하여 데이터가 가공·처리됨으로서 정보가 만들어진다. 보다 좋은 정보가 되기 위해서는 적합성, 적시성, 정확성, 증거성, 형태성 등의 요건을 갖추어야 한다.

정보시스템은 경영정보를 생성할 뿐만 아니라 업무효율화를 위한 자동화의 수단이 되기도 한다. 정보시스템은 컴퓨터하드웨어, 소프트웨어, 데이터베이스, 사람 등으로 구성된다.

정보시스템의 유형은 다양한데, 거래처리시스템, 정보보고시스템, 의사결정지원시스템, 사무자동화시스템, 전문가시스템, 전략정보시스템, 중역정보시스템, ERP, CRM, SCM 등이 있다. 광의의 경영정보시스템은 열거한 모든 정보시스템을 포함하지만 협의의 경영정보시스템은 과거의 정보보고시스템만을 일컫기도 한다. 오늘날의 경영정보시스템은 광의의 경영정보시스템을 의미하며 결국 컴퓨터기반의 정보시스템을 일컫기도 한다.

경영정보시스템 전문가가 되기 위해서는 경영마인드와 함께 정보기술지식을 겸비하여야 한다.

【연습문제】

※정오식문제

1. 컴퓨터성능은 날이 갈수록 좋아지고 컴퓨터 가격은 계속 하락하고 있기 때문에 기업경영활동에 컴퓨터를 도입하고자 하는 것은 기업의 핵심활동에 해당된다.(   )

2. 정보가 질적으로 좋아지려면 오류가 없어야 한다는 정확성이 있어야 하지만 경우에 따라서는 세부적인 오류가 용인되는 경우가 있다.(   )

3. 어떤 기업의 국제시장 진출 여부에 대한 의사결정 문제는 새로운 시장의 경쟁자, 수요, 공급에 관한 사항, 그 나라의 문화적인 측면을 고려하는 등 문제해결 단계를 명시적으로 기술할 수 있으므로 정형적인 문제의 예이다.(   )

4. End User Computing 기술의 발전으로 인하여 사적정보와 비정형정보를 보다 잘 처리할 수 있게 되었다.(   )

5. CAD/CAM을 이용하여 아주 빠른 속도로 제품설계를 하고 제품 생산기간을 단축시킴으로써 다른 회사보다 더 생산성이 향상되면 CAD/CAM도 전략정보시스템이 될 수 있다.(   )

6. 정보는 사람이 컴퓨터를 이용하여 생성하는 것이기 때문에 사람은 정보시스템의 중요한 구성요소라고 할 수 있다.(   )

※단답식문제

7. 경영압박요인을 완화시키거나 기업핵심활동을 지원할 수 있는 기업의 자원은 (   )이다.

8. 광의의 개념의 MIS는 (   )라고 할 수 있다.

【참고문헌】

[1] 권순범 · 이재규, 경영정보시스템원론, 법영사, 2004.

[2] 김효석 · 홍일유, 경영정보시스템, 법문사, 2002.

[3] 오재인 · 안상형 · 유석천, 경영과 정보시스템, 박영사, 2000.

[4] 임규건 · 김광용 · 김민용 · 서우종 · 안변석, e-비즈니스시대를 위한 경영정보시스템, 사이텍미디어, 2003.

제2장

경영과 경영전략

　이 장에서는 경영의 개념과 정의, 경영전략과 경쟁전략 등을 살펴본다. 경영전략과 관련해서는 SWOT분석방법을 고찰하고 경쟁전략과 관련해서는 산업구조분석, 5대 경쟁세력분석, 가치사슬분석, 경쟁우위 등에 대하여 살펴본다.

1. 경영의 정의

경영의 개념은 두 가지 관점에서 생각해 볼 수 있다. 하나는 경영을 기능적으로 구분해서 생각해 보는 것이다. 생산기능, 즉 물자를 조달해서 생산활동을 하는 것이 경영이라고 생각할 수도 있고, 돈을 싸게 빌려와서 나중에 잘 갚을 수 있게 활동하는 재무적 기능을 경영이라고 생각할 수도 있으며, 사람과 조직관리를 잘 하고자 하는 인사관리 기능을 경영이라고 생각할 수도 있다. 또는 고객의 요구사항을 잘 파악해서 적절한 제품전략과 판매전략을 세우고 결과적으로 수익을 극대화시키는 목적을 갖는 마케팅기능을 경영이라고 생각할 수도 있다. 이처럼 경영의 개념을 기업활동의 기능영역들, 즉 생산관리, 재무관리, 인적자원관리, 마케팅관리, 회계 등으로 구분해서 정태적 관점에서 바라볼 수도 있다. 그러나 경영을 정의하는 또 다른 방식인 동태적 개념은 프로세스(process)적인 관점으로서, 경영계획을 세우고 계획에 따라 실행을 하고 실행된 결과를 평가해서 평가된 결과를 다시 피드백(feedback)하여 새로운 계획을 수립하는 데 반영하는 순환과정을 거치는 것이 경영이라고 정의하기도 한다.

경영에 대한 또 다른 정의로서 '경영은 기업(조직)의 비전과 목표를 효과적으로 달성하기 위해 경영자원을 활용하는 것으로서 경영자가 수행하는 전략, 관리, 운영활동(계획, 실행, 평가하는 일련의 활동)'을 의미하기도 한다. 여기서, 경영의 대상인 조직이 있어야 하고 그 조직을 통한 경영내용과 경영 주체가 있어야 함을 알 수 있다. 경영의 대상이 되는 조직은 일반 기업체처럼 영리적 목적으로 설립된 조직이 있는가 하면, 학교와 같은 비영리적 목적의 조직이 있을 수 있다. 경영내용은 그 조직이 어떻게 생존할 것인가, 또 경쟁자와 어떻게 경쟁을 해서 경쟁우위를 확보할 것인가, 비전을 어떻게 수립하면 결과적으로 조직발전을 도모할 수 있을 것인가 등 정태적 관점과 동태적 관점에서 정의한 경영개념을 포함하는 것이다. 경영 주체로서의 경영자는 경영내용을 주관 하는 사람들을 일컫는데 일반적으로 경영자라고 하면 CEO(Chief Executive Officer)부터 임원까지의 최고 경영층은 물론 일상적인 관리

업무를 수행하는 사람들도 경영자라고 할 수 있다. 이런 사람들은 타인의 활동을 조정하고 조직의 목표를 달성할 수 있도록 방향을 조정하는 역할을 한다.

2. 기업경영의 구성요소

기업경영을 구성하는 요소로써 기업 내적인 요소와 외적인 요소로 나누어 볼 수 있는데, 내부적인 요소뿐만 아니라 기업 외적인 환경적인 요소도 기업경영에 영향을 미치는 중요한 요소라고 할 수 있다. 기업환경은 거시환경과 산업환경이라는 두 가지 관점에서 고려해 볼 수 있다. 거시환경은 말 그대로 거시적인 정부정책이라든가 경제성장, 환율, 고용상황 등을 의미한다. 산업환경은 관련 산업의 동태, 예를 들어 경쟁기업의 동향라든가 기술발전 정도, 제품과 관련된 여러 가지 상황들이 산업 환경에 속한다고 할 수 있다.

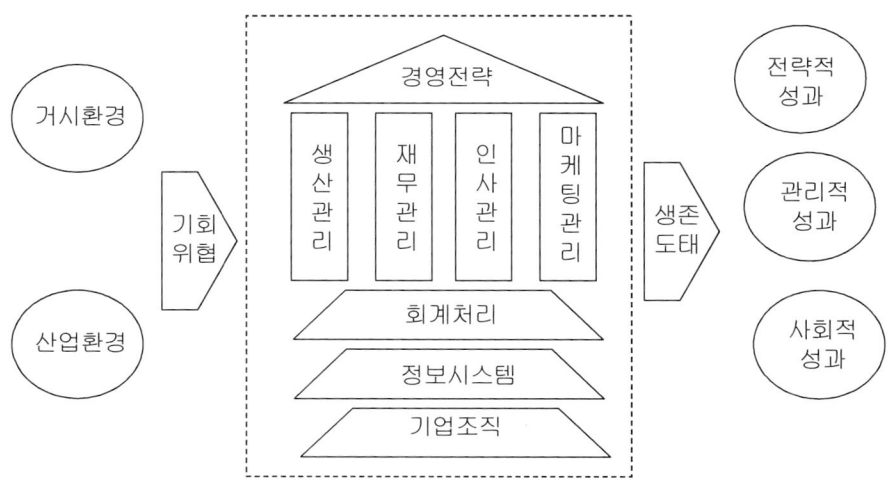

〈그림 2-1〉 기업경영의 구성요소

산업환경과 거시환경은 기업경영을 할 때 기회 요인이 될 수도 있고 위협요인도 될 수도 있다. 따라서 이런 환경에 적절하게 대응할 수 있는 기업의 내적 요소 중의 하나인 전략이 있어야 할 것이다. 즉 어떤 사업을 할 것인가, 기업에서 어떤 핵심영역을 다져야 할 것인가, 어느 정도의 수익달성을 이룰 것인가와 같은 경영 전략이 있어야 할 것이고 이 전략을 달성하기 위한 기능적인 경영활동들이 이루어져야 할 것이다. 따라서 제품을 생산하는 생산관리부문, 자금을 조달하고 투자하는 재무관리부문, 사람과 조직관리를 하는 인사관리부문, 마케팅관리부문 등 기능적인 경영활동들을 수행해 나가면서 경영전략이 달성될 수 있다. 기능적 경영활동들은 회계처리나 정보시스템의 지원에 의해서 보다 효율적으로 수행되어질 수 있다. 정보시스템은 경영활동을 수행할 때 의사결정자가 보다 좋은 의사결정을 할 수 있게 정보를 생성해 주거나 경영활동 비용을 절감할 목적으로 업무처리 자동화를 지원하는 등 여러 가지 중요한 역할을 한다. 회계부분도 경영활동을 지원하는 중요한 역할을 한다. 회계를 한마디로 말하면 기업의 경영활동 내역을 화폐가치로 기록해 두었다가 나중에 그것을 참조하여 다양한 분석을 통한 합리적인 의사결정에 이용하기 위한 목적을 갖는다고 할 수 있다. 이러한 내적인 경영활동들은 조직이 존재해야 가능할 것이고 조직은 사회적 존립 근거를 가지고 있어야 할 것이다. 이러한 경영 활동의 결과로 여러 가지 성과들이 나타나게 된다. 이 성과들은 기업의 지위가 향상된다든가하는 전략적인 성과가 있을 것이고 매출액이나 수익률의 증감형태로 나타나는 관리적인 성과, 기업 이미지가 좋아지거나 나빠지거나 하는 사회적 성과형태로 나타날 수 있다.

기업경영과 관련된 내용들을 구체적으로 이해하기 위하여 경영전략부분, 생산관리부분, 재무관리부분, 인사관리부분, 마케팅, 회계 부분에 대하여 세부적으로 살펴볼 필요가 있다. 또한, 기업경영이 효율적이고 효과적으로 이루어지도록 지원하는 역할을 하는 정보시스템에 대해서도 이해할 필요가 있다. 정보시스템은 정보화시대가 되면서 더욱 중요하게 되고 실제로 기업 경영활동을 함에 있어서 정보시스템에 의존하는 비중이 커졌다.

현대사회는 다원화된 사회로써 다양한 지식들을 습득하기를 요구하고 있다. 경영에 대한 지식뿐만 아니라 정보시스템, 즉 IT에 대한 지식을 겸비하고 있으면 차별화된 전문가로서 경쟁우위를 확보할 수 있을 것이다.

3. 경영전략

전략(strategy)이라는 의미는 전쟁에서 얘기가 되었던 것으로 전략과 전술을 구분해서 생각하여야 한다. 전략은 전체 전쟁에서 승리하기 위한 목적을 갖고 있는 반면 전술은 전쟁의 일부인 전투에서 승리하기 위한 목적을 갖고 있다. 한국전쟁 당시 맥아더 장군이 대구전투를 포기하는 척하면서 인천상륙작전을 감행했던 것은 전략의 일환이다. 이러한 맥락에서 마이클포터는 경영전략에 대한 정의를 '어떤 경쟁기업에 대하여 비교우위를 유지하면서 지속적으로 기업목적을 달성하기 위한 행동들의 집합이다'라고 정의하였다.

전략은 기업비전을 달성하기 위한 목표를 갖는 데 비전이라는 것은 기업이 미래에 되고 싶어 하는 이상형이라고 할 수 있다. 비전달성을 위한 전략수립은 전략적 의사결정을 통하여 이루어지는 데 전략적 의사결정은 2가지로 나누어서 생각해 볼 수 있다. 하나는 사업영역을 결정하는 부분으로서 적절한 분석절차에 의하여 산업매력도를 측정하여 매력적인 사업영역을 선택하는 과정이다. 매력적인 산업이란 경쟁자들이 적으면서도 수익성이 좋은 분야일 것이다. 사업영역이 결정되면 그 분야에서의 경쟁자들에 비하여 지속적인 경쟁우위를 확보할 수 있는 방안을 모색해야 한다. 원가를 절감해서 제품가격을 싸게 하는 것이라든가, 가격은 싸지 않지만 경쟁기업에 비하여 좋은 제품품질을 제공하는 것 등 경쟁우위 확보를 위한 여러 가지 방안들을 고려할 수 있다. 이러한 사항들을 종합적으로 고려해 보면 기업의 목적 달성을 위해 여러 가지 방안들을 세워나가고 실천해 나가는 것을 경영전략이라고 생각할 수 있다.

다각화전략, 사업구조 전략, 마케팅 전략 등 다양한 영역에서 경영전략이라는 말이 혼용되는데 경영전략을 3계층으로 나누어 계층적 관점에서 체계적으로 정리하여 살펴볼 수 있다. 최상위 계층은 기업전략(corporate strategy)으로서 기업의 전체적 관점에서의 전략을 의미하고, 기업전략 밑에 사업전략(business strategy), 사업전략 밑에 기능별 전략(functional strategy)이 존재하는 것이다. 예를 들면, S전자회사의 경우 반도체사업부, 핸드폰사업부, 컴퓨터사업부 등 여러 사업부가 있고, 각 사업부 안에는 구매부서, 생산부서, 기술개발부서 등이 있을 것이다. 이때 기업 전체의 입장에서는 기업전략을 수립해야 하고, 사업부의 입장에서는 사업전략, 사업부안의 부서 입장에서는 기능별 전략을 수립해야 할 것이다.

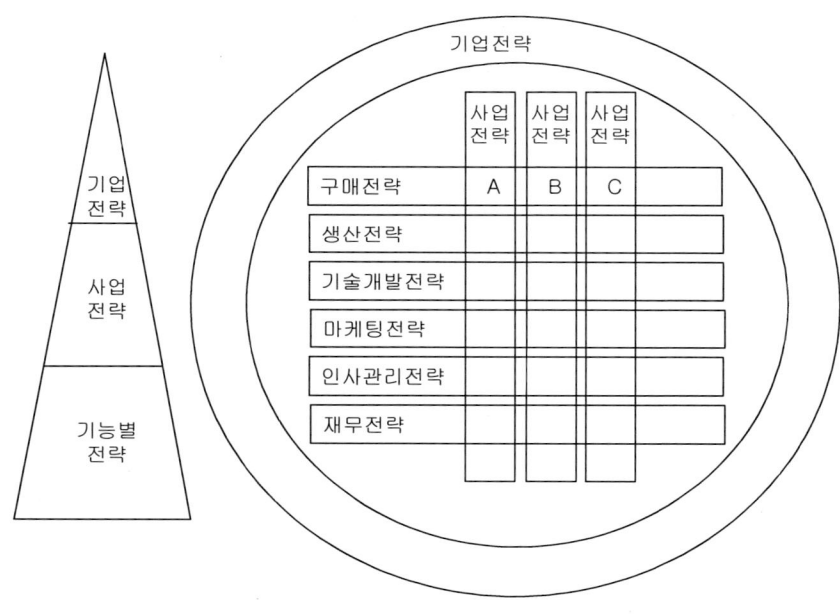

〈그림 2-2〉 전략의 구조

전략을 수립할 때는 여러 가지 요소들을 고려해 볼 수 있겠지만 4가지 정도를 생각해 볼 수 있다. 첫째는 기업을 둘러싸고 있는 환경에 대하여 생각해 보아야 한다. 손자병법에서도 知彼知己면 百戰百勝이라고 했는데 남을 안다는 것은 1차적으로 경쟁자를 안다는 얘기가 되겠지만 그에 못지않게 자기를 둘러싸고 있는 환경을 이해하는 것도 중요한 사항이 될 것이다. 자기를 둘러싸고 있는 환경에 존재하는 기회와 위협을 충분히 고려하여 전략을 수립해야 할 것이다. 둘째는 자기회사 내부의 강점과 약점을 파악하여 전략을 수립해야 한다. 셋째로서, 최고경영자의 열정과 의지도 전략수립을 위한 중요한 고려요소가 된다. 마이크로소프트의 빌게이츠는 손끝 하나로 모든 정보를 획득할 수 있는 컴퓨터를 항상 꿈꾸면서 전략을 수립하고 회사를 이끌어갔다는 일화가 있다. 넷째로서, 기업의 사회적 책임도 전략수립을 위한 중요한 고려요인으로 작용해야 한다. 여기서 기업의 강점과 약점, 최고경영자의 의지는 기업의 내부적 요인이고 환경과 사회적 책임은 기업의 외부적 요인이라 할 수 있겠다.

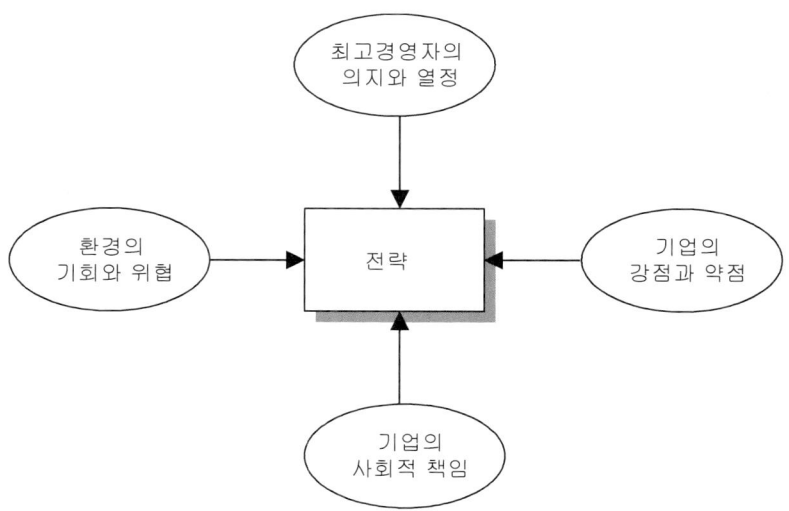

〈그림 2-3〉 전략수립의 고려요소

　전략을 수립하기 위한 수단 또는 도구로써 SWOT 분석기법을 많이 사용한다. SWOT분석의 S는 Strength, W는 Weakness, O는 Opportunity, T는 Threat의 약어로써 자기 기업의 강점과 약점, 기업을 둘러싸고 있는 환경의 기회와 위협을 고려하여 전략을 수립하자는 개념이다. 예를 들어, 중국의 갑작스런 경제적 부상은 우리나라의 위협이 될 수도 있겠지만, 그 거대한 시장은 또 다른 기회요인이 될 수 있다. 어떤 정부정책을 통해서 환경규제가 풀렸다면 어떤 기업에게는 기회일 수 있지만 다른 기업에게는 더 안 좋은 상황일 수 있다. SWOT분석의 결과 크게 4가지 전략이 도출될 수 있다. SO전략은 특정 사업 분야에서 기업이 내부적으로 강점을 가지고 있고 환경도 기회를 제공하는 상황의 전략으로서 자신감을 가지고 공격적으로 사업추진을 하는 것이 바람직할 것이다. WO전략은 기업에 약점이 있으나 환경적 기회가 존재하는 상황이기 때문에 기회를 잘 활용하여 약점을 극복하고 국면전환을 시도하는 전략이 바람직할 것이다. WT전략은 회사 내부의 약점과 환경적 위협이 존재하는 상황의 전략으로서 위협을 회피하고 약점을 최소화하면서 기업생존을 목표로 방어적인 전략을 펼치는 것이 바람직할 것이다. ST전략은 기업내부의 강점은 있지만 환경적 위협이 많은 상황의 전략으로서 기업역량을 이용하여 다양한 사업을 운영하면서 위협요인에 의한 위험을 분산시키는 전략이 바람직할 것이다.

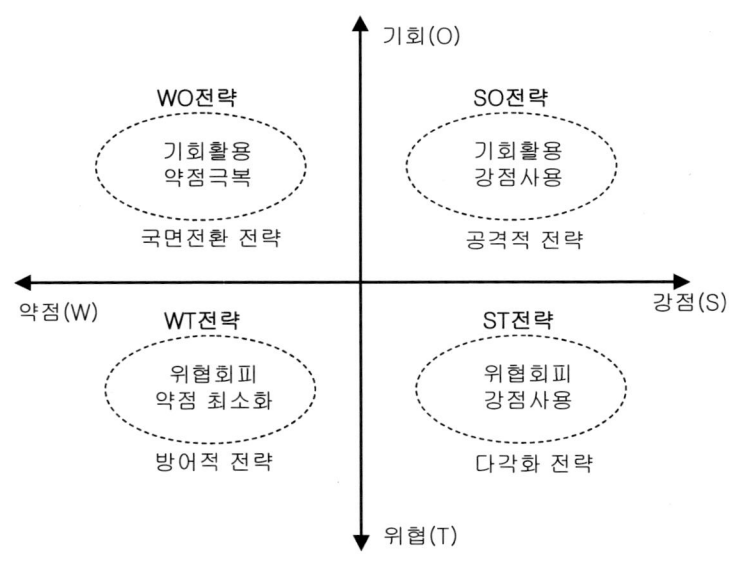

〈그림 2-4〉 SWOT분석

4. 경쟁전략

경쟁전략은 어떤 기업이 경쟁기업에 비해서 경쟁우위를 점할 수 있게 하는 여러 가지 방안이라고 할 수 있다. 경쟁 전략을 수립하기 위해서는 기업의 외부환경을 먼저 분석해 보고 그 결과를 바탕으로 기업 내부의 경쟁 전략을 생각해 보는 것이 합리적일 것이다. 기업이 어떤 산업 내에 포함되어 있고 그 산업 내의 경쟁구조는 어떻게 구성되어 있는지 파악한 다음 이를 기반으로 내부적인 경쟁전략을 수립을 하여야 바람직한 경쟁전략을 도출할 수 있을 것이다.

4.1 산업구조분석

어떤 기업이 속해있는 산업구조는 크게 독점산업, 과점산업, 완전경쟁산업으로 나누어 생각해 볼 수 있다. 독점산업은 경쟁자 없이 특정 기업만 존재하는 산업구조를 갖는다. 독점산업에 속해있는 기업의 입장에서는 이상적인 산업구조가 되겠지만 국가경제의 관점에서 보면 바람직스럽다고만은 할 수 없을 것이다. 예를 들어 우리나라 전력산업은 독점산업구조로서 한국전력의 경우 경쟁자가 없이 높은 수익성을 올리고 있다. 경쟁자들이 존재하는 산업구조로는 과점산업과 완전경쟁산업이 있는데, 과점산업은 소수의 경쟁자들이 있는 구조이고 완전경쟁산업은 다수의 경쟁자들이 경쟁하는 산업구조를 갖는다. 완전경쟁산업에 속해있는 기업들은 치열한 경쟁으로 인하여 수익성이 낮을 것이고 과점산업에 속해있는 기업들은 독점산업의 기업들과 완전경쟁산업에 속해있는 기업들의 중간 정도가 될 것이다. 기업간 경쟁의 양상과 본질 그리고 그 강도는 기본적으로 경쟁관계에 있는 기업들이 형성하고 있는 산업의 구조적인 요인과 이를 반영한 개별 기업의 경쟁전략에 의하여 결정될 것이다. 따라서 경영자는 전략을 수립하기에 앞서 산업구조를 분석하고 경쟁기업의 특성과 능력 및 전략을 살펴보아야 할 것이다. 〈그림 2-5〉는 산업구조를 분석하기 위한 체계적인 틀을 나타내고 있다.

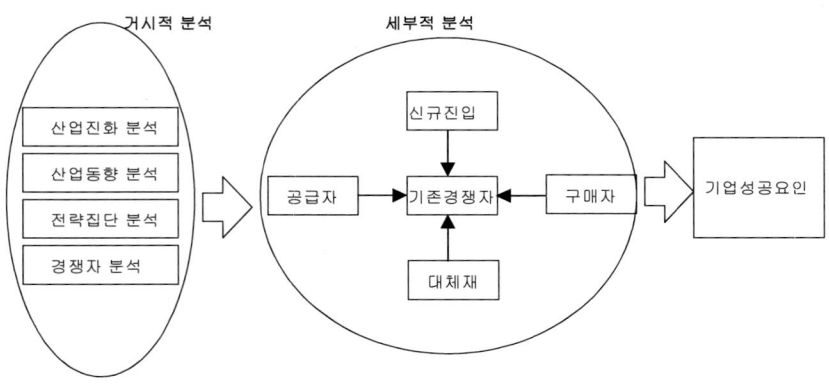

〈그림 2-5〉산업구조분석

산업구조분석을 체계적으로 하기 위하여 기업이 속한 산업에 대한 거시적 분석을 한 후에 해당 기업을 중심으로 한 구체적인 분석이 이루어져야 할 것이다. 우선 기업이 속한 산업이 성장산업인지 사양산업인지 또는 호경기인지 불경기인지 등과 같은 산업분석을 수행할 필요가 있다. 또한, 기업이 속한 산업 내에서 해당기업과 유사한 경쟁방식과 포지션(position)을 갖는 경쟁사들로 구성된 전략집단에 대한 분석과 경쟁기업의 현재와 미래의 전략, 강·약점 등을 분석할 필요가 있다. 이처럼 기업이 속한 산업에 대한 거시적 분석 후에 해당기업을 중심으로 한 세부적인 분석에 들어간다.

4.2 5대 경쟁세력분석

해당 기업을 중심으로 한 세부적 분석을 5대 경쟁세력 분석(5 Forces analysis)이라고 하는데 이는 5가지 관점에서 해당기업의 경쟁강도, 수익성 여부 등을 분석하는 것이다. 5가지 관점은 해당 기업과 경쟁 관계에 있는 기업들 사이의 경쟁강도가 어느 정도인지, 해당 산업으로의 진입장벽은 높은지 낮은지, 해당 기업과 관계된 공급망 조정력은 어느 정도인지, 또한 해당기업의 제품을 구매할 구매자들에 대한 조정력이나 유통구조는 어떠한지, 해당 기업의 제품들을 대체할 물품들은 많이 있는지 등으로 이루어진다. 5가지 관점에서 각각을 세부적으로 분석해보면 해당 기업이 속한 산업의 경쟁강도와 수익성 등을 파악할 수 있을 것이다.

5대 경쟁세력 모형에 의한 각 세력별 분석방법을 구체적으로 살펴보자. 해당기업의 경쟁강도에 영향을 미치는 첫 번째 세력(Force)은 해당기업의 경쟁자들이다. 경쟁자들이 투자한 고정비가 크면 철수장벽이 높아지므로 경쟁강도가 높아질 것이다. 경쟁자들이 과잉 생산능력을 가졌다면 공급물량이 많아지므로 역시 경쟁강도가 높아질 것이다. 그러나 경쟁자들이 속한 산업이 성장산업이라면 시장이 확대될 것이므로 경쟁강도는 낮아질 것이다. 경쟁자들이 만든 제품들이 서로 차별화된다면 시장이 세분화되는 효과로 인하여 경쟁강도가 낮아질 것이다. 이처럼 다양한 각도에서 해당기업의 경쟁자들을 분석하여 그 해당기업의 경쟁강도를 파악할 수 있다.

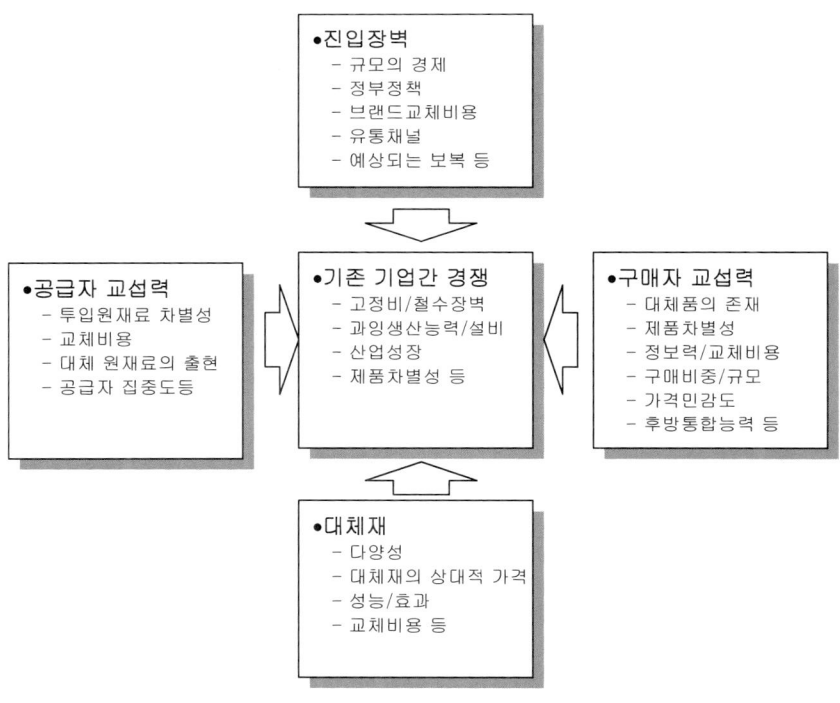

〈그림 2-6〉 5대 경쟁세력 모형

두 번째 세력은 해당기업이 속한 산업의 진입장벽이다. 진입장벽이 높으면 신규 진출기업들이 많지 않게 되어 해당기업의 경쟁강도는 높아지지 않을 것이며, 진입장벽이 낮으면 신규 경쟁자들이 많이 생겨나게 되고 결국 해당 기업의 경쟁강도는 높아지게 된다. 진입장벽이 높은 대표적인 산업으로는 규모의 경제가 효과적인 자동차 산업을 들 수 있다. 과거 (주)삼성자동차가 자동차산업에 신규 진출하기 위하여 투자한 액수가 무려 4조 이상이었다고 하는데 4조 이상을 투자하면서 창업할 수 있는 기업들은 많지 않을 것이다. 반면에 음식점이나 슈퍼마켓과 같은 사업은 비교적 소규모 자본으로도 창업이 가능하고 또한 전문적인 지식을 필요로 하는 것도 아니어서 진입장벽이 낮은 분야라고 할 수 있다. 이 밖에 진입장벽의 강도를 결정짓는 것은 규모의 경제뿐만 아니라 브랜드, 유통채널 등도 중요한 요인이 된다. 맥주산업의 예를 들면 OB맥주나 하이트맥주 등이 막강한 유통망을 확보한 상태에서 새롭게 창업한 맥주회사는 유통망을 확보하기가 힘들게 되고 결국 판매부진의 수렁에 빠지게 될 것이다. 선발업체로부터의 보복 가능성도 진입장벽의 강도에 영향을 미치는 요인이 된다.

세 번째 세력은 대체품의 다양성 정도이다. 대체품은 해당기업의 제품을 대체할 수 있는 또 다른 제품이다. 소고기의 대체품은 닭고기나 돼지고기가 될 것이고 일반병원의 대체재는 한의원이라 약국 등이 될 수 있다. 해당기업의 제품을 대체할 수 있는 대체재가 많을수록 경쟁강도는 강해진다.

네 번째 세력은 구매자의 교섭력이다. 해당기업의 제품을 구매하는 구매자가 다른 기업으로부터 구매할 가능성이 클수록 구매자의 교섭력은 강하다고 할 수 있으며 해당기업의 경쟁강도는 높아지게 된다. 반대로, 해당기업이 생산한 제품을 판매할 경로가 다양할수록 구매자의 교섭력은 약하다고 할 수 있다. 예를 들어 과거 새롬텔레콤에서 만든 단말기를 SK텔레콤에서 전량 구매를 했었는데 SK텔레콤이 자회사 형태로 단말기 제조회사인 SK텔레텍을 설립하면 SK텔레콤의 구매자 교섭력은 강화되어 새롬텔레콤의 경쟁강도는 높아지게 된다. 해당 기업의 구매자들이 필요한 제품을 구매할 수 있는 경로가 다양할수록 구매자 교섭력은 강하게 되고 해당기업의 경쟁강도는 높아지게 되는 것이다.

다섯 번째 세력은 공급자의 교섭력이다. 해당기업의 제품 생산에 필요한 원자재나 부품을 공급하는 공급자들이 해당기업 이외의 다른 기업들에 공급할 가능성이 클수록 공급자의 교섭력은 크다고 할 수 있다. 반대로, 해당기업이 필요로 하는 원자재를 공급받기 위한 공급선의 다변화가 이루어지지 않을수록 공급자 교섭력은 강하다고 할 수 있다. 예를 들어, A자동차회사가 자동차 생산을 위하여 필요한 철재 등의 원자재를 B철강회사 하나로부터만 공급을 받는 경우 공급자 교섭력은 강하게 되고 B철강회사에서 원자재의 가격을 올리더라도 적절한 대응을 하지 못하는 상황이 발생할 수 있다. 결국 공급자의 교섭력이 강하면 해당기업의 경쟁강도는 커지게 될 것이다.

5대 경쟁세력분석 방법을 우리나라 맥주산업에 적용시켜보자. 우리나라 맥주산업은 산업성장률이 낮기 때문에 제한된 시장에서 수익을 올려야 하는 상황이 되어 기존 기업 간의 경쟁강도는 높다고 할 수 있다. 또한, 맥주산업은 대규모 시설투자에 의한 고정비가 많이 투입된 상황일 것이므로 철수장벽이 높게 되어 기존 기업 간의 경쟁강도는 높아지게 된다. 진입장벽 관점에서는 경쟁강도가 비교적 약한데 이는 첫째로 정부가 규제하는 산업이기 때문이고 둘째로 유통경로를 확보하는 것이 중요하고 셋째는 대규모 설비투자가 선행되어야 하는 산업이기 때문이다. 맥주의 대체재는 소주나 청주 등이 될 것인데 그 대체재의 효과 측면에서 볼 때 대체재 위협은 강하지 않다고 볼 수 있다. 맥주는 제품차별성이 크지 않고 교체비용 또한 적기 때문에 맥주회사의 1차 구매자인 유통업체들은 강한 교섭력을 갖게 되어 구매자 교섭력 측면에서의 경쟁강도는 강하다고 할 수 있다. 맥주의 원재료를 공급하는 공급자들은 원재료 차별화 정도가 낮고 원재료 교체에 대한 비용도 크지 않기 때문에 공급자 교섭력은 약한 편이라고 할 수 있다.

4.3 가치사슬

가치사슬은 기업의 활동을 기능적인 관점에서 보는 것이 아니라 최종적인 가치를 만들기 위한 프로세스(process)적인 관점에서 보는 것이다. 기업이 어떤 활동을 하는지 설명할 때 그 기업의 조직도를 이용하는 방법이 기능적인 관점이라면 가치사슬 관점에서는 기업이 가치를 만들어내는 프로세스를 분석하여 기업활동을 설명한다. 기업이 가치를 만들어내기 위한 활동은 크게 본원적 활동과 지원활동으로 나누어 생각해 볼 수 있다. 본원적 활동은 기업이 원재료나 부품을 투입하여 완제품을 생산하고 생산된 제품을 유통과정을 통하여 고객에게 보다 효과적이고 효율적으로 전달하는 일련의 활동을 의미한다. 원자재나 부품을 투입하여 제품을 생산하는 생산활동, 생산된 제품을 보다 효율적이고 효과적으로 고객들에게 전달될 수 있도록 하는 마케팅, 유통, 애프터서비스 활동 등이 본원적 활동에 속한다. 지원활동은 본원적 활동이 효율적이고 효과적으로 이루어질 수 있도록 지원하는 역할을 한다. 본원적 활동의 주체인 기업구성원들을 지원하고 관리하는 역할, 보다 나은 품질의 제품생산이 가능할 수 있도록 하는 기술개발 활동, 자금조달 및 회계처리, 경영정보시스템에 의한 정보처리 및 활용 등의 활동이 지원활동에 속한다.

〈그림 2-7〉 가치사슬 모형

지원활동을 구체적으로 살펴보자. 재무관리나 회계처리, 인적자원관리 활동은 본원적 활동의 모든 부분을 지원한다. 특히 경영정보시스템을 이용한 정보처리활동은 경영정보를 획득하고 활용하는 것으로서 본원적 활동뿐만 아니라 다른 지원활동들도 보다 효율적이고 효과적으로 이루어질 수 있도록 지원한다. 기술개발활동은 차별화된 제품, 신속한 신제품 개발 등을 목표로 해서 이루어지는 활동이고 구매조달(procurement)활동은 완제품 생산을 위한 투입물, 즉 원자재나 부품 등을 구매하는 활동이라 할 수 있다.

본원적 활동을 구체적으로 살펴보자. 물류 투입활동은 원재료나 부품 등을 저장하고 재고품을 관리하고 생산현장으로 운송하는 등의 활동이라 할 수 있다. 작업(운용)활동은 제품을 생산·조립하는 활동이고 물류산출활동은 효율적인 주문처리와 함께 완제품을 구매자들에게 신속하게 배송하는 활동이다. 마케팅 활동은 광고, 판촉홍보, 유통채널관리 등 구매자들이 완제품을 보다 많이 구매할 수 있도록 브랜드평판을 구축하는 활동이라 할 수 있다. 서비스활동은 판매 후에 다양한 고객지원을 통하여 고객의 신뢰를 확보하는 활동이라든가 서비스를 하는 활동이라 하겠다.

해당기업의 가치사슬 모형을 구체적으로 분석함으로써 그 기업의 강점이 본원적 활동에 있는지, 본원적 활동 중에서도 생산활동인지, 마케팅 활동인지 등 가치창출 프로세스상에서의 강·약점을 파악할 수 있으며 이를 통하여 해당 기업의 경쟁전략을 효과적으로 수립할 수 있다.

4.4 경쟁우위

경쟁우위를 한마디로 표현하면 경쟁기업보다 뛰어난 우리 회사만의 강점을 의미한다. 해당기업이 수행할 사업영역이 결정되면 해당기업은 그 사업영역 내에서 경쟁우위를 가져야 할 것이다. 경쟁우위가 창출되려면 해당기업이 보유하고 있는 경영자원이나 핵심역량이 독특하여 경쟁기업이 가지고 있지 않은 것이어야 하며 산업영역 내의 성공요인과 일치하여야 할 것이다. 산업 내의 성공요인을 파악하면 그러한 성공에 도달하기 위하여 해당기업의 경영자원과 핵심역량을 이용하여 경쟁우위를 점할 수 있도록 하는 전략을 수립할 필요가 있다. 예를 들면, 어떤 산업분야에서 제품을 많이 판매할 수 있는 주요 요인은 저렴한 제품가격이라든가 또는 우수한 품질이라고 분석되었을 경우 저렴한 가격에 제품을 제공하기 위하여 또는 우수한 품질의 제품생산을 위하여 해당기업의 경영자원과 핵심 역량을 분석해 보아야 한다. 해당기업의 경영자원과 역량을 분석해 본 결과 생산공정이 뛰어나다면 저렴하게 제품을 공급할 수 있도록 생산비용을 절감하는 데 역점을 둘 필요가 있고 결국 우수한 생산공정은 해당기업의 경쟁우위가 될 수 있다. 또는 해당기업의 경영자원과 역량을 분석해 본 결과 기술개발 능력이 뛰어나다면 고품질의 제품을 생산할 수 있도록 신기술을 개발하는 데 역점을 둘 필요가 있고 결국 뛰어난 기술개발능력은 해당기업의 경쟁우위가 될 수 있다.

경쟁우위의 유형은 경쟁사와 비슷한 제품을 저렴한 가격으로 제공함으로써 발생하는 원가우위가 있고, 차별화된 제품을 비싼 가격으로 제공함으로써 발생하는 차별화 우위가 있다. 해당기업의 생산 공정기술이 개선됨으로써 효율적인 생산이 가능하게 되면 저렴하게 제품을 생산할 수 있으므로 원가우위의 경쟁우위를 점할 수 있다. 뿐만 아니라 생산능력의 대규모화나 숙련된 노동자들을 통하여 또는 원자재나 부품을 저렴하게 구매 조달함으로써 원가우위를 점할 수 있다. 차별화 우위를 점하기 위해서는 혁신적인 기술에 의한 제품 고급화라든가 또는 브랜드 및 마케팅 능력에 의한 차별화된 가치를 제공함으로써 가능할 수 있다.

〈그림 2-8〉은 경쟁우위를 기반으로 한 4가지 경쟁전략을 나타내고 있다. 가로축은 저원가 경쟁우위와 차별화 경쟁우위로 구분되어 있고 세로축은 경쟁제품의 다양성을 기준으로 몇몇 제품에만 한정하여 경쟁하려는 좁은 영역과 보다 다양한 제품들을 대상으로 경쟁하는 넓은 영역으로 구분되어 있다. 원가우위전략은 다양한 제품들을 생산할 능력이 있고 각 제품들에 대해서 경쟁회사보다 저렴한 가격에 제공한다는 경쟁전략이다. 차별화 전략은 다양한 제품들을 생산할 능력이 있고 각

제품들에 대해서 경쟁회사보다 보다 우수한 품질을 제공한다는 경쟁전략이다. 원가집중화 전략은 몇몇 제품들에 한정해서 경쟁사보다 저렴한 가격으로 제품을 제공한다는 경쟁전략이다. 차별적 집중화 전략은 몇몇 제품들에 한정해서 경쟁사보다 우수한 품질을 제공한다는 경쟁전략이다. 원가우위나 차별화 전략은 대기업에 적합할 수 있고 원가 집중화나 차별적 집중화는 중소기업에 적합한 경쟁전략일 것이다.

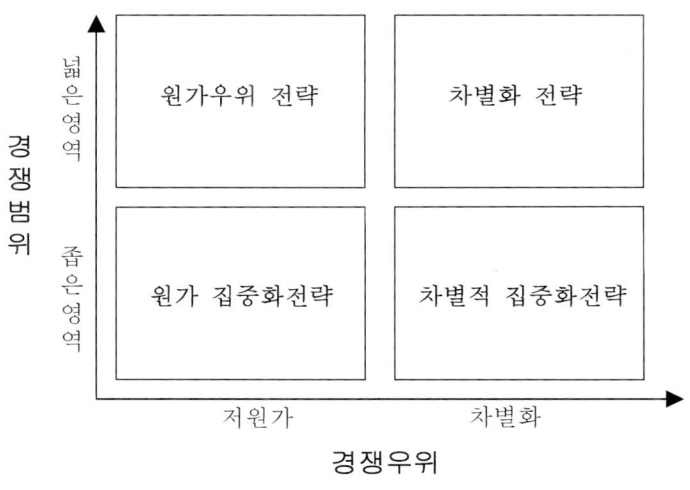

〈그림 2-8〉 경쟁전략

【요 약】

경영의 개념은 정태적 관점과 동태적 관점에서 살펴볼 수 있다. 정태적 관점에서는 생산관리기능, 재무관리기능, 인적자원관리기능, 마케팅관리기능, 회계처리기능 등의 각 기능역할들이 경영을 구성하는 요소라고 보는 입장이다. 동태적 관점에서는 계획을 수립하고 계획에 따른 실행을 이룬 후 그 실행결과를 평가하여 다시 계획에 반영하는 순환과정을 거치는 것이 바로 경영이라고 보는 입장이다.

경영전략을 3계층으로 나누어 계층적 관점에서 살펴보면 최상위 계층은 기업전략으로서 기업의 전체적 관점에서의 전략을 의미하고 기업전략 밑에 사업전략, 사업전략 밑에 기능별 전략이 존재한다.

전략수립을 위한 도구로써 SWOT분석 기법이 많이 사용된다. SWOT분석의 결과로서 공격적 전략을 채택할 것인지, 또는 국면전환전략을 사용할 것인지, 또는 다각화전략을 사용할 것인지, 방어적 전략을 사용할 것인지 등을 결정할 수 있다.

경쟁전략은 어떤 기업이 경쟁기업에 비하여 경쟁우위를 점할 수 있게 하는 여러 가지 방안이라고 할 수 있다. 경쟁전략의 유형으로 원가우위전략, 차별화전략, 원가 집중화전략, 차별적 집중화전략 등이 있는데 경쟁전략은 기업이 속한 산업에 대한 거시적 분석을 한 후에 해당기업을 중심으로 한 세부적인 분석이 이루어져야 한다. 특히 마이클포터의 5대 경쟁세력분석을 통하여 해당기업을 중심으로 한 세부적인 분석이 이루어질 수 있다. 또한 해당기업의 가치사슬 모형을 구체적으로 분석함으로써 기업의 가치창출 프로세스 상에서의 강·약점을 파악하여 해당기업의 경쟁전략을 효과적으로 수립할 수 있다.

【연습문제】

※정오식문제

1. 경영의 개념을 기업활동의 기능영역들, 즉 생산관리, 재무관리, 인적자원관리, 마케팅관리, 회계 등으로 구분해서 동태적 관점에서 바라볼 수도 있다.(   )

2. 전략은 전쟁의 일부인 전투에서 승리하기 위한 목적을 갖고 있는 것으로서, 한국전쟁 당시 맥아더장군이 대구전투를 포기하는 척 하면서 인천상륙작전을 감행했던 것은 전략의 일환이다.(   )

3. 우리 회사의 제품을 구매할 수 있는 구매자들이 많을수록 구매교섭력은 크다고 할 수 있다.(   )

4. 뛰어난 공정기술, 범위의 경제, 숙련된 노동자들을 바탕으로 원가우위를 점할 수 있다.(   )

5. 서비스는 가치사슬의 본원적 활동에 속한다.(   )

※단답식문제

6. (   )은 지속적인 경쟁우위를 바탕으로 기업목표를 달성하려는 통합된 행동들이다.

7. Forces모델에 의한 산업구조분석을 하면 관련 산업의 전반적인 (   )를 파악할 수 있다.

8. 2개 이상의 다양한 사업을 가진 기업이 어떤 사업에 진출 혹은 철수할 것인가를 다루고, 각 사업부를 어떻게 조정함으로써 시너지를 극대화시킬 것인가 하는 것과 관련된 전략은 (   )이다.

【참고문헌】

[1] 김재명, 경영학원론, 박영사, 2001.

[2] 이동현, 경영전략 에센스, 휴넷, 2003.

[3] 임채완·이인숙·조영탁, 경영전략수립 AtoZ, 삼일인포마인드, 2002.

[3] 조영탁, eMBA 생생경영학, 휴넷, 2003.

[4] 한정화, 벤처창업과 경영전략, 홍문사, 2004.

제3장

인적자원관리

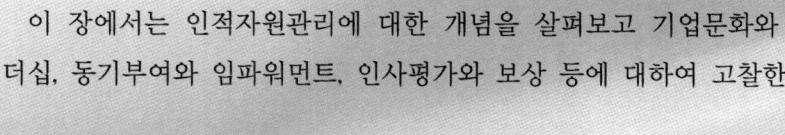

이 장에서는 인적자원관리에 대한 개념을 살펴보고 기업문화와 리더십, 동기부여와 임파워먼트, 인사평가와 보상 등에 대하여 고찰한다.

1. 인사관리의 기능

인사관리는 단어의 의미에서 알 수 있듯이 기업구성원인 사람들을 잘 관리하고자 하는 경영관리분야 중의 하나이다. 사람은 기업을 구성하는 자원들 중에서 가장 중요한 자원일수 있기 때문에 인사관리 기법은 경영관리 기법 중 중요한 영역이라고 할 수 있다.

전통적인 인사관리의 영역은 우수한 인력을 채용하고 효과적으로 배치하는 인재확보와 활용영역, 기업구성원들을 교육시켜서 능력을 향상시키는 인재개발영역, 종업원의 근무환경과 복지를 지원하고 종업원의 사기를 함양하여 만족도를 유도함으로써 업무 생산성을 높이고자 하는 종업원서비스 영역, 효율적인 조직관리를 통하여 조직 구성원들 사이의 의사소통을 원활하게 하기 위한 조직커뮤니케이션 영역, 현장관리자를 지원하는 활동 등 다양한 부분들을 포함하고 있다.

그러나 현대사회는 기업 환경을 둘러싼 많은 부분들이 변화되었기 때문에 현대기업의 인사관리 기능도 많이 변화되었다. 과거의 아날로그 시대와 현대의 디지털 시대로 구분하여 인사관리기법을 비교해 보자. 고용관계 측면에서 보면 과거 아날로그 시대에는 고용주와 종업원은 종속관계였지만 디지털시대에는 핵심지식을 가진 종업원인 지식근로자들의 출현으로 고용주와 종업원 사이의 종속관계가 약해지거나 어떤 경우에는 대등한 관계가 되기도 한다. 과거 아날로그 시대에서는 장기고용, 종신고용과 같은 개념들이 지배적이었는데 현대의 디지털 시대에는 단기고용, 평생직장이 아닌 평생 직업의 개념으로 바뀌고 있다. 인사이동을 할 때에도 과거에는 승진을 해야 다른 부서로 배치되는 승진중심의 수직적 이동이 일반적이었는데 현대에는 전문성 위주의 수평적 이동이 자주 일어난다. 승진 기회도 과거에는 위계질서에 의해서 평등하게 배분되었다면 현대에는 경쟁을 해서 능력위주로 승진 기회를 얻는 상황이 되었으며 능력만 있으면 일반 사원에서도 임원으로 승진되는 높은 조직간 이동이 가능한 상황이 되었다. 부하직원을 관리하는 방식에서도 과거에는 일방적인 지시나 통제위주의 관리방식이었던 반면 현대에는 부하직원들

에게 적절한 권한을 주고 그에 대한 책임까지 줌으로서 근로의욕을 고취시키는 임
파워먼트(empowerment)형 관리방식으로 바뀌어 가고 있다.

2. 인사관리의 패러다임 변화

현대사회에 들어 기업을 둘러싼 환경들이 변화됨으로서 인사관리의 패러다임
(paradigm)도 바뀌고 있다. 과거와 현대의 기업들이 인적자원(Human Resource)
을 어떻게 바라보는지를 비교 분석해 보면 인사관리의 패러다임 변화를 파악할 수
있다.

과거의 기업들은 인적자원을 단순한 비용으로 간주하여 효율화를 도모하기 위한
관리의 대상으로 여겼다. 인적자원을 조직의 사명과 연계시키지 않고 조직의 기능을
바탕으로 해서 소극적으로(Reactive) 관리하였다. 소극적이라는 의미는 회사가 특정
목적이나 전략달성을 위하여 구성원들의 능력을 능동적으로 개발하는 것이 아니라
구성원들의 행동이나 요구사항에 단순히 소극적으로 반응하는 방식으로 사람관리를
한다는 뜻이다. 반면, 현대의 기업들은 인적자원을 전략적인 관점에서 바라봄으로써
해당기업의 핵심역량을 키울 수 있는 기회로 간주한다. 인적자원을 회사의 사명이나
전략달성을 위한 투자로 인식하고 더욱 성공적인 목적 달성을 위하여 능동적으로
(Proactive) 다양한 교육프로그램과 함께 구성원들의 역량을 키우는 데 주력한다.
또한, 기업성과의 효과성 향상을 위하여 프로세스기반으로 인적자원을 활용한다.

인적자원에 대한 이러한 패러다임 변화로 인하여 전통적인 인사관리와 현대의 인
사관리 사이에는 그 개념과 목표에서 많은 차이가 있다. 이러한 차이를 명확히 표
현하기 위하여 현대의 인사관리(Personnel Management)를 인적자원관리(Human
Resource Management, HRM)라고 부르기도 한다. 단어의 의미를 통하여 알 수 있
듯이, 현대적인 관점에서는 사람을 기업의 중요한 또 다른 자원(Resource)으로 보고
있다는 것이다.

〈표 3-1〉 전통적 인사관리와 HRM의 차이

전통적 인사관리	현대 인적자원관리
직무중심/연공중시	경력/경험/능력/성과 중심
조직목표 강조	개인목표와 조직목표 강조
소극적, 타율적 인간관(X이론)	주체적, 자율적 인간관(Y이론)
단기적 안목	장기적 안목(자원/능력개발)
승진과 보상연계(고정급)	승진과 보상분리(연봉급)

〈표 3-1〉은 전통적 인사관리와 현대의 인적자원관리 사이의 차이점을 나타내고 있다. 과거에는 직무중심, 연공중시의 관점에서 사람관리를 했었는데 현대에는 경력, 경험, 능력, 성과를 중심으로 사람관리를 하고 있다. 또한, 과거에는 조직목표만을 강조 하였는데 현대에는 개인목표도 존중해서 개인의 목표와 조직 목표가 일체가 되고 통합될 수 있게 유도하고 있다. 개인입장에서 볼 때 직장이 자아실현을 할 수 있는 기회가 된다면 보다 효과적으로 직무수행을 하려 할 것이고 결국 기업의 성과도 좋게 나타날 것이다. 이렇게 하려면 Y이론에 기초하여 기업 구성원을 바라보아야 한다. Y이론은 D.맥그레거가 주창한 이론으로서 일종의 성선설(性善說)이다. 사람은 주체적, 자율적으로 행동하기 때문에 관리나 통제보다는 동기부여 등의 방법을 통하여 보다 효과적으로 조직목표 달성에 근접할 수 있다는 이론이다. 이와 반대로 X이론은 일종의 성악설(性惡說)로서 인간은 선천적으로 일을 싫어하며, 가능한 한 일을 하지 않고 지냈으면 하기 때문에 기업 내의 목표달성을 위해서는 통제·명령·상벌이 필요하다는 이론이다. 과거의 인사관리는 X이론에 근거하여 사람관리를 하였지만 현대의 인적자원관리는 Y이론에 기반하여 사람관리를 해야 보다 효과적일 것이다. 또한, 단기적 안목으로 사람관리를 할 것이냐 장기적 안목에서 사람관리를 할 것이냐 또는 승진과 보상을 연계해서 고정급으로 보수를 책정할 것이냐 아니면 승진은 능력을 평가하여 시행하고 보상은 성과를 평가하는 방식으로, 승진과 보상을 분리해서 연봉급으로 보수를 결정할 것인지 등은 과거와 현대의 인사관리의 또 다른 패러다임 변화라고 할 수 있다.

과거의 인사관리(Personnel Management)는 조직이 목표를 달성하기 위하여 필요로하는 인력을 유지, 개발하며 이를 활용하는 계획적이고 조직적인 관리활동의 체계를 말한다. 현대의 인적자원관리(Human Resource Management)는 조직목표 또는 경영성과의 달성에 기여하기 위하여 인적자원을 확보, 개발, 평가, 보상, 유지하는 관련 제 활동을 의미하며 또는 조직 목표를 달성하기 위하여 필요한 유능한 인력을 조달하고 개발하여 활용하는 조직적인 관리활동 체계라고 할 수 있다. 결국, 과거의 인사관리가 사람을 관리하고 통제하는 관리적 개념이라면 현대의 인적자원관리는 조직의 목표와 경영성과를 달성하기 위하여 인적자원을 확보, 개발, 평가, 보상, 유지하는 조직적인 활동체계라고 할 수 있다.

3. 기업경영과 인적자원관리

기업의 인적자원관리 전략은 외부환경에 대응하기 위한 사업전략(Business Strategy)과 부합하는 방향으로 수립되어야 할 것이며, 사업전략과 부합된 인적자원관리 전략에 따라서 세부적인 인적자원관리 기능들이 수행되어야 할 것이다. 거꾸로 말하면 인적자원관리 기능을 통하여 인적자원관리 전략의 성공적 수행과 나아가서 기업전략과 사업전략에 일조할 수 있어야 한다는 의미이다. 이를 위하여 인적자원관리 기능은 조직성과를 높이는 데 일조하여야 할 뿐만 아니라 인적자원 가치를 확장하는 데 기여하여야 한다. 인적 구성원들을 잘 교육시키고 개발해서 보다 유능하게 만듦으로써 기업의 핵심역량을 강화시키는 역할을 하여야 한다. 이를 통하여 궁극적으로 기업의 지속적 경쟁우위를 창출하는 데 기여할 수 있다.

〈표 3-2〉는 인적자원관리 관점에서 효율적 기업과 비효율적 기업의 특성을 비교하여 나타내고 있다.

〈표 3-2〉 효율적 기업과 비효율적 기업

효율적 기업	비효율적 기업
사람에 대한 관심: 종업원을 자산으로 간주하는 긍정적인 관점	종업원을 중요한 자산으로 간주하지 않음: 종업원에 대한 관심이 적음
좋은 훈련, 개발 및 경력진전 기회	전제적이거나 관료적 방식으로 경영: 비용통성
좋은 보상 프로그램	종업원 개발이 전혀 없음: 비효율적 내부 진전과정
종업원 유지 양호: 낮은 이직률	높은 이직률
최고경영층의 인적자원에 대한 관심 및 지원	불명확하거나 진부한 정책: 일관성 없는 적용 및 수시변경
종업원 참여 격려	열악한 내부 의사소통

효율적 기업의 특성은 종업원을 자산으로 간주하는 긍정적 관점과 함께 인적 구성원에 대해서 관심을 갖고 있는 반면, 비효율적 기업은 종업원을 중요한 자산으로 인식하지 않으므로 종업원에 대한 관심이 적다. 또한, 효율적 기업에서는 최고경영층이 인적자원에 대한 관심을 갖고 좋은 훈련, 개발, 경력진전 기회를 많이 줌으로써 종업원들이 만족하고 이직률이 적은데 비하여 비효율적 기업은 전제적이거나 관료적 방식으로 종업원들을 관리를 하기 때문에 불만족한 종업원들이 많게 되고 이직률 또한 높다는 것이다.

4. 인간존중 경영의 필요성

현대적 인사관리 개념인 HRM(Human Resource Management)의 철학은 결과적으로 인간 존중 경영을 하라는 것으로 귀결될 수 있다. 사람을 핵심 자산으로 인정하고 인간존중의 경영철학을 구현해야 하며 또한 인력채용과 개발 등에서 세심한 배려를 할 필요성이 있다는 것이다. 기업 구성원들이 일과 학습을 통하여 성장할 수 있는 기회를 제공하고 궁극적으로 자아실현을 할 수 있도록 하는 것이 궁극적으로 기업과 조직의 성과로 나타난다는 것이다.

〈표 3-3〉 인적자산의 특징

기계-유형자산	인적자산
동일한 생산성	현격한 생산성 차이
감가상각에 의한 가치하락	학습과 성장에 의한 가치상승
고정성	유동성(이직가능성)
무감각/판단불가	감성/이성이 좌우
팀웍/협동/시너지 없음	팀웍/협동/시너지 가능

〈표 3-3〉은 인적자산의 특징을 나타내고 있다. 기계자산과의 비교를 통하여 인적자산에 대한 이해를 명확히 할 수 있다. 기계자산은 동일한 생산성을 갖는 데 비하여 사람은 개인마다 생산성 차이가 있을 수 있으므로 전략적인 사람관리가 필요할 것이다. 또한, 기계는 감가상각으로 인하여 시간이 흐를수록 가치가 하락하는 데 반하여 사람은 학습 등의 개발과정을 통하여 시간이 흐를수록 그 가치가 상승한다. 기계자산을 관리하는 방식과 인적자원을 관리하는 방식이 근본적으로 달라야 한다는 이유가 될 수 있다. 기계는 한번 들어오면 고용주가 폐기처분하기 전까지는 고정적인데 비하여 사람은 유동성이 있어서 불만족하면 이직할 수 있다. 기업의 입장에서는 여러 가지 좋은 보상프로그램으로 잘 대우하여 이직 가능성을 줄여야 할 것이다. 그리고 기계는 무감각하지만 사람은 감성과 이성이 있기 때문에 세심한 관심과 배려가 필요하다. 마지막으로 사람은 협동심을 통하여 좋은 팀워크가 발휘되면 많은 시너지효과가 발생되기 때문에 이런 부분들을 잘 고려해서 사람관리를 할 필요성이 있다.

5. 기업문화

기업문화 또는 조직문화라는 것은 그 조직에서의 선과 악, 옳고 그름의 판단 기준이 될 수 있는 것이며 조직 구성원들에게 공유된 가치관이나 신념 그리고 행동양식이라고 할 수 있다. 조직 구성원들이 상호작용할 때 관찰할 수 있는 행동 규칙성이라든가 또는 작업집단 내에서 자연적으로 생기는 규범, 특정 조직 내에서 강조된 지배적 가치관, 조직 구성원과 고객에 대한 정책 수립의 지침이 되는 철학이라고도 할 수 있다. 예를 들면, 우리 회사는 고객 중심적으로 업무를 처리한다든지 또는 우리 회사는 수평적이고 다양성을 존중하며 창의력을 중요시한다는 등이 기업문화라고 할 수 있는 것이다. 이러한 기업문화를 반영하여 다양한 전략과 정책이 수립되면 그 효과성과 성공가능성이 배가될 수 있는 것이다. 기업문화라는 것은 조직 구성원이 배워야하는 요령이다. 신입사원이 새롭게 입사를 했을 경우 조직 문화를 이해하고 체득해야 비로소 진정한 구성원이 될 것이다.

조직구성원들이 열심히 일하고 예의 바르고 고객들에게 성심 성의껏 응대하는 조직들이 있는 반면, 어떤 조직은 구성원들이 게으르고 나태하고 무뚝뚝한 경우가 있다. 이러한 조직 간 분위기 차이는 기업문화에 기인한다 하여도 과언이 아니다. 그러나 조직들 사이에 문화적인 차이가 있다는 것이 중요한 것이 아니라 기업문화로 인하여 조직들 사이에 성과의 차이가 발생한다는 것이 중요하다. 기업을 이해할 때 기계장치나 제품, 재무제표, 회계자료, 재무자료 등 눈에 보이는 유형적인 것들만을 파악해서는 충분히 이해할 수 없다. 기업조직을 보다 잘 이해하기 위해서는 기업구성원들이 중요하게 생각하는 가치와 신념 등 눈에 보이지 않는 것들을 정확히 파악하는 것이 중요하다. 눈에 보이지 않는 독특한 기업문화는 조직구성원의 행동양식을 규정하게 되며 결과적으로 기업성과에 지대한 영향을 미치게 된다는 것이다. 1980년대 초 컨설턴트 톰 히터스라는 사람이 기업들을 조사하고 분석하는 과정에서 어떤 기업들은 눈에 보이는 핵심역량이 뚜렷하게 나타나지 않아도, 즉 경쟁우위가 없어도 좋은 성과를 내는 기업들이 있다는 것을 발견하였다. 그런

기업들을 구체적으로 조사해 본 결과 조직문화(기업문화)가 매우 바람직한 방향으로 설정이 되어 있었다는 것을 알아내었다.

〈그림 3-1〉은 기업문화가 어떻게 만들어지고 어떻게 경영성과에 기여하고 있는지를 나타내고 있는 그림이다. 기업문화라는 것은 CEO, 창업자의 경영철학이 반영이 되고 또 기업의 역사적 경험이 반영이 되어서 기업문화가 형성되며 조직의 공유가치들이 만들어진다. 이렇게 만들어진 기업문화와 가치에 따라서 기업구성원들이 고객에 대한 태도와 행동, 업무에 대한 태도와 행동이 달라지는 것이다. 이런 것들이 조직문화의 역량이 되고 결과적으로 경영성과에 지대한 영향을 미치게 되는 것이다.

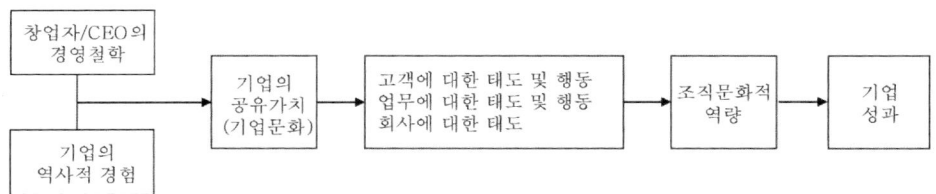

〈그림 3-1〉 기업문화와 기업성과

6. 리더십

S&P(세계적 신용평가회사)가 선정한 미국의 500대 기업과 뛰어난 리더(leader)가 있는 기업의 연간 수익률을 비교해본 결과 리더가 뛰어난 기업의 평균수익률이 매우 높았다는 조사결과가 있다. 그만큼 기업경영에서 훌륭한 리더의 리더십(leadership)은 중요하다. 일반적으로 회자되는 리더에 대한 가정들이 있다. 첫째, 훌륭한 리더는 선천적인 것이 아니라 개발되어지는 것이라는 것과, 둘째 그래서 지위에 관계없이 누구나 리더가 될 수 있다는 것이다. 학생이 열심히 공부하면 좋은 성적을 받을 수 있듯이 후천적인 노력에 의하여 좋은 리더가 될 수 있다는 말이다. 리더십을 학습하고 조

직 내 구성원의 리더십을 개발하기 전에 리더십의 기본가정과 개념, 정의들을 정확히 이해하는 것이 매우 중요하다고 할 수 있다.

리더십에 대한 다양한 정의들이 있다. Peter Koestenboum은 진정한 성품과 역량을 갖추어 어떠한 상황에서도 일이 되도록 기회를 찾고 업무가 완결되게 하고, 성과를 창출하는 불굴의 열정이라고 정의 하였고, Tichy는 현실을 있는 그대로 직시하여 적절하게 반응할 수 있는 능력이라고 정의하였으며, V.Packard는 리더십이란 여러분이 해야 한다고 확신하는 것을 구성원이 하도록 하는 기술이라고 정의하였다. 또한, Hemphill와 Coons는 리더십은 집단의 행동을 하나의 공동목표를 향해 이끌어 나가려는 개인의 행동이라고 정의하였고, 프레드스미스는 리더십은 사람들이 의무적으로 하지 않아도 될 일을 당신을 위해 하도록 만드는 역량이라고 정의하였으며, 위렌베니스는 모범적인 리더십이란 사람들이 따르도록 고무하고 지적자산을 고양시키며 경쟁력을 증대시킬 수 있는 사회구조나 조직상의 설계를 창출하는 개척자적인 능력이라고 정의하였다.

이처럼 많은 학자들의 리더십에 대한 정의를 종합하여 보면, 리더십이란 기업구성원들이 자신의 역량을 최대한 발휘하여 어떤 임무나 목적, 프로젝트를 달성할 수 있도록 끊임없이 상호작용하는 것이라고 할 수 있겠다.

〈그림 3-2〉는 리더십4P를 나타내고 있다. 4P는 Peoples, Power, Process, Performance와 같은 4개의 영단어의 시작문자를 의미하는데, 리더십을 이러한 4개의 영단어에 의하여 설명할 수 있다.

리더십은 사람들(Peoples)을 잘 관리해서 리더가 의도하는 방향으로 이끌어 간다는 측면에서 Peoples와 연관시킬 수 있다. 또한, 리더십은 기업구성원들에게 비젼을 제시하고 서로 존중하고 칭찬하게 하면서 신뢰를 구축하게 하는 방식으로 조직구성원들에게 바람직한 영향력(Power)을 주는 것이라는 의미에서 Power와 연관시킬 수 있다. Process는 기업구성원들과 지속적인 상호작용을 하면서 이끌어 간다는 측면에서 연관될 수 있겠고, 리더십의 궁극적인 목적이 좋은 성과를 창출하기 위한 것이라는 측면에서 Performance와 연관될 수 있다.

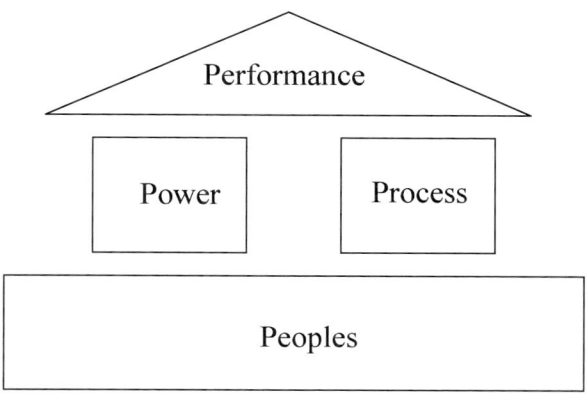

〈그림 3-2〉 리더십 4P

결국 리더십은 조직을 구성하는 사람(Peoples)들에게 바람직한 영향력(Power)을 주는 과정을 상호작용(Process)과 함께 지속하면서 조직의 좋은 성과(Performance)를 창출하고자 하는 목적을 갖는 경영기법이라고 할 수 있겠다.

7. 동기부여

동기(動機)의 영어단어는 motivation인데 이 단어는 라틴어의 movere에서 유래된 말이다. movere는 '움직이게 하다'라는 의미로서 결국 동기부여라는 것은 목표를 향한 자발적 행동을 할 수 있도록 하는 심리적 과정이라고 할 수 있다. 다른 말로는 개인의 행동이 열정적이고 지속적으로 작동되도록 유도하는 내적 힘이 바로 동기부여인 것이다. 종업원의 행동에 영향을 미치며 종업원의 행동이 지속되도록 하는 원동력이 바로 동기가 될 수 있다. 동기부여의 원천은 욕구에 의해서 발생된다. 그래서 구성원의 욕구를 어떻게 맞추어 주어야 할 것인가 하는 것이 동기부여의 또 다른 방법이 될 수 있다.

원인행위로서의 동기부여만이 아니라 지속적인 동기부여를 위해서는 오히려 그 결과가 더 중요할 수 있다. 동기부여의 결과로는 성과향상과 보상이 있을 수 있다. 보상은 내적보상과 외적보상으로 구분할 수 있다. 내적보상은 내면적인 만족감이 될 수 있다. 예를 들어 마라톤을 하여서 완주하는 경우 스스로 만족감을 느낄 수 있을 것인데 이것은 내적보상이다. 다른 사람에게 칭찬을 듣는다든가, 존중을 받는 다든가 하는 것들도 내적보상의 일종이다. 외적보상은 물질적인 관점으로서 금전 적인 보상이라든가 혜택 등이라 할 수 있다. 동기부여의 결과와 관련된 보상은 매슬로우의 욕구5단계 설을 통하여 다양하게 만들어 낼 수 있다.

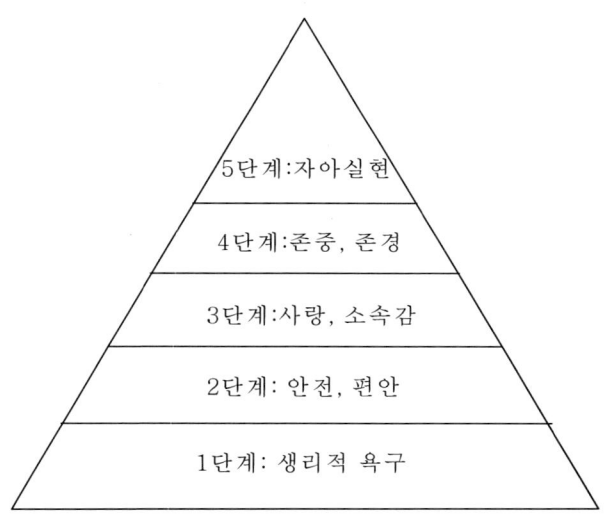

〈그림 3-3〉 매슬로우의 욕구 5단계

매슬로우의 욕구5단계설에 의하면 인간은 5가지 종류의 욕구계층을 갖고 있다. 매슬로우는 이러한 욕구들이 동시에 발생하는 것이 아니라 순서에 따라서 하나의 하위 욕구가 충족되었을 경우에 다음 단계의 상위 욕구가 발생한다고 주장하고 있다. 5가지 욕구계층 중 1단계는 살아가면서 자연적으로 그 필요성을 느끼는 생리적 욕구이다. 잠자는 것, 먹는 것, 종족번식 등이 1단계 욕구이다. 1단계 욕구가 충족되면 2단계 욕구를 추구하게 되는데 안전하고 편안하게 있고 싶은 것이 2단계 욕구이다. 2단계 욕구가 충족되면 3단계 욕구를 추구하게 되는데 소속감을 느끼고 사랑받고 싶은 욕구가 3단계 욕구이다. 3단계 욕구가 충족되면 4단계 욕구를 추구하게 되는데 4단계 욕구는 다른 사람으로부터 존중받고 존경받고 싶은 욕구이다. 4단계 욕구가 충족되면 5단계 욕구를 추구하게 되는데 보람을 느끼면서 자신의 본질을 파악하고 실현하고 싶은 욕구가 5단계 욕구이다.

동기부여와 관련해서 기대이론 모형을 이해할 필요가 있다. 기대이론 모형의 개념은 사람이 노력을 하는 이유는 성과가 나올 것이라는 기대가 있기 때문에 노력을 하는 것이고 성과가 있으면 그에 따른 보상이 있어야 더욱 노력하게 된다는 것이다. 노력은 물론 높은 성과를 목적으로 하는 것이지만 일에 대한 적절한 난이도를 통한 동기부여가 많은 영향을 미친다. 사람들은 일에 대한 난이도가 100점 만점을 기준으로 하여 50 정도일 때가 가장 많은 노력을 한다고 한다. 난이도가 50보다 높으면 일하는 것이 너무 힘들어서 노력을 적게 할 수 있을 것이고 50보다 낮은 경우에는 일이 너무 쉬워서 열심히 하지 않는다는 것이다. 보다 많은 노력을 할 수 있게 직무에 대한 적절한 난이도를 설정하는 것도 직무설계의 중요한 부분이라고 할 수 있다.

노력에 의하여 성과를 달성하면 그에 따른 적절한 보상이 있어야 할 것이다. 보상을 통하여 더 많은 노력을 할 수 있게 하기 위해서는 보다 가치 있는 보상을 하여야 한다. 예를 들어, 열심히 공부한 결과 시험에서 100점을 맞는 성과를 올렸는데 그 100점에 대한 보상이 현금 10,000원이었다면, 초등학교 학생들에게는 적절한 보상 수준이 될 수 있겠지만 대학생에게는 그 가치가 적게 느껴질 것이다. 그래서 적절한 가치가 있게 보상 수준을 결정하는 것도 중요한 동기부여의 방법이라고 할 수 있다. 행동하게 하는 동기부여의 강도, 즉 노력의 강도는 특정 행동을 하면 특정 결과가 나오리라는 기대, 즉 성과에 비례하고 또한 그 결과(보상)의 유의성에 비례한다고 할 수 있다.

경영자의 입장에서 동기부여와 관련하여 여러 가지 고려할 사항들이 있다. 우선 사람마다 동기부여의 요인이 다르다는 것을 인식하여야 한다. 이는 항상 내가 아닌 상대방의 입장에서 생각하면서 동기부여를 고려하여야 한다는 것이다. 그리고 개개인을 최대한 존중해주면서 동기부여를 하는 것이 필요하다는 것이다. 모든 사람에게 일괄적으로 동일한 액수의 급여인상보다는 개개인의 특성과 성과에 따라서 급여인상을 하는 것이 보다 좋은 동기부여의 방법일 것이다. 그리고 주인의식을 가질 수 있도록 비전에 동참시켜서 구성원들이 내 회사라는 마인드를 가질 수 있게 하는 것과 자기계발, 성장의 기회를 제공하는 것, 그리고 칭찬과 격려를 하고 적절한 보상과 높은 기대를 가질 수 있게 하는 것은 좋은 동기부여 내용이다. 칭찬과 격려가 특히 중요한 것이 피그말리온 효과 때문이다. 피그말리온 효과는 한마디로 말해서 상대방이 기대한 만큼 성과를 올린다는 의미이다. 예를 들어 초등학생에게 자신감을 주는 긍정적인 기대를 많이 해주면 그 기대를 충분히 달성한다는 것이다.

동기부여는 다른 사람만을 대상으로 하는 것이 아니라 본인 또한 동기부여될 필요가 있다. 미켈란젤로의 동기라는 말이 있는데 이는 미켈란젤로가 어떤 성당에서 벽화를 그릴 때 자신의 만족을 위하여 남이 안 볼 것 같은 구석의 그림도 열심히 그렸기 때문에 세기의 명작이 탄생했다는 일화이다. 동기부여가 안 된 사람은 아무리 노력해도 성과가 안 좋을 수 있다. 미켈란젤로 동기를 가진 사람을 찾는 것도 경영자로서 중요한 임무가 될 수 있다.

또한, 직무재설계나 직무확대, 직무충실화, 직무순환 등의 방법으로 동기부여를 할 수도 있다. 구성원들이 자신에게 맞는 일 또는 어느 정도 어려운 일을 수행함으로써 동기부여가 될 수 도 있다는 말이다. 임파워먼트(empowerment)도 비슷한 맥락의 동기부여 방법일 수 있는데 이는 구성원들에게 보다 많은 권한을 주어서 그에 대한 책임도 지게 함으로써 근로의욕을 고취할 수 있다는 의미이다.

8. 경영계층별 관리기술

경영자를 세 계층으로 나눈다면 최고경영자, 중간경영자, 하위 경영자로 나눌 수 있는데 경영계층별로 요구되는 경영기술(Skill)은 각각 다르다. 최고 경영자는 거시적 안목에서 조직을 파악하고 조직 간의 상호관련성을 파악하는 능력, 즉 개념적 능력이나 전략적인 능력이 필요하다. 반면에 중간 경영자는 조직구성원과 조화를 이루고 원활한 의사소통을 할 수 있는 인간적인 능력이 중요하다. 하위 경영자의 입장에서는 맡은 일을 스스로 잘하는 기술적인 능력이 중요하다. 스킬믹스 (Skill Mix)는 이처럼 경영 계층별로 요구되는 관리기술이 다르다는 의미이다. 〈그림 3-4〉는 스킬믹스를 나타내고 있다.

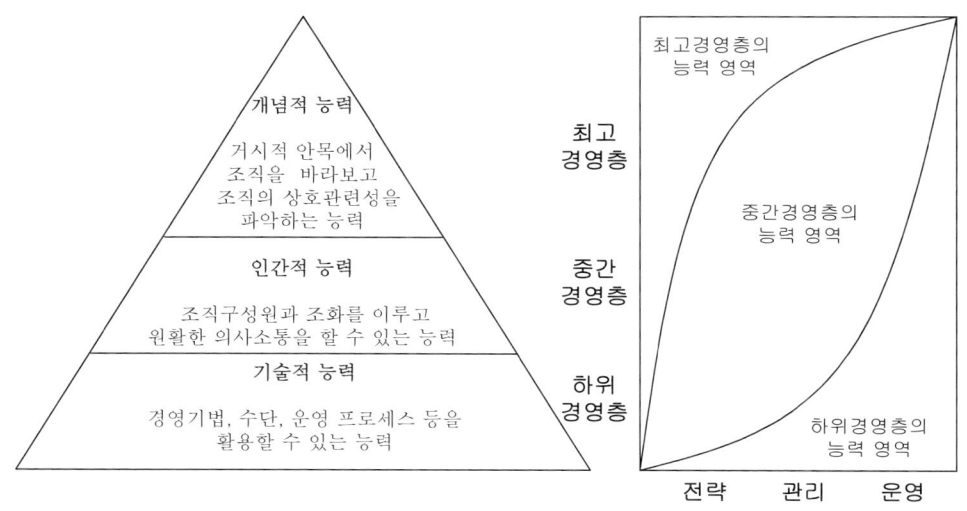

〈그림 3-4〉 스킬믹스

경영계층에 따라서 필요로 되고 요구되는 능력 위주로 업무를 수행하고 그렇지 않은 업무와 권한은 하부 구성원들에게 업무를 위임하는 경영기법이 더 바람직할 수 있다.

〈그림 3-4〉의 오른쪽처럼 스킬믹스의 개념을 그래프의 형태로 표현할 수 있다. 최고 경영층은 전략적인 능력이 중요하지만 관리능력이나 운영능력이 전혀 필요하지 않다는 것은 아니다. 전략적인 능력과 관리능력, 운영능력 중에서 전략적인 능력이 상대적으로 중요하다는 말이다. 중간 경영층의 경우도 관리능력이 상대적으로 중요하다는 것이다. 조직 구성원과 조화를 이루고 원활한 의사소통을 할 수 있는 인간적 능력이 중요하지만 전략적인 능력과 운영적인 능력이 전혀 필요 없다는 것은 아니다. 관리능력에 비하여 상대적으로 덜 중요하다는 의미일 뿐이다. 하부 경영층에서는 운영 능력이 전략적인 능력이나 관리능력에 비하여 상대적으로 더 중요하다. 그렇지만 전략적인 능력과 관리능력도 어느 정도 소유하고 있어야 기업의 전체적인 비전과 전략을 충분히 이해하여 자신의 임무를 보다 충실히 수행할 수 있는 것이다.

9. 임파워먼트

시대와 환경이 변화하면서 기업경영에서의 관리자의 유형과 역할도 변화하여 왔다. 과거에는 통제형 리더의 유형이 대부분이었다가 후원이나 육성형 리더로 변화되었고 현대에는 임파워링 리더(empowering leader)가 이상적인 리더로서 부상되고 있다. 통제형 리더는 목표와 가이드라인을 설정하고 목표를 달성하기 위하여 말로서 관리와 통제를 하는 유형이다. 후원/육성형 리더는 코칭(coaching)을 리더십의 핵심으로 간주하는 관리자 유형이다. 조직 부서 구성원들 간의 원활한 의사소통을 중시하고 팀워크를 증진시키려는 역할을 주로 한다. 반면에 임파워링 리더는 조직 구성원들에게 권한과 책임을 위임하면서 하위 구성원들의 동기부여를 유발하고 능력을 키워줌으로써 전체적인 조직능력이 확대되게 유도하는 방식의 관리자 유형이다.

임파워링형 관리자는 임파워먼트(empowerment)라는 경영기법을 적용함으로써 관리자의 역할을 수행한다. 임파워먼트는 현대기업의 조직구조가 변화됨으로써 불가피하게 나타난 경영기법이라고도 할 수 있다. 현대기업의 조직구조는 점차 플랫(flat)화되고 있으며 그에 따라 계층 수도 감소하고 있다. 이는 중간관리층의 역할이 축소되고 하위 경영층의 역할이 상대적으로 확대되면서 보다 많은 능력배양이 필요하게 되고 이로 인하여 구성원들 간의 관계변화까지도 필요하게 되었다는 의미다. 임파워먼트는 현대기업의 조직구조 변화에만 기인한 것이 아니고 시장 환경의 변화 때문에도 기인한다. 현대에는 시장에서의 소비자 수준이 높아짐에 따라 경영 패러다임도 고객 지향적으로 변화되었으며 이러한 변화에의 적극적인 대응 수단으로 임파워먼트라는 경영기법이 효과적으로 이용될 수 있다. 예를 들면, 백화점에서 고객 불만을 현장에서 즉각적으로 처리함으로써 고객 불만을 최소화시키기 위하여 물품 반환 권한을 현장 판매자에게 위임하는 것은 임파워먼트의 한 예가될 수 있다. 임파워먼트는 급변하는 환경에 적응하기 위하여 현장 중심의 의사결정을 하기 위한 인사관리의 철학이라고도 할 수 있다. 임파워먼트가 성공적으로 정착되면 조직 구성원들이 주인의식과 함께 책임과 권한을 가지고 스스로 의사결정을 하게 됨으로써 기업 경쟁력 향상에 일조할 수 있게 된다.

임파워먼트의 의미는 다양하게 해석할 수 있다. 임파워먼트는 조직구성원들의 개인 역량을 키워주고 그 능력을 최대한 활용하려는 것으로서 권한위임이 그 핵심일 수 있지만 단순한 권한위임이 아니라 권한위임을 통하여 동기부여를 하고 그 능력을 확대시킨다는 차원에서 권한위임보다 더 고차원적인 개념이라고 할 수 있다.

10. 보 상

앞에서 살펴보았던 기대이론모형은 보상이 가치가 있으면 더 열심히 노력할 것이라고 주장하고 있다. 보상은 과거 성과에 대한 것이 일차적이겠지만 미래 성과를 유도하는 수단으로써 바라보는 것이 더 중요할 수 있다. 보상(Compensate)은 조직구성원이 조직을 위하여 과업을 수행한 것에 상응하여 조직이 구성원들의 여러 가지 욕구를 충족시키기 위하여 제공해주는 물질적, 비물질적, 금전적, 비금전적인 모든 것이라고 할 수 있다.

보상을 구성하는 요소들은 임금(Wage), 봉급(Salary), 상여금(Incentive), 복리후생(Welfare Bebefits) 등이 있다. 임금은 시간당 또는 일당 지급되는 노동비로서 생산직에 주로 적용되는 보상이다. 봉급은 주당 또는 월당 지급되는 노동비로서 사무직 근로자에 주로 적용된다. 상여금은 성과에 따라 추가적으로 지급되는 노동비라고 할 수 있고 복리후생은 보험금, 의료비, 교육비, 주거비 지원 등과 같이 구성원의 안정감과 만족감을 위해 직접 또는 간접적으로 부여되는 혜택이라 할 수 있다. 경제적인 보상뿐만 아니라 칭찬, 인간적인 배려, 공로인정 등과 같은 비경제적인 보상도 있다.

보상과 관련한 재미있는 일화가 있다. 완두콩 캔 제조회사에서 완두콩을 수작업으로 까는 과정에서 많은 벌레들이 나왔다. 그래서 벌레를 많이 잡는 종업원들에게 일정한 보상을 주었는데 이로 인하여 일정 기간 동안은 벌레가 줄어드는 효과가 있었지만 시간이 지날수록 종업원들은 집에서 잡은 벌레를 보상을 받기 위하여 가져오는 경우들이 있었다. 이 일화가 의미하는 바는 보상시스템을 잘 설계하면 유용하지만 부작용도 있을 수 있기 때문에 충분한 검토를 거쳐 보상시스템을 설계할 필요가 있다는 것이다.

보상시스템도 경영환경의 변화에 따라 변화되었다. 〈표 3-4〉는 보상시스템의 변화내용을 나타내고 있다.

〈표 3-4〉 보상시스템의 변화

	전통적 보상시스템	전략적 보상시스템
중심가치	공정성, 체계성, 합리성	전략실행의 수단
보상수준 결정요인	기업내부의 규칙	외부노동시장 기준
보상형태	고정급 성격	연동급 성격
보상금액 결정기준	과거의 실적 중심	보유역량의 잠재적 가치
보상시스템의 특징	단기적, 금전적 보상 중심	단기적, 금전적 보상 + 장기적, 비금전적 보상

전통적 보상 시스템은 공정성과 합리성을 중요하게 고려했는 데 반해서 현대에는 기업의 전략실행을 위한 핵심역량을 키우는 촉매제로서 그 중요성을 두고 있다. 보상수준을 결정하는 기준을 보면 과거에는 기업내부의 규칙에 따라 결정되는 구조인 데 비하여 현대에는 기업의 외부에서 노동력이 상품으로 거래되고 그 수급에 따라서 임금이 결정되는 구조를 따르고 있다. 과거에는 단기적, 금전적, 고정급 성격의 보상이 주를 이루었었지만 현대에는 장기적이고 비금전적인 측면도 다루고 있고 연동급 성격으로 임금이 결정되는 특징이 있다.

11. 인사평가

조직생활을 할 때 가장 힘든 부분이 구성원들을 평가하고 또는 상사에 의하여 평가를 받는 일일 것이다. 인사평가를 하는 궁극적인 목적은 종업원의 능력을 활용해서 생산성을 향상시키는 것이다. 공정한 인사평가를 통하여 적절한 인사배치와 사원들의 근로 의욕을 고양시킴으로써 기업의 생산성이 증대될 것이라는 개념이다. 인사평가 결과 필요하면 종업원들의 직능개발을 통하여 개인의 능력을 증대 시켜줌으로써 개인의 성장을 도울 수 도 있다. 이는 개인의 목적과 기업의 목적을 일치시키는 것으로서 개인의 입장에서는 일과 직장을 통하여 인간으로서의 다양한 욕구를 충족할 수 있게 하는 것이다. 이는 결국 데이비스가 주창한 바와 같이 인간적인 노동생활을 의미하는 QWL(Quality of Working Life)을 실현하는 길일 수 있다.

〈그림 3-5〉는 평가시스템의 기본구조를 나타내고 있다. 기업은 중장기 전략과 사업계획, 목표가 있을 것이고 이를 바탕으로 해서 만들어진 전사적인 목표가 있다. 기업의 인재상과 핵심역량은 전사적인 목표에 부합되도록 만들어져야 하고 이것은 기능부문별 또는 직책별 필요 역량 설정에 영향을 미친다. 전사목표에 따라서 부서목표가 생기고 부서목표에 따라서 팀 목표 또 팀 목표에 따라서 개인목표가 수립될 것이다. 부서목표와 비교하면서 부서 성과를 평가하게 되고 팀 목표를

이용해서 팀 성과 평가를 한다. 개인평가는 개인 목표에 따라서 개인 성과평가가
이루어지고 또한 기능부문별 또는 직책별로 설정된 필요역량은 개인역량평가를 할
때 반영될 것이다.

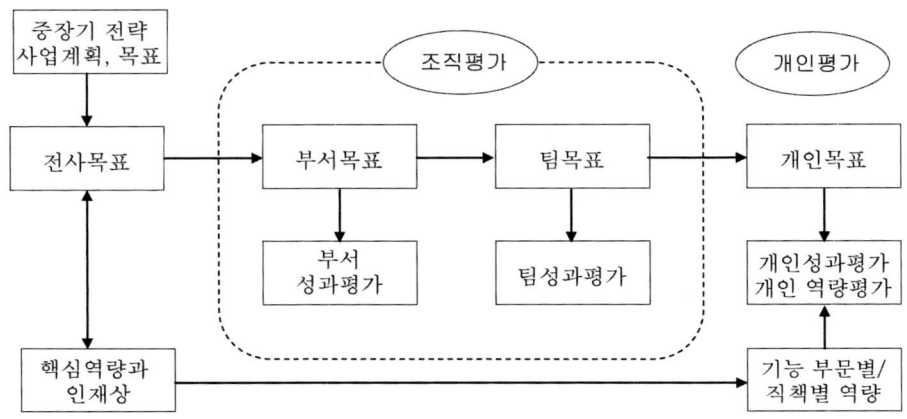

〈그림 3-5〉 평가시스템의 기본구조

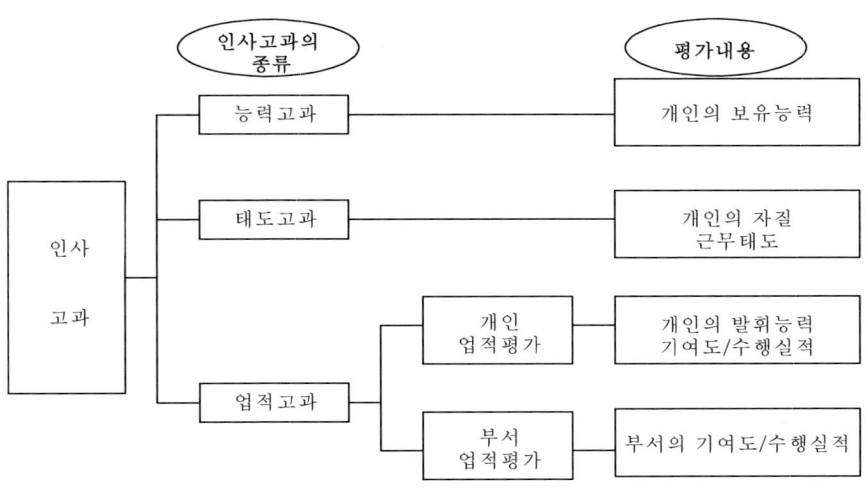

〈그림 3-6〉 인사평가시스템

인사고과(人事考課)는 기업구성원들의 근무성적이나 태도, 능력 따위를 조사하여 보고하는 것이다. 인사고과의 종류로서 능력고과, 태도고과, 업적고과가 있다. 능력 고과는 개인의 보유능력을 평가를 해서 만들어지는 것이고 태도 고과는 개인의 자질, 근무 태도를 평가해서 만들어지는 것이며 업적 고과는 개인 업적뿐만 아니라, 부서업적까지 평가해서 만들어지는 것이다. 〈그림 3-6〉은 개인의 인사고과 생성을 위한 인사평가시스템을 나타내고 있다.

최근의 인사평가의 방법으로 MBO(Management By Object)나 BSC(Balanced Score Cards) 등이 있다. MBO는 목표에 의한 관리의 의미가 되는데 이것은 어떤 목표를 미리 설정해 놓고 그 목표에 의해서 관리와 평가를 하겠다는 말이다. 경영자는 종업원들로 하여금 직접 자신들의 업무목표를 설정하는 과정에 참여하도록 함으로써 함께 적절한 목표를 설정하고, 이를 기준으로 하여 작업실적을 평가한다. 따라서 경영자와 종업원 모두가 만족할 수 있는 경영목표를 설정할 수 있으며 특히 종업원들은 자신에 대한 평가방법을 미리 알고 업무에 임하고, 평가 시에도 합의에 의해 설정된 목표달성 정도에 따라 업적을 평가하며 그 결과는 피드백(feedback) 과정을 통하여 경영계획 수립에 반영된다.

또다른 최근의 인사평가 방법으로 BSC가 있다. BSC는 한마디로 말해서 어떤 경영성과를 측정할 때 다양한 시각에서 바라보면서 평가하자는 것이다. 과거처럼 재무적 지표에 의해서만 경영성과를 측정하면 단기적인 성과에 치중하게 되고 잠재적이고 장기적인 관점의 경영성과는 제대로 평가할 수 없게 됨으로써 결국 기업의 지속적인 발전을 담보하지 못할 것이다. 따라서 경영성과를 평가할 때 재무적 관점뿐만 아니라 고객관점, 내부 비즈니스 프로세스적 관점, 또 학습 및 성장 관점에서도 평가를 하자는 것이다.

【요 약】

과거의 인사관리는 사람을 관리하고 통제하는 관리적 개념인 반면 현대에는 조직의 목표와 경영성과를 달성하기 위한 전략실행의 관점으로서 인간존중 경영철학을 바탕으로 한 인적자원 확보, 개발, 평가, 보상, 유지하는 조직적인 활동체계라고 할 수 있다.

기업의 경영성과는 조직문화 또는 기업문화에 의해서도 영향을 받는데, 조직문화는 어떤 조직에서의 선과 악, 옳고 그름의 판단기준이 될 수 있는 것이며 조직 구성원들에게 공유된 가치관이나 신념 그리고 행동양식이라고 할 수 있다.

리더십은 기업구성원들이 자신의 역량을 최대한 발휘하여 어떤 임무나 목적, 프로젝트를 달성할 수 있도록 끊임없이 상호작용하는 것이다. 이를 위하여 기업구성원들이 뚜렷한 동기를 가지고 전향적으로 업무를 수행할 수 있도록 좋은 동기부여 방법도 고려될 필요가 있다. 좋은 동기부여를 위해서는 매슬로우의 욕구 5단계 이론이나 기대이론모형 등에 대한 충분한 숙지가 있어야 한다. 기대이론 모형의 개념은 사람이 노력을 하는 이유는 성과가 나올 것이라는 기대가 있기 때문이고 성과가 있으면 그에 따른 보상이 있어야 노력하게 된다는 것이다. 결국 합리적인 평가시스템과 보상시스템이 설계되어야 한다. 전통적 보상시스템은 공정성과 합리성을 중요하게 고려한 데 반해서 현대에는 기업의 전략실행을 위한 핵심역량을 키우는 촉매제로서 그 중요성을 두고 있다.

보다 효과적인 인사관리를 위해서는 경영계층에 따라서 필요로 되는 능력이 다르다는 스킬믹스 이론에 따라 요구되는 능력위주로 업무를 수행하게 하고 그렇지 않은 업무와 권한은 하부 구성원들에게 위임하는 임파워먼트라는 경영기법을 적용할 필요가 있다.

【연습문제】

※ 정오식문제

1. 백화점에서 고객불만을 현장에서 즉각적으로 처리하기 위하여 물품반환권한을 주는 것은 임파워먼트의 한 예이다.(　)

2. 보다 많은 일을 주거나 어려운 일을 시키는 것도 동기부여가 될 수 있다.(　)

3. QWL은 직장생활에서의 개인만족도라고 할 수 있다.(　)

4. X이론은 주체적, 자율적 인간관을 바탕으로 하는 것으로서 현대적 인적자원관리는 X이론에 기반하여 경영관리를 한다.(　)

5. 매슬로우의 욕구 5단계설에 의하면 생리적 욕구, 안전, 편안, 사랑, 소속감은 Basic Needs에 속한다.(　)

※ 단답식문제

6. (　　　　)에 따르면 동기부여의 강도는 성과에 대한 기대치와 보상의 가치에 비례한다.

7. (　　　　)는 선악 또는 옳고 그름에 대한 판단기준으로서 특정조직의 구성원들에게 공유된 가치관 및 신념 그리고 행동양식(관행)이나 기본전제를 말한다.

【참고문헌】

[1] 고수일, 인사관리, 도서출판 새로운 제안, 2006.
[2] 권석균, eMBA인적자원경영, 휴넷, 2003.
[3] 김재명, 경영학원론, 박영사, 2001.
[4] 양창삼, e조직이론, 박영사, 2001.
[5] 조영탁, eMBA 생생경영학, 휴넷, 2003.

제4장

마케팅관리

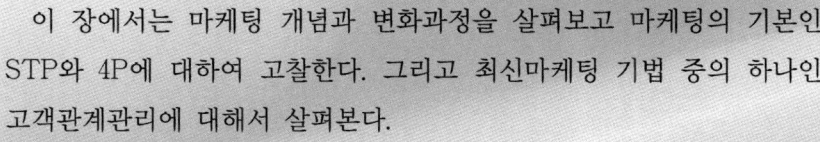

이 장에서는 마케팅 개념과 변화과정을 살펴보고 마케팅의 기본인 STP와 4P에 대하여 고찰한다. 그리고 최신마케팅 기법 중의 하나인 고객관계관리에 대해서 살펴본다.

1. 마케팅의 정의

마케팅을 이야기할 때에 기술이 먼저인지 마케팅이 먼저인지를 따져보는 경우들이 있는데 일반적으로 학자들은 마케팅이 더 중요할 것이라는 견해들을 많이 갖고 있다. 왜냐하면 아무리 좋은 제품을 만들더라고 소비자의 가치에 부합되지 않으면 소비자에게 매력이 없게 되고 결국 판매가 안 되면서 실패하게 될 것이기 때문이다. 마케팅을 잘 해서 성공한 사례들은 매우 많다. 대표적인 예로 맥주 시장의 예를 생각해 볼 수 있다. 과거에 A맥주사는 B맥주사에 비해서 시장 점유율이 매우 적었다. 7대 3의 비율로 격차가 벌어진 적도 있었다. 맥주라는 제품의 품질은 그 차이가 미미할 것인데도 불구하고 브랜드 이미지 때문인지 A맥주사가 대부분의 시장을 장악하고 있었던 것이다. 이때 B맥주사가 신상품을 개발했는데 깨끗한 물의 대명사인 천연암반수로 만든 맥주라는 개념을 집중적으로 홍보하면서 소비자들에게 어필한 결과 시장점유율 1위라는 성과를 올릴 수 있었다는 사례가 있다. 천연암반수로 만든 깨끗한 물이라는 개념은 하나의 마케팅 아이디어로써 경영성과에 결정적인 영향을 미치는 요인이 될 수 있었던 것이다.

현대사회에 들어 기업경영환경이 많이 변화되었기 때문에 마케팅 활동이 더욱 중요해졌다. 기업을 둘러싼 경영환경이 어떻게 변화되었는지 살펴보면, 첫째로 기업들 사이의 경쟁이 과거에 비하여 더욱 심화되었다는 것이다. 과거에는 수요보다 공급이 적었기 때문에 경쟁이 덜 했던 반면 현대에는 기업들의 생산능력이 확대되고 생산 제품들이 과잉 공급되면서 그 제품들을 판매하기 위한 경쟁이 격심해졌다. 요즈음은 슈퍼마켓에 새로운 신제품이 30분에 하나씩 출시된다고 한다. 그만큼 많은 제품들이 생산되고 있기 때문에 그 제품들을 소비자들에게 잘 알리고 각인시키기 위한 마케팅 활동은 더욱 중요하게 되었다. 기업 환경의 또 다른 변화양상은 IT 첨단 기술이 등장하고 소비자의 유행패턴 사이클의 단축으로 인하여 제품의 수명주기 또한 단축되었다는 것이다. 제품 수명주기가 3년 이상이면 마케팅 계획을 여유롭게 수립하여 마케팅 활동을 할 수 있지만 제품 수명주기가 6개월 미만이 되면 마케팅 계획이 자주 수립되어야 할 것이고 그만큼 마케팅 활동은 어려워지게 되는 것이다. 마케팅 활동을 어렵게 하는 또 다른 변화 상황은 소비자의 파워가 증대되었다는 것이다. 인터넷이 대중화되고 일상화됨에 따라 소비자들의 정보력이 매우 높아졌기 때문이다. 이러한 소비자들을 대상으로 마케팅 활동을 한다는 것은 매우 어렵게 되었다. 과거에도 고객중심경영이라는 경영방침들이 있었지만 기업구성원들에 대한 정신교육차원의 슬로건인 경우가 많았다. 그러나 현대에는 실제로 소비자들의 지식수준이 높아져서 소비자들의 기호에 맞는 제품을 생산할 수 있도록 소비자들 취향을 제대로 파악하여 제품 생산전략에 반영할 필요가 있다. 프로슈머(Prosumer)라는 신조어도 등장이 했는데. 프로슈머의 의미는 생산자(Producer)의 프로(Pro)와 소비자(Consumer)의 슈머(sumer)가 결합된 합성어로써 제품개발을 할 때 소비자들이 직접, 간접적으로 참여한다는 의미이다. 단순한 소비자가 아니라 제품 생산에 영향을 미치는 소비자라는 뜻이다.

　이러한 소비자의 영향력을 감안하여 코틀러 교수는 다음과 같이 마케팅을 정의하였다. 즉 '마케팅이라는 것은 수익성 있는 고객을 찾고 그 고객을 유지하고 키우는 과학과 예술이다'라고 정의한 것이다. 결과적으로 마케팅이라는 것은 소비자 구미에 맞는 제품을 생산하고 이 제품을 소비자들에게 잘 각인시켜 많은 판매량을 올림으로써 수익을 확대하려는 목표가 있음에도 불구하고, 이 정의에는 제품이나 물건 등과 같은 단어가 없다는 것을 유념할 필요가 있다. 제품을 만들고 나서 강제적으로 판매하는 푸시(push)의 개념보다는 소비자들이 원하는 제품을 만들어서 자연스런 구매가 이루어질 수 있게 하는 풀(pull)의 개념이 더 중요할 수 있다는 의미일 것이다. 또한, 새로운 고객을 찾는 비용보다는 기존의 고객을 유지하는 비용이 5 대 1 정도의 비율로 저렴하다고 한다. 따라서 새로운 고객을 찾아 나서는 것보다는 기존 고객들에게 더욱 큰 만족을 주어서 고객들의 충성도를 확보하고 우리 고객으로 유지하는 것이 더욱 효과적인 마케팅전략이 될 수 있다. 마케팅의 정의 중에 '과학과 예술'이라는 단어가 있는데 여기서 '과학'의 의미는 논리적이고 분석적이라는 뉘앙스가 있고 '예술'의 의미는 직관적이고 본능적인 감각이라는 뉘앙스가 있다. 따라서 마케팅이라는 것은 논리적이고 합리적인 분석력이 필요할 뿐만 아니라 직관적이고 감각적인 능력도 필요한 분야라고 할 수 있다.

2. 마케팅의 이슈

마케팅에서 주요 이슈가 되는 문제들을 살펴봄으로써 마케팅에 대한 이해를 더욱 명확하게 할 수 있다. 첫번째 이슈는 목표로 삼을 올바른 세분시장을 알아내고 선택하는 방법이다. 모든 시장을 대상으로 접근하는 것이 아니라 목표시장을 중심으로 기업활동을 펼치는 것이 효과적이기 때문에 목표시장인 세분시장을 알아내는 것이 중요하다는 의미이다. 두 번째 이슈는 경쟁상품과 차별화시킬 수 있는 방안이다. 현대 기업환경은 완전경쟁산업에 속한 경우가 일반적일 것이기 때문에 경쟁회사의 경쟁상품과 차별화시킴으로써 경쟁을 완화시키고 경영성과를 개선시키는 효과가 생길 것이다. 세 번째 이슈는 무한히 낮은 가격을 원하는 소비자의 요구사항을 무마시킬 방법을 찾는 것이다. 수익악화를 감수하면서까지 가격을 낮출 수는 없을 것이므로 소비자가 수긍할 수 있는 다른 가치, 즉 고품질 등과 같은 가격과는 다른 차별화 포인트를 제공함으로써 소비자에게 어필할 수 있는 전략도 마케팅에서 중요한 이슈이다. 네 번째 이슈는 경쟁사가 저비용, 저가격 정책을 쓰는 경우의 대응방안이다. 다섯 번째 이슈는 시장세분화의 세밀성을 어느 정도까지 해야 하는지에 대한 것이다. 소비자들의 요구가 다양해지고 소비자들의 니즈(needs)에 맞게 적절한 제품전략을 수립하고자 할 때 모든 소비자들의 니즈를 수용하는 것은 비용·효익(Cost-Benefit)차원에서 바람직하지 않을 것이다. 소비자의 니즈를 어느 정도까지 맞춰줄 것인가를 결정하는 것도 마케팅에서 중요한 이슈이다. 추가적으로 사업을 성장시키기 위한 주요 방법, 더 강력한 브랜드를 구축하기 위한 방법, 고객확보에 드는 비용을 줄일 수 있는 방법, 소비자의 애호도를 더욱 오래 지속시킬 수 있는 방법, 어떤 소비자가 더 중요한지 판단하는 방법, 광고·판매촉진·홍보에서 오는 이익을 측정할 수 있는 방법, 판매인력의 생산성을 향상시킬 수 있는 방법, 다양한 유통망을 운영하면서 유통망간의 분쟁을 잘 관리할 수 있는 방법, 기업의 부서들을 좀 더 고객중심적으로 만드는 방법 등이 마케팅에서의 또 다른 이슈라고 할 수 있다.

3. 마케팅의 변화

마케팅 활동은 1920년대 이후부터 본격적으로 시작이 되었는데 현대까지 오면서 개념적으로 많은 변화가 있었다. 처음에는 생산중심(Production-oriented) 개념을 갖고 있었다. 제품을 만들면 팔린다는 개념이었다. 수요가 공급보다 큰 상황이어서 물건은 없고 경쟁기업들도 적었기 때문에 만들면 무조건 팔리는 시장이 확보되어 있었다. 이 시대에는 효율적으로 생산을 많이 할 수 있는 생산기술 및 관리 능력과 유통능력이 절대적으로 중요하였고 마케팅 활동은 굳이 필요하지 않았던 시기라고도 할 수 있다. 그러다가 생산 능력이 확대되고 제품들이 대량으로 생산되면서 공급이 수요보다 많아지고 경쟁기업도 많이 생겨났기 때문에 어떻게 하면 경쟁기업보다 많이 팔 수 있을 것인가라는 판매중심(Sales-oriented)의 개념으로 변화되었다. 이 시기에는 마케팅의 주요 역할이 판매를 위한 영업활동(Sales Force)에 집중되었던 시대였던 것이다. 판매중심 개념이 발전되어 결국 기업 내에 독립적인 마케팅 부서의 필요성이 생겨나게 되었고 마케팅 부서에서는 마케팅의 원래 목적이나 의도에 맞게 마케팅 활동이 이루어진 시기라고 할 수 있다. 고객들에게 각인되기 위하여 고객들의 니즈(needs)를 파악하고 이를 반영해서 제품기획과 생산, 판매, 애프터서비스 등의 활동들이 이루어진 시기였던 것이다. 현대에 들어서는 기업 내 마케팅 부서만이 마케팅 활동을 하는 것이 아니라 전사적으로 마케팅 활동을 하는 마케팅중심회사(Marketing-oriented company)의 개념으로 발전하였다.

오늘날의 마케팅 개념은 판매중심 개념과 비교하여 보면 더욱 명확해진다. 판매

개념은 소비자의 니즈에 대한 고려 없이 공급자 중심으로 제품을 생산하고 밀어내기 식으로 제품을 판매(push방식)하는 방식이다. 반면에 진정한 마케팅 개념은 소비자 시장 중 표적시장(target market)을 먼저 탐색하고 그 시장에서의 소비자 욕구(wants)와 니즈(needs)가 무엇인지 파악한 다음에 이것들을 만족 시킬 수 있는 제품을 기획·생산하면 소비자들이 스스로 구매(pull방식의 판매)를 한다는 것이다.

판매개념의 마케팅은 소비자의 요구사항을 고려하지 않기 때문에 모든 소비자들이 판매대상이 되는 매스마케팅이 되어버리고 그 목적도 판매 극대화가 된다. 반면, 진정한 마케팅은 소비자 중 특정 니즈를 요구하는 소비자 그룹인 세분시장을 찾아내고 이 세분시장만을 판매 대상으로 하겠다는 것이다. 그 목적도 고객 만족을 제공하고 고객 충성도를 유지하는 것으로 설정함으로써 자연스런 판매증대를 꾀할 수 있다. 더 나아가서 현재의 제품뿐만 아니라 미래의 제품에도 충성도를 보일 수 있도록 고객과의 관계를 지속적으로 유지하는 관계마케팅은 더욱 진화한 마케팅 개념이라고 할 수 있다.

4. 마케팅 과정

마케팅 활동의 기본적인 절차는 마케팅 전략을 수립하고 이 전략에 따라서 구체적으로 실행하는 단계로 이루어진다. 마케팅 전략 수립은 3C 분석을 통해서 STP를 설정하는 단계일 수 있고 전략 실행과정은 4P에 의한 마케팅믹스(marketing mix)를 이행하는 단계라고 할 수 있다. 〈그림 4-1〉은 마케팅의 절차를 나타내고 있다.

3C는 고객(Customers), 기업(Company), 경쟁사(Competitors)라는 영단어들의 첫 문자 C를 뽑아서 만들어진 단어이다. 따라서 3C 분석이라는 말은 고객의 욕구와 니즈, 인구통계학적 정보들을 분석하고 또한 해당 기업의 미션이나 목적, 핵심역량 등과 경쟁기업의 현재와 미래전략 등을 파악하는 것이다. 이에 기반하여

SWOT의 틀로 해당 회사의 강·약점, 기회와 위협 등을 분석하여 STP를 설정한다. STP에서 S는 세그멘테이션(Segmentation)의 첫 문자를 의미하는 것으로써 소비자 시장을 여러 그룹으로 세분하는 것을 의미한다. T는 타게팅(Targetting)의 첫 문자를 의미하는 것으로써 세분된 시장 중에서 매력도가 높은 목표시장을 선택하는 것을 의미한다. P는 포지셔닝(Positioning)의 첫 문자를 의미하는 것으로써 목표시장에서 해당회사의 제품 이미지를 각인시킨다는 것을 의미한다.

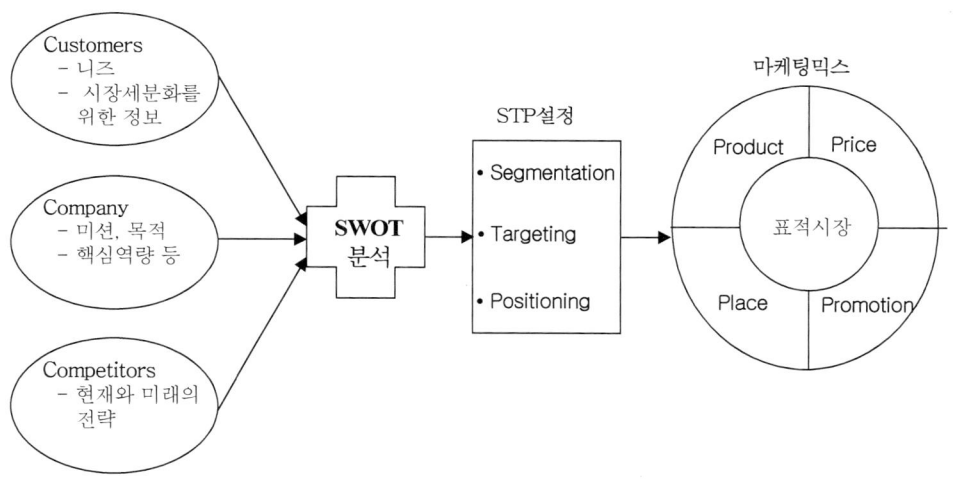

〈그림 4-1〉 마케팅의 기본절차

　포지셔닝의 구체적인 실행 방안으로써 4P를 이용한 적절한 마케팅믹스(marketing mix)를 도출한다. 4P는 제품(Product), 가격(Price), 유통(Place), 판매촉진(Promo-tion)이라는 영어단어들의 첫 문자 P를 뽑아서 만든 단어이다. 생산한 제품의 품질과 가격정책, 유통방안, 판매촉진 전략 등을 잘 조합해서 최적의 마케팅믹스가 만들어질 때 소비자에게로의 각인이 보다 효과적으로 작용할 것이다.

5. STP 수립 전략

시장세분화(Segmentation)는 소비자 시장을 여러 그룹으로 나누는 것으로서 STP에서 S에 해당하는 부분이다. 즉 소비자 시장을 유사한 욕구와 성향 또는 구매습관을 지닌 동질적인 집단들로 세분하는 것이라고 정의할 수 있다. 소비자들의 욕구와 니즈가 다양하고 상이하기 때문에 한 제품으로는 모든 소비자 욕구를 충족시킬 수 없어서 소비자들을 여러 그룹으로 나누어 그중에서 특정 그룹에 속하는 소비자들만 만족시키려는 목적이 있다. 시장을 분할하는 기준은 인구통계학적 기준이라든가, 지역적인 특성 등을 이용할 수 있다. 예를 들면, 인구통계학적 기준으로는 여성시장과 남성시장과 같이 성별 구분, 20대와 30대와 40대와 같이 세대별 구분 등을 생각할 수 있다. 지역적 특성에 의한 기준으로는 수도권과 지방 또는 도시와 농촌 등을 그 예로 생각할 수 있다. 그 외에 컴퓨터에 익숙한 사람과 그렇지 못한 사람 등 특별한 다른 기준을 설정하여 시장을 세분할 수도 있다. 시장세분 기준을 이용하여 시장이 분할되면 분할된 시장 각각에 대한 프로파일(profile), 즉 개략적으로 특징이나 특성을 분석하는 과정이 필요할 것이다.

시장세분화 기법에 의하여 여러 세분시장들이 만들어지고 각 세분시장에 대한 프로파일들이 도출되었으면 그 세분시장들 중에서 가장 매력이 있을 것 같은 또는 가장 수익성이 있을 것 같은 세분시장을 선정하는 과정이 목표시장설정, 즉 타케팅(Targeting)이다. STP에서 T에 해당하는 부분이다. 금융기업에서 시장세분화를 통하여 부자고객시장과 일반고객시장으로 분할되었을 경우 각 세분시장에 대한 구체적 분석 결과 부자고객시장에서 보다 많은 수익성이 있을 것 같으면 부자고객시장을 목표시장으로 선정하여야 할 것이다.

타게팅에 의하여 목표시장이 선정되었으면 그 시장에서 해당기업의 제품을 알리고 소비자의 마음속에 깊은 인상을 남겨서 결과적으로 구매욕구가 발생되도록 하는 과정이 포지셔닝(Positioning)이다. 한마디로 말해서 해당기업의 제품을 왜 구매하여야 하는지를 인식시키는 과정이 포지셔닝인 것이다. 예를 들어 볼보자동차

회사의 경우 안전이라는 개념을 소비자들에게 각인시키면 안전성을 원하는 소비자들은 볼보자동차를 구매하려고 할 것이다.

STP라는 것은 시장 세분화를 하고 세분된 여러 시장 중에서 매력도가 있는 시장을 선정하여 그 목표시장에서 해당회사의 제품을 각인시키는 활동이라고 할 수 있겠다.

6. 시장세분화

시장 세분화 전략은 이질적인 욕구를 갖고 있는 사람들로 구성되어 있는 전체시장을 일정한 기준에 따라 여러 개의 동질적인 시장으로 세분화하고 각 시장 구분(market segment)에 대하여 각기 다른 마케팅 전략을 전개하는 것이다. 즉 시장 세분화 전략에서는 시장이 하나의 동질적인 욕구를 가진 사람들로 구성되어 있지 않고 개성적이고 다양한 욕구를 가진 사람들의 집합으로 보고, 이들의 욕구를 고르게 충족시키기 위하여 보다 세분된 마케팅 전략을 전개하려는 것이다. 시장세분화는 현대마케팅의 핵심이지만 그렇다고 항상 시장세분화가 가능하고 필요한 것은 아니다. 혁신적 신상품의 경우에는 아직 고객 욕구가 충분히 형성되기 전이므로 세분화를 시도하기에는 시기상조가 될 수도 있다. 또한, 지나친 세분시장 마케팅은 오히려 수익성을 악화시킬 수도 있다.

소비자 시장을 분할할 때 어느 정도까지 세밀하게 분할할 것인지가 관건일 수 있다. 시장이 세분된 정도에 따라 그리고 분할된 시장의 크기, 즉 세그먼트(Segment)의 크기에 따라 대중시장(mass market), 세분시장(segment market), 틈새시장(niche market), 미세시장(micro market) 등으로 구분할 수 있다.

대중시장은 세분하지 않는 경우이다. 대중마케팅(Mass Marketing)은 시장 전체를 하나의 그룹으로 간주하여 전체시장을 대상으로 마케팅 활동을 하는 경우이다. 세분시장은 특정 분할 기준에 따라 시장을 분할하는 것이다. 세분시장마케팅

(Segment Marketing)은 세분된 시장만을 대상으로 마케팅 활동을 하는 경우이다. 틈새시장(Niche Market)은 세분시장 사이에 존재하는 아직까지 개척이 되지 않은 시장으로서 세그먼트 크기로는 세분시장보다 더 작다. 미세시장은 세분시장이나 틈새시장보다 더 작은 크기의 시장으로서 극단적인 미세시장은 세그먼트가 소비자 한 사람이 될 수 도 있다.

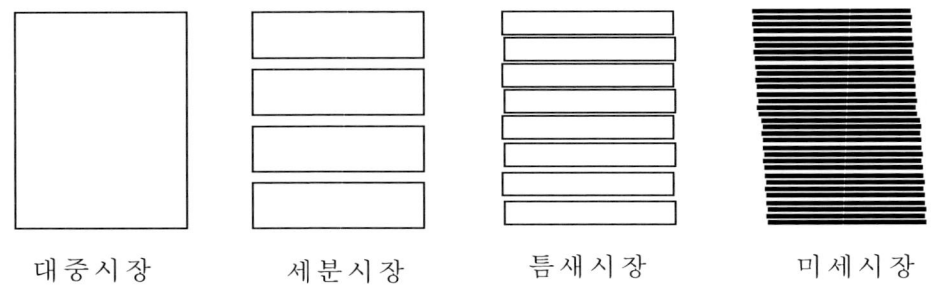

대중시장   세분시장   틈새시장   미세시장

〈그림 4-2〉 시장세분화 정도

　시장을 어느 정도까지 분할할 것인지는 분할되어 만들어지는 세그먼트가 시장으로서의 가치가 있어야 할 것이다. 가치 있는 세그먼트인지를 가늠해 볼 수 있는 기준들로서 측정가능성(measurable), 접근가능성(accessible), 실속성(substantial), 차별성(differential), 실행가능성(actionable) 등이 있다. 측정가능성은 분할되어 만들어지는 세그먼트의 크기, 구매력, 프로파일(profile) 등이 측정 가능하여야 한다는 의미이다. 성별기준에 따라 만들어진 남성시장과 여성시장은 측정가능성이 높은 반면 장남(첫째아들)시장과 차남시장과 같은 세그먼트는 크기라든가 프로파일 추정이 어려운 세그먼트라고 할 수 있다. 접근가능성은 세그먼트에 소속된 소비자들에게 접근하여 서비스를 할 수 있어야 함을 의미한다. 150세 이상의 장수노인들로 구성된 세그먼트의 경우 그러한 장수 노인들이 존재하지 않는다면 그 세그먼트는 접근가능성이 없는 세그먼트이다. 실속성은 수익성이 있을 만큼 충분히 크고 매력적인 세그먼트이어야 함을 의미한다. 차별성은 상이한 마케팅믹스나 프로그램을 적용했을 때 상

이한 반응이 나올 수 있는 세그먼트이어야 함을 의미한다. 실행가능성은 해당 세그먼트에 대하여 효과적인 마케팅 프로그램이 설계될 수 있어야 함을 의미한다.

〈표 4-1〉은 시장세분화를 위한 세그먼트를 구분하는 기준들을 나타내고 있다.

〈표 4-1〉 시장세분화 범주

시장세분화 범주	설 명
제품특성	크기, 가격수준, 제품외형 및 패키징 특성, 성능특성, 기술 및 디자인, 투입물, 원가구조 등
고객특성	인구통계학, 구매행위, 경제적 특성 등
지역특성	지역, 국내, 해외 등
유통구조	도소매, 국내외 체인, 특별 판매점, 우편주문, 전자상거래 등

세그먼트를 생성하기 위한 기준들 중에서 인구 통계학적 기준들이 많이 사용될 수 있다. 고객의 나이별, 성별, 구매능력 등으로 구분 할 수 있을 것이다. 제품특성을 기준으로 세그먼트를 생성할 수도 있다. 제품가격 수준별로 저렴한 제품을 원하는 소비자 그룹, 비싼 가격을 감수하더라도 고품질을 원하는 소비자 그룹 등으로 구분할 수 있다. 성능특성을 이용하여 세그먼트를 생성할 수도 있다. 컴퓨터의 경우 빠른 속도를 원하는 소비자 그룹과 안정성을 원하는 소비자 그룹 등으로 구분할 수 있다. 또는 지역특성을 이용하여 세그먼트를 생성할 수도 있다.

7. 목표시장 설정

목표시장설정(Targeting)이란 세분된 여러 시장들, 즉 세그먼트들을 평가하여 어느 시장에 진출할 것인지를 결정하는 과정이다. 해당기업에서 제공하는 제품이 특정 소비자그룹의 만족도에 얼마나 효과적으로 작용할 것인지를 고려하는 과정인 것이다. 한마디로 말하면 많은 수익이 있을 것 같은 세분시장을 선정하는 과정이라 할 수 있다.

목표시장 설정 전략을 3가지 관점에서 살펴볼 수 있다. 첫째는 무차별적 마케팅(Undifferentiated Marketing)관점이다. 무차별적 마케팅 관점에서는 시장세분을 하지 않고 전체 시장을 하나의 그룹으로 설정을 하여 마케팅 믹스를 적용하는 전략이다. 둘째는 차별적 마케팅(Differentiated Marketing) 관점이다. 차별적 마케팅 관점에서는 시장세분화를 하여 각 세그먼트를 생성하고 각 세분시장에 맞는 제품들을 생산하는 전략이다. 즉 세그먼트1에는 A라는 제품, 세그먼트2 에는 B라는 제품, 세그먼트3 에는 C라는 제품 등을 다양하게 만들어서 세분시장별로 마케팅 활동을 하는 것이다. 차별적 마케팅전략은 다양한 제품들을 만들 수 있는 기업규모와 역량이 갖추어진 대기업에 적합한 전략일 수 있다. 셋째로 집중화 마케팅(Concentrated Marketing) 관점이다. 집중화 마케팅 관점에서는 세분시장 중에서 하나를 선정하여 이 시장에 맞는 제품만을 생산하는 전략이다. 집중화 마케팅전략은 많은 자본을 투자할 수 없고 다양한 제품을 만들 수 없는 중소기업에 적합한 마케팅 전략이라고 할 수 있다.

8. 포지셔닝

STP 활동 중에서 마지막 활동인 포지셔닝(Positioning) 활동은 목표시장에 맞게 개발되고 생산된 제품의 주요한 장점을 이용하여 해당제품을 잠재고객의 마음속에 각인시키는 과정이다. 한마디로 말하면 고객들이 해당제품을 왜 구매해야 하는지를 설득하는 과정이다. 세계적인 렌터카 회사인 허쯔(Hertz)의 경우, 규모의 경제성을 무기로 하여 저렴한 가격과 신뢰성을 각인시킬 수 있을 것이다.

포지셔닝 과정은 시장세분화를 통하여 고객의 니즈와 욕구를 파악해야 할 뿐만 아니라 문제점을 제기하고 경쟁제품과의 차이점을 부각시킴으로써 완성될 수 있다.

맥주시장의 포지셔닝 사례를 살펴보면, A맥주는 씁쓸한 맛이 적고 상쾌한 맛이 많은 특징이 있었고 B맥주는 씁쓸한 맛과 함께 텁텁한 맛이 있는 특징이 있었다.

A맥주는 상쾌한 맛으로 소비자들에게 포지셔닝되어 있었고 B맥주는 씁쓸한 맛으로 포지셔닝되어 있어서 소비자들은 A맥주에 대한 선호도가 높았다. 이후 천연암반수로 만들었다는 C맥주가 개발되었고 결과적으로 C맥주는 천연암반수라는 깨끗한 물로 만들어졌기 때문에 당연히 상쾌한 맛이 있을 것이라는 인식과 함께 깨끗함과 상쾌한 맛으로 소비자들에게 포지셔닝되어 큰 성공을 이룰 수 있었다.

9. 마케팅 4P

4P는 제품(Product), 가격(Price), 유통(Place), 판매촉진(Promotion)을 의미하는 것으로서, 포지셔닝 전략을 실제로 수행하기 위하여 4P를 적절하게 배합하는 것을 마케팅믹스(Marketing Mix)라고 한다. 〈그림 4-3〉은 4P의 개요를 나타내고 있다.

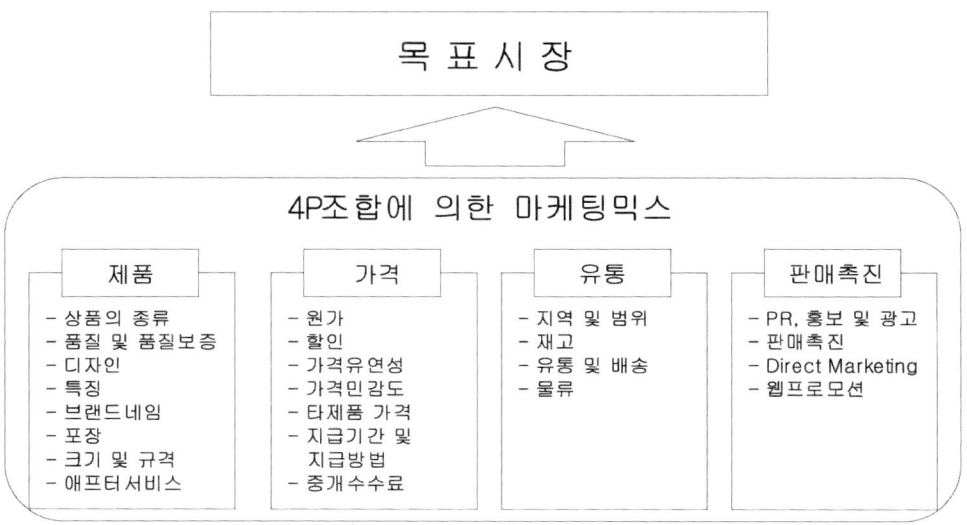

〈그림 4-3〉 마케팅 4P의 프레임워크

　정부의 산업경제정책이라든가 환율 등과 같은 기업 외부환경은 해당기업 입장에서는 일반적으로 수동적인 반응을 하는 측면이 있지만, 4P는 해당기업에서 능동적으로 계획하여 마케팅목표를 추구하고 경영성과를 달성할 수 있는 도구라고 할 수 있다.

　효과적인 포지셔닝 활동을 위하여, 제품(Product)관점에서는 상품의 종류, 좋은 품질, 디자인, 제품의 특징, 브랜드, 애프터서비스 등이 중요한 고려사항이 될 수 있다. 가격(Price)관점에서는 제품의 원가, 할인전략, 가격유연성 등이 고려되어야 할 것이다. 유통(Place)관점은 제품을 고객들에게 효율적이고 효과적으로 전달해 주는 것과 관련된다. 소비자들의 지역별 분포에 따라 적절한 물류·전달방법이 마련되어야 할 것이다. 또한, 재고수준에 대한 대책 마련도 필요하다. 소비자 수요에 탄력적으로 대응하기 위해서는 많은 재고를 확보하는 것이 유리하겠지만 재고관리비용에 대한 부담이 커지게 된다. 재고관리비용을 절감하기 위해서는 소비자의 수요에 대응하는 것이 어려워질 수도 있기 때문에 상황분석을 통한 합리적인 재고전략이 있어야 할 것이다. 판매촉진(Promotion) 관점에서는 해당기업의 제품을 보다 많이 판매하기 위한 보조적인 여러 가지 활동들을 하게 된다. 광고나 홍보, 캠페인 등을 통해서 해당기업의 제품을 알리는 활동들이 그에 해당될 것이다.

　마케팅 4P는 제품(Product), 가격(Price), 유통(Place), 판매촉진(Promotion) 관점들을 최적으로 혼합(mix)해서 해당기업의 제품에 대한 소비자들의 인식을 좋게 하고 결과적으로 구매 욕구를 증가시키는 수단이 될 수 있는 것이다.

　마케팅 4P에 대한 또 다른 관점으로 4C가 있다. 4C는 4P를 보다 고객 중심적으로 변형시킨 것이라 할 수 있다. 4C는 고객가치(Customer Value), 고객비용(Cost to the Customer), 편리성(Convenience), 커뮤니케이션(Communication)이라는 영어 단어들의 첫 문자 C를 뽑아내어 만든 신조어이다. 고객가치(Customer Value)는 제공하는 제품에 의하여 고객들에게 부여해 줄 수 있는 가치의 정도를 나타내는 것으로서, 고객들로 하여금 많은 효익이 발생되는 제품을 만들어야 한다는 관점이다. 고객비용(Cost to the Customer)은 고객입장에서 고려되는 제품가격을 의미하는 것이다. 4P에서의 가격은 생산자의 입장과 경쟁기업의 제품가격을 고려하여 설정된 것인 반면 4C에서의 고객비용은 고객이 원하는 가격수준을 고려하여 가격정책을 설정하는 개념이다. 편리성(Convenience)은 4P에서의 유통(Place)관점처럼 제품을 고객들에게 효율적이고 효과적으로 전달해주는 것과 관련되지만, 생산자보다는 고객입장에서 보다 편리하게 제품을 전달받을 수 있게 하는 유통전략이다. 커뮤니케이션(Communication)도 고객 관점에서의 판매촉진활동을 의미한다. 과거에는 일방적인 광고를 통하여 제품홍보를 하였던 반면 인터넷 등을 이용하여 고객과 상호작용하는 방식으로 제품에 대한 홍보가 이루어질 필요가 있는 것이다.

4C는 4P를 고객관점에서 재해석한 것으로써 4P를 4C로 대체하기보다는 4P를 보완하는 수단으로써 4C를 보는 것이 바람직할 것이다.

10. 제품수명주기와 마케팅믹스

제품도 생물처럼 태어나고 죽어가는 제품수명주기가 있다. 제품수명주기는 크게 도입기, 성장기, 성숙기, 쇠퇴기로 나누어서 살펴볼 수 있다.

도입기는 신제품이 기획·개발·생산되어서 처음으로 시장에 출시되는 단계이다. 도입기는 매출이 크지 않고 수익도 적자가 발생되는 상황이 일반적일 것이다. 제품개발에 많은 비용이 투자가 되었고 제품에 대한 소비자들의 인식이 덜 되어서 판매량도 적을 것이기 때문이다. 성장기에는 제품에 대해서 많은 소비자들이 인식하게 되고 시장도 확대됨으로써 매출도 급격하게 증가되며 그에 따른 수익도 많이 발생하는 상황이다. 그러나 도입기에서 성장기로 전환되기 위해서는 많은 위협과 위험을 극복하여야 한다. 대표적으로 캐즘(Chasm)현상이 발생할 수 있는데 이것은 첨단기술 관련 분야에서 주로 발생한다. 캐즘(Chasm)이란 균열을 뜻하는 단어로서 첨단기술관련 분야에서는 기업 컨설턴트인 제프리 무어(Geoffrey A. Moore)박사가 최초로 사용하였다. 이는 혁신성을 중시하는 소비자가 중심이 되는 초기 시장과 실용성을 중시하는 소비자가 중심이 되는 주류시장 사이에 일시적으로 수요가 정체하거나 후퇴하는 단절현상을 말한다. 예를 들어 전자책시장이 활성화 될 것으로 예상했지만 어느 순간 수요가 갑자기 정체하면서 현재 발전이 이루어지지 못하고 있다. 이것은 캐즘현상을 예측하지 못하고 극복하지 못했기 때문에 발생한 것이라고 할 수 있다.

도입기를 넘어 성장기로 들어선 사업은 어느 정도 성공한 사업이라고 할 수 있다. 성장기에는 경쟁기업과 시장 점유율 경쟁이 치열할 것이기 때문에 대대적인 광고가 필요할 것이다. 성장기는 무한정 지속되지 않고 성숙기로 접어든다. 성숙기는 시장이 더 이상 확대되지 않고 경쟁자는 더욱 많아지며 매출은 거의 증가하지 않고 수익도 점점 떨어지는 단계이다. 기업이 성장기에 들어가면 성장 단계가 지속될 것으로 오판해서 실패하는 사례가 많다. 해당기업 제품의 시장 상황이 성숙기 단계로 들어가는 것은 아닌지 의사결정을 잘 해서 그에 대한 전략을 수립할 필요가 있다. 쇠퇴기는 말 그대로 매출도 떨어지고 수익도 떨어져서 시장에서 철수해야 하는 단계라고 할 수 있다.

마케팅 믹스를 통한 포지셔닝 활동도 제품수명주기에 따라서 다르게 적용되어야 한다. 도입기에는 제품 인지도가 적기 때문에 인지도를 넓히고 새로운 시장을 개척하는 마케팅 목표를 수립해야 할 것이다. 도입기의 마케팅믹스에서 가격전략은 저가격 정책을 쓸 수 있다. 저가격정책은 소비자들에게 해당기업의 제품을 보다 빨리 수용할 수 있도록 함으로써 제품 인식도를 넓히는 효과가 있을 것이다. 유통정책은 해당기업의 제품을 이용할 것 같은 도매점들만을 선택적으로 이용하는 유통망을 고려할 수 있다. 판매촉진 정책의 경우 대대적인 광고보다는 초기 수용자들을 대상으로 한 선택적 광고를 이용하고 이들을 통한 입소문을 유도하는 전략을 생각해 볼 수 있다. 성장기에서는 시장 점유율 확대를 마케팅 목표로 설정하고 제품 차별화를 통해서 본격적인 경쟁에 대비하는 전략이 바람직할 수 있다. 시장 점유율을 확대하기 위해서 저가격의 침투가격 정책을 쓸 수 있을 것이다. 성숙기 단계에서는 이익 극대화와 시장 점유율을 방어하기 위한 마케팅 목표를 설정하는 것이 바람직할 것이다. 시장 점유율을 방어하고 그 범위 내에서 이익을 극대화하기 위해서 제품생산 원가를 줄이는 전략이 필요할 것이다. 성숙기 단계에서의 제품 전략은 제품 차별화를 더욱 세부적으로 하기 위한 틈새시장 개척을 추진할 수 있을 것이고 유통망도 방어적으로 이용하여야 할 것이다. 쇠퇴기에서는 광고를 줄이면서 저가격 정책으로 빨리 수익을 확보하고 철수하기 위한 준비를 하여야 할 것이다.

11. 고객관계관리

최신 마케팅 기법으로 1:1(Direct)마케팅, 데이터베이스마케팅, 고객관계관리(Customer Relationship Management, CRM) 등이 있다.

1:1마케팅은 직접마케팅이라고도 하는데 기존의 무차별적인 마케팅, 즉 전체시장을 대상으로 하는 매스마케팅과 대비되는 개념으로서 개별고객 특성에 맞추어 일대일로 맞춤서비스를 제공하는 방법이다. 예를 들어 소비자들의 e-메일 정보를 파악하여 각 소비자들에게 e-메일로 카탈로그나 홍보자료를 발송하는 것은 1:1마케팅의 예라고 할 수 있다.

데이터베이스 마케팅은 잠재고객과 기존고객에 대한 적합한 정보가 수록되어 있는 관계형 데이터베이스시스템을 이용하여 고객에게 보다 질 높은 서비스를 제공하고 이들과 장기적인 관계를 구축하고자 하는 것이다. 즉, 고객정보가 수록된 데이터베이스를 분석하여 고객취향에 맞는 서비스를 제공하려는 목적을 갖는 것이라고 할 수 있다. 데이터베이스마케팅은 1:1마케팅의 개념을 포함한다. 데이터베이스 상에 수록된 고객의 e-메일정보를 바탕으로 1:1로 마케팅 프로모션을 수행할 수 있을 것이기 때문이다. 데이터베이스 마케팅이 활성화되려면 고객정보를 합법적으로 자유롭게 이용할 수 있는 제도적 장치가 마련되어야 할 것이다.

고객관계관리는 고객의 행동양식에 대한 깊은 관찰과 이해를 바탕으로 기업경영의 질을 끌어올리기 위한 마케팅 전략이라고 할 수 있다. 즉 우리기업의 고객들에게 지속적인 관심을 보이고 만족도를 주면서 우리기업에 대한 충성도를 확보함으로써 우리기업의 후속제품들도 반복적으로 구매할 수 있도록 유도하는 마케팅 전략인 것이다. 기존의 마케팅기법이 소비자를 1회용으로 간주하는 데 반하여 CRM에서는 고객과의 지속적인 관계유지를 통하여 한 번이 아닌 평생 동안에 걸쳐 고객의 가치를 극대화하자는 개념이다. 이를 위해서는 마케팅부서의 노력뿐만 아니라 전사적으로 전략, 조직, 프로세스 및 기술상의 변화가 필요하다. 특히 고객정보분석으로 통한 체계적이고 합리적인 고객관계관리가 필요할 것이므로 정보기술의 필요성은 두말할 필요가 없다.

CRM은 관계마케팅 개념을 정보기술에 의하여 더 확대시킨 경우라고도 할 수 있다. CRM의 모태라 할 수 있는 관계마케팅은 고객 개개인에게 최대 만족을 실현시켜줌으로써 다수의 충성도 낮은 고객을 확보하기보다는 소수의 충성도 높은 고객을 확보하려는 마케팅전략이다. 기업이 소비자들에게 지속적인 관심과 정보를 제공하면 소비자들은 그 기업에 만족하게 되고 결과적으로 충성도를 보인다는 개념이다. 〈그림 4-4〉는 관계마케팅의 개념을 나타내고 있다.

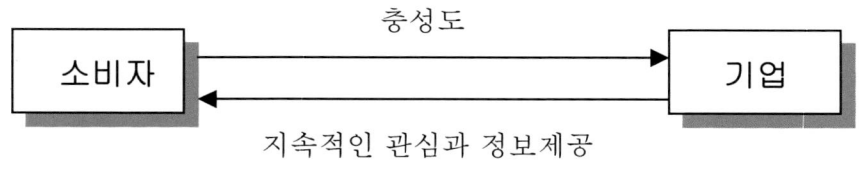

〈그림 4-4〉 관계마케팅의 개념

관계마케팅의 궁극적인 목적은 고객의 평생가치 극대화이다. 고객의 평생가치(Life Time Value, LTV)는 한 고객이 한 기업의 고객으로 존재하는 전체기간 동안 기업에게 제공할 것으로 추정되는 재무적인 공헌도의 합계라고 할 수 있다. 따라서 고객이 우리기업에 주는 수익을 평생 동안 누적하여 계산하고 그 누적치를 극대화하자는 개념이 고객의 평생가치 극대화이다. 기존의 마케팅기법은 수렵형 마케팅으로서 새로운 고객을 확보하기 위하여 고객을 찾아다니는 데 중점을 두었던 반면 관계마케팅에서는 농업형 마케팅으로 기존의 고객들을 유지하고 키우자는 개념이다. 새로운 고객을 확보하는 데 소요되는 비용은 기존고객을 유지하는 비용보다 5배 이상 더 많기 때문에 수렵형 마케팅보다 농업형 마케팅이 훨씬 효율적이다. 관계마케팅은 고객과의 거래보다는 관계를 더 중시하고 판매전의 고객행동보다는 판매 후의 고객행동을 더 주시하려는 마케팅 철학인 것이다.

관계마케팅기법을 더욱 잘 수행하기 위해서는 고객의 성향, 패턴 등을 파악할 수 있어야 하고 이를 위하여 고객정보 분석을 위한 정보기술의 도입이 필수적이다. 고객관계관리, 즉 CRM은 관계마케팅에 정보기술을 접목하여 확대 발전시킨 마케팅기법으로서 앞에서 언급했던 1:1마케팅, 데이터베이스 마케팅을 포함하는 개념이다. 〈표 4-2〉는 CRM 또는 관계마케팅의 특징을 보여주고 있다.

〈표 4-2〉 CRM의 특징

매스마케팅	CRM
가능한 많은 고객에게 한 가지 물건을 판매	고객 한명에게 가능한 많은 물건 판매 (U-selling, Re-selling, Cross-selling 등의 전략 필요)
상품차별화를 통하여 시장점유율확대	고객차별화를 통하여 고객점유율확대
새로운 고객을 끊임없이 찾음	기존고객으로부터 새로운 비즈니스기회포착
규모의 경제에 초점(단일제품 대량판매)	범위의 경제에 초점(다양한 제품 판매)

〈그림 4-5〉에서 분석적 CRM은 정보시스템을 의미한다. CRM활동을 위하여 고객에 대한 정보를 생성하여 제공하는 기능을 분석적 CRM이 담당한다. 분석적 CRM은 통합 데이터베이스인 데이터웨어하우스의 고객데이터베이스에 대하여 OLAP를 이용한 다차원 고객정보분석, 데이터마이닝을 이용한 고객성향과 패턴분석, 기타 운영적 CRM활동에 필요한 정보를 제공하는 CRM인텔리전스 등으로 구

성된다. 이러한 정보시스템과 조직 및 업무프로세스 기반하에 고객센터 중심으로 운영적 CRM활동이 이루어진다. 고객센터에서는 분석적 CRM을 바탕으로 4C에 기반한 관계 마케팅활동을 수행한다. 처음에는 고객을 찾는 비용으로 인하여 수익성이 좋지 않지만 시간이 지날수록 고객가치가 증대되고 수익성 또한 증대된다.

〈그림 4-5〉는 CRM모델을 나타내고 있다.

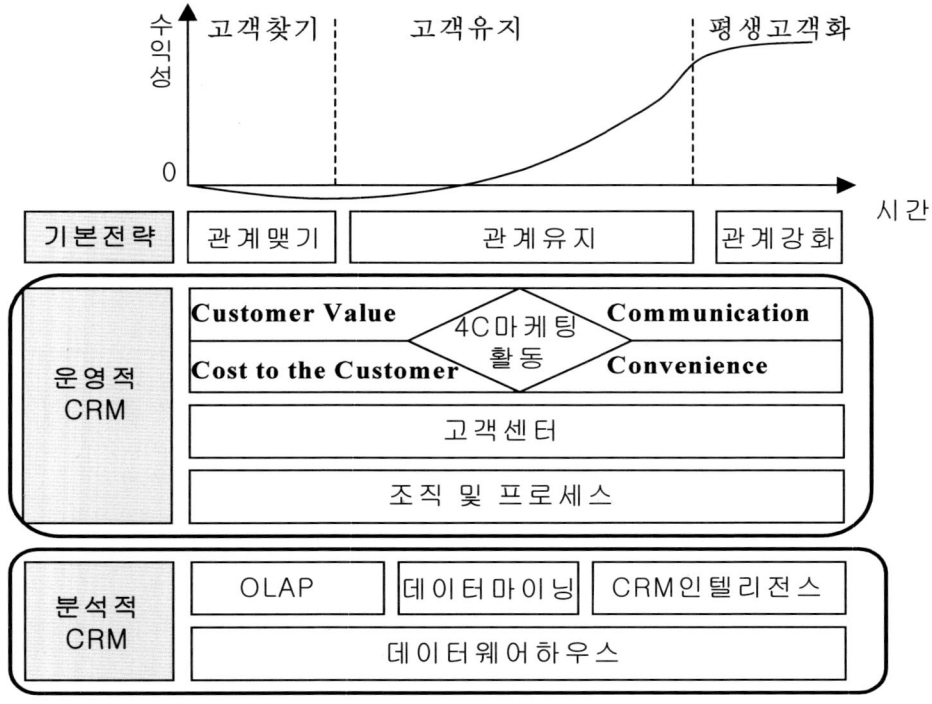

〈그림 4-5〉 CRM 모델

【요 약】

마케팅은 수익성 있는 고객을 찾고 그 고객을 유지하고 키우는 과학과 예술이라고 정의할 수 있다. 마케팅의 목표는 소비자 구미에 맞는 제품을 생산하고 이 제품을 소비자들에게 잘 각인시켜 많은 판매량을 올림으로써 수익을 확대하려는 것이다. 마케팅의 정의 중에 '과학과 예술'이라는 단어가 있는데 여기서 '과학'의 의미는 논리적이고 분석적이라는 뉘앙스가 있고 '예술'의 의미는 직관적이고 본능적인 감각이라는 뉘앙스가 있다. 따라서 마케팅이라는 것은 논리적이고 합리적인 분석력이 필요할 뿐만 아니라 직관적이고 감각적인 능력도 필요한 분야라고 할 수 있다.

마케팅 활동의 기본적인 절차는 마케팅 전략을 수립하고 이 전략에 따라서 구체적으로 실행하는 단계로 이루어진다. 마케팅 전략 수립은 3C 분석을 통해서 STP를 설정하는 단계일 수 있고 전략 실행과정은 4P에 의한 마케팅믹스를 이행하는 단계라고 할 수 있다. 3C 분석은 고객의 욕구와 니즈, 인구통계학적 정보들을 분석하고 또한 해당 기업의 미션이나 목적, 핵심역량 등과 경쟁기업의 현재와 미래 전략 등을 파악하는 것이다. 이에 기반하여 SWOT의 틀로 해당 회사의 강·약점, 기회와 위협 등을 분석하여 STP를 설정한다. STP 단계에서는 소비자 시장을 여러 그룹으로 세분하고 세분된 시장 중에서 매력도가 높은 목표시장을 선택한 후에 목표시장에서 해당회사의 제품 이미지를 각인시키는 활동이 이루어진다. 포지셔닝의 구체적인 실행 방안으로써 4P를 이용한 적절한 마케팅믹스를 도출한다. 4P는 제품, 가격, 유통, 판매촉진을 의미하는데, 결국 생산한 제품의 품질과 가격정책, 유통방안, 판매촉진 전략 등을 잘 조합해서 최적의 마케팅믹스가 만들어질 때 소비자에게로의 각인이 보다 효과적으로 작용할 것이다.

【연습문제】

※정오식문제

1. 단순한 소비자가 아니라 제품생산에 영향을 미치는 소비자의 의미로 Prosumer 라는 신조어가 있다.(   )

2. 코틀러 교수에 따르면 마케팅은 논리적이고 분석적인 능력 뿐만 아니라 직관적이고 감각적인 능력도 필요하다.(   )

3. STP가 마케팅 전략이라면 4P는 그에 따른 전술이라고 할 수 있다.(   )

4. 차별화 마케팅(Differential marketing)은 회사 규모가 적고 많은 자본을 투자할 수 없는 회사에 적합하다.(   )

5. 마케팅 4C의 Convenience는 4P의 Product를 고객화한 것이라 할 수 있다.(   )

※단답식문제

6. (   )의 목적은 신규고객의 유치에서부터 시작하는 고객과의 거래관계를 고객의 전 생애에 걸쳐 유지하고, 제고해 나가면서 장기적으로 고객의 수익성을 극대화하고자 하는 것이다.

7. 성장기에서 성숙기로 들어갈 때 (   )을 극복해야 한다.

【참고문헌】

[1] 김재일, 인터넷마케팅, 박영사, 2001.

[2] 안광호 · 하영원 · 박흥수, 마케팅원론, 2001.

[3] 안세원, 현대마케팅원론, 한올출판사, 1999.

[4] 윤성욱, eMBA-마케팅, 휴넷, 2004.

[5] 정수영, 신경영학원론, 박영사, 2000.

[6] 조영탁, eMBA 생생경영학, 휴넷, 2003.

제5장

회　계

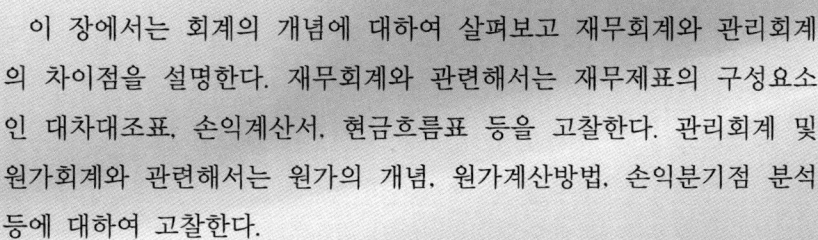

　　이 장에서는 회계의 개념에 대하여 살펴보고 재무회계와 관리회계의 차이점을 설명한다. 재무회계와 관련해서는 재무제표의 구성요소인 대차대조표, 손익계산서, 현금흐름표 등을 고찰한다. 관리회계 및 원가회계와 관련해서는 원가의 개념, 원가계산방법, 손익분기점 분석 등에 대하여 고찰한다.

1. 회계의 개념

오늘날에는 경제환경이 복잡해짐에 따라 기업과 이해관계를 이미 갖고 있거나 또는 장차 갖고자 하는 많은 사람들이 특정기업과 관련된 경제적인 의사결정을 해야 하는 경우가 증가하고 있다. 예를 들면, 주식투자자들은 특정기업의 주식을 추가로 매입해야 할 것인지, 매도해야 할 것인지 또는 현재의 보유상태를 그대로 유지해야 할 것인지에 대한 의사결정을 해야 한다. 기업의 많은 이해관계자들은 스스로의 경제적 의사결정을 하기 위해서 기업에 관한 제반정보를 필요로 하게 된다. 회계는 이러한 이해관계자들의 의사결정에 유용하게 이용될 수 있는 정보를 제공하는 것을 그 기본목적으로 하고 있다.

미국 회계학회에서는 '회계는 정보이용자가 합리적인 판단이나 의사결정을 할 수 있도록 기업 실체에 관한 유용한 정보를 식별, 측정, 전달하는 과정이다'라고 정의하고 있다. 여기서 정보이용자는 기업 내부·외부의 이해관계자를 일컫는다. 그리고 유용한 정보라는 것은 기업 활동의 결과로 생겨나는 정보로써 화폐단위로 표현된 재무적인 정보라 할 수 있다.

정의에서 나타난 바와 같이 회계 정보를 이용하는 부류는 내부이용자와 외부이용자로 나눌 수 있다. 내부이용자들 중 경영자는 회계정보를 검토하면서 해당기업의 이익, 현금흐름, 상품별 수익성, 거래처별 수익성 등을 파악할 수 있다. 내부이용자들 중 영업부 직원들은 회계정보를 이용하여 제품의 원가 등을 파악하고 판매를 위한 여러 가지 협상전략을 수립할 수 있을 것이다. 구매부서 직원들의 경우는 회계정보를 이용하여 제품의 목표가격에 적합할 수 있도록 구매할 원재료나 부품의 구입원가를 결정할 수 있다. 회계정보의 외부 이용자들 중 해당기업의 주식을 소유하고 있는 주주의 경우 소유 주식의 처분에 관한 합리적인 의사결정을 내리기 위하여 해당기업의 회계정보를 필요로 할 것이다. 즉 해당기업의 이익과 손실 파악, 경쟁사와의 이익과 손실 비교, 자산 건전성, 부도 가능성 여부 등과 같은 의사결정을 하기 위하여 회계정보를 필요로 할 것이다. 외부이용자 중 은행 등과 같은 채권자들은 해당기업에 돈을 빌려준 실체로써 돈을 빌려주기 전에 회계정보를 이용하여 해당기업의 재무 건전성, 현금 유동성, 이익률 등을 파악해서 부채상환능력이 충분한지 검토하여야 할 것이다. 정부도 회계정보의 외부이용자중 하나로써 세금 등을 차등 징수하기 위하여 해당기업의 이익 등을 파악할 필요가 있다. 뿐만 아니라 고객도 회계정보의 외부이용자라고 할 수 있다. 과거에 비하여 현대에는 고객들의 파워가 강해졌기 때문에 회계정보에 의하여 이익이 많이 발생하는 기업들을 파악하고 이들 기업에 대하여 제품가격을 인하하도록 압력을 가할 수 있다. 통신 회사들이 이익을 많이 내는 경우 통신료의 인하를 요구하는 것은 그 예라고 할 수 있다.

과거에는 회계에 대한 지식 중에서 회계자료를 만들어내는 부분, 즉 원장 작성이나 분개 등을 중요하게 생각하는 경향이 있었고 이런 것들은 일반적으로 어려운 분야라는 인식이 있었다. 그러나 실제로는 만들어진 회계자료를 명확히 이해하고 분석하여 합리적인 의사결정에 이용할 수 있는 해독능력이 더 유용하고 그 필요성이 더 크다고 할 수 있다.

2. 회계의 구분

회계정보의 이용자에 따라 크게 재무회계와 관리회계로 구분할 수 있다. 재무회계는 기업의 외부관계자인 주주나 채권자 등에게 경제적 의사결정에 유용한 경제적 정보를 제공하는 것을 목적으로 하는 회계로써 과거 지향적이고 원칙이나 규칙이 지배하는 회계라고 할 수 있다. 과거 지향적이라는 것은 과거의 기업 거래 활동 결과를 기록해 두고 일정 시점에서 그 성과를 검토·분석하여 기업현황을 파악하려는 목적이 있는 것이다. 예를 들어 올해에 어떤 기업의 경영활동 결과들을 기록·정리해 두었다가 12월 31일 시점에 그 결과를 분석하여 기업의 재무상태 및 영업성과를 파악할 수 있다. 원칙이 지배한다는 것은 재무회계 자료를 작성하는 규칙이 있다는 의미이다. 우리나라의 경우 각 기업들은 "기업회계기준"에 따라서 회계처리를 하고 있다. 각 기업마다 상이한 양식으로 회계자료를 작성하면 회계정보에 의한 기업별 비교를 할 때 많은 어려움이 있을 것이기 때문이다. 그리하여 회계자료에 의하여 기업별 비교가 가능할 수 있는 재무회계자료의 표준적인 작성원칙이 있다.

관리회계는 기업 내부 이용자를 대상으로 하는 회계이다. 기업의 재무적 자료를 기본으로 경영자의 특수한 의사결정에 필요한 정보를 추출하고 이를 의사결정 목적에 맞게 가공, 해석하여 제공하는 전 과정으로 기업의 역사적 미래적, 경제적 자료를 처리하여 경영자가 합리적으로 의사결정 할 수 있도록 경영자를 돕는 것이 목적이다. 기업 내부 사용자가 이용할 목적이기 때문에 특별한 표준양식에 따라서 회계자료를 만들 필요가 없고 해당기업에서 편리한 양식대로 만들면 될 것이다. 기업 내부적으로 제품가격을 결정할 필요가 있을 때 구매거래내역을 기록해 둔 회계정보를 기반으로 원자재나 부품의 원가를 파악할 수 있다면 합리적인 제품가격 결정이 가능할 것이다.

〈표 5-1〉 재무회계와 관리회계의 비교

	재무회계	관리회계
의 의	기업의 재무상태, 경영성과, 현금흐름의 변동표시	경영의사결정과 경영계획, 통제에 필요한 정보제공
목 적	외부이용자에게 의사결정을 위한 유용한 정보 제공	경영자의 경영 의사결정의 질을 높이기 위한 정보 제공
이용자	주주, 채권자, 정부고객 등 외부관계자	경영자 및 내부관리자
기 준	일반적으로 인정된 객관적인 회계원칙 (GAAP)	주관적인 기업내부기준 의사결정에 이용되는 것이 중요하고, 정보이용자가 통제 가능한 범위 내에서 의미있는 정보를 제공
성 격	객관성 강조/과거지향	주관적, 미래지향
보고서	재무제표	기업이 필요한 보고서 (일정한 보고서가 없음)
보고시기	보통1년(반년 또는 분기별도 있음)	목적에 따라 적절한 시기
법적 강제성	강제력 있음	강제력 없음

　재무회계와 관리회계의 주요한 차이를 다시 한번 짚어보면, 재무회계는 기업의 외부 이해 관계자들에게 합리적 의사결정에 유용한 정보를 제공하는 것을 목적으로 하는 회계이고 관리회계는 내부 이용자들, 즉 기업 구성원들에게 합리적 의사결정에 유용한 정보를 제공하는 것을 목적으로 하는 회계라고 할 수 있다.

　〈표 5-1〉은 재무회계와 관리회계를 세부적으로 비교하는 내용을 요약하여 나타내고 있다.

　재무회계는 외부 이용자에게 합리적 의사결정을 위한 정보 제공을 목적으로 하는 반면 관리회계는 내부 경영자의 경영 의사결정의 질을 높이기 위한 목적을 갖는다. 재무회계는 외부사람들이 이용할 것이기 때문에 객관성이 중요하고 타 기업과의 객관적 비교분석이 가능할 수 있는 회계원칙이나 규칙에 따라 작성되어야 한다. 그러나 관리 회계는 내부 구성원의 의사결정에 도움이 되면 되므로 회계작성에 대한 일정한 원칙이 필요하지 않고 의미 있는 정보를 충실히 제공하는 내용 지향적이고 주관적인 측면이 더 중요하다. 재무회계는 기업의 과거실적을 평가하기 위한 목적에서 주로 이용되는 반면 관리회계는 기업의 과거 거래실적을 기반으로 미래지향적인 의사결정을 하기 위한 목적에 주로 이용된다. 재무회계에서는 대차대조표, 손익계산서, 현금흐름표 등으로 이루어지는 재무제표라는 보고서를 만들어야 하지만 관리회계는 일정한 형식과 관계없이 내부에서 필요로 하는 형태의 보고서를 만들면 된다. 재무회계에서 증권거래소에 상장(listing)된 기업들은 보통 1년 단위나 분기단위로 재무제표를 의무적으로 작성하여 특정 시점(예를 들면 12월 31일이나 분기 말)에 보고하여야 하지만 관리회계는 목적에 따라 필요할 때 보고서가 만들어지고 이용하면 된다.

3. 재무회계

재무회계는 재무제표를 작성하고 이용하는 것과 관련된다. 재무제표(Financial Statement)는 재무보고의 중심적인 수단으로서 이를 통하여 기업에 관한 재무정보를 외부의 이해관계자에게 전달하게 된다. 가장 일반적으로 이용되고 있는 재무제표는 대차대조표, 손익계산서, 현금흐름표이며 이에 대한 적절한 주기, 주석 및 부속명세서도 재무제표의 구성요소로 본다. 대차대조표(balance sheet)는 일정시점에서 기업의 재무상태에 관한 정보를 제공하여 주는 정태보고서로서 특정시점에 찍은 '스냅사진'이라고 할 수 있다. 손익계산서(Income Statement)는 대차대조표와 함께 가장 기본적인 재무제표로 기업의 일정기간 동안의 경영성과를 나타내는 보고서이다. 기업회계기준서에서는 "손익계산서는 한 회계기간에 속하는 수익과 이에 대응하는 비용을 적정하게 표시하기 위한 재무보고서"라고 규정하고 있다. 현금흐름표(Statement of Cash flow)는 경영활동 과정에서 현금이 어떻게 유입되고 유출되었는지를 정리해 놓은 회계자료로써 손익계산서를 보완하는 것이라고 할 수 있다. 예를 들어, 외상매출 형태로 매출이 이루어져 당기순이익이 1,000억인 경우 실제 현금이 기업에 들어 온 것은 아니므로 당기순이익과 현금잔액은 다른 차원의 얘기이다. 손익계산서만으로는 현금보유 현황을 정확히 파악할 수 없기 때문에 현금 흐름표에 의해서 보다 정확한 현금보유 현황을 이해할 수 있는 것이다. 재무제표를 구성하는 3개의 보고서는 서로 보완적인 관계라고 할 수 있다.

재무제표는 해당기업의 이해관계자들인 주주, 채권자, 거래처, 고객들에게 공개되고 이들이 해당기업의 재무상태 및 영업성과를 정확히 평가할 수 있게 함으로써 합리적인 의사결정이 가능하게 한다. 〈그림 5-1〉은 재무제표를 통한 재무보고의 의미를 나타내고 있다.

공인회계사(Certified Public Accountant, CPA)는 각 기업에서 공시한 재무제표가 정부에서 요구한 회계기준과 원칙에 따라서 정확하게 만들어졌는지를 검사하는 정보가 보증하는 객관적인 전문가이다. 공인회계사는 이처럼 회계감사업무를 주로 하지만 이 외에도 세무업무나 경영자문업무 등을 하기도 한다.

재무제표에 대한 보다 효과적인 이해를 위하여 재무제표상의 데이터들의 비율을 분석하여 경영상황 등을 파악하는 재무비율분석을 하기도 한다.

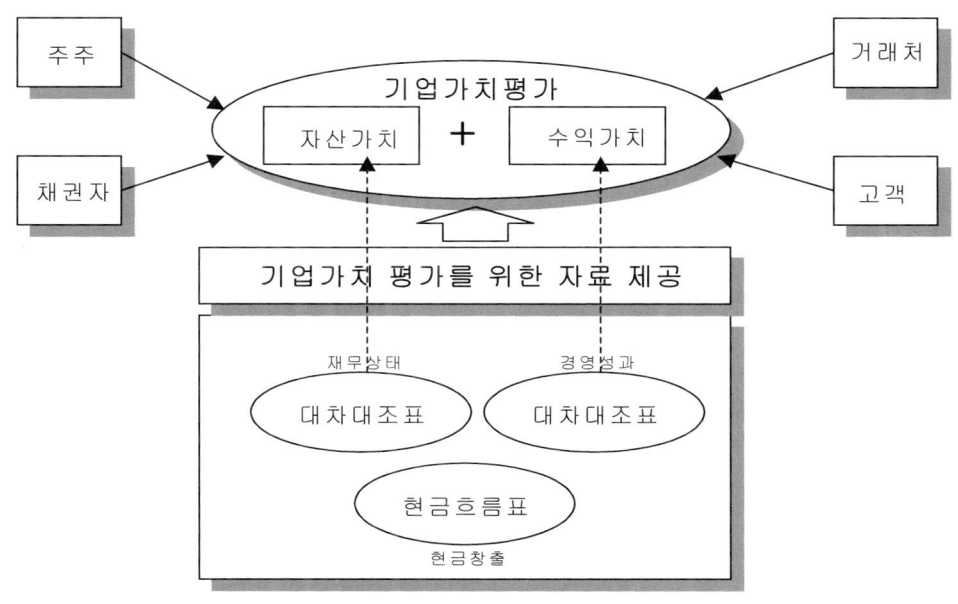

〈그림 5-1〉 재무보고의 의의

3.1 대차대조표

대차대조표는 일정시점에서 기업의 재무상태에 관한 정보를 제공하여 주는 정태 보고서로서 1월 1일부터 12월 31일까지 또는 올해 7월 1일부터 내년도 6월 30일까 지라는 회계기간이 결정되면 그 회계기간의 마지막 날의 재무상태를 나타내는 것 이 대차대조표라고 할 수 있다. 대차대조표의 왼쪽부분, 즉 차변에는 자산을 기록 을 한다. 자산(asset)은 기업의 가치 창출활동에 이용되는 인프라들이라 할 수 있 는 토지, 공장, 기계, 부품, 운전 자산 등이 해당된다. 대차대조표의 오른쪽 부분,

즉 대변에는 자산을 취득하는 데 사용된 자금의 내역을 나타낸다. 그 자금은 부채 형태로 조달되는 타인자본일 수도 있고 투자자로부터 들어오는 자기자본일 수도 있다. 부채와 자기자본을 합한 것은 자산의 화폐가치와 동일하여야 할 것이다. 〈그림 5-2〉는 대차대조표의 의미를 보여주고 있다.

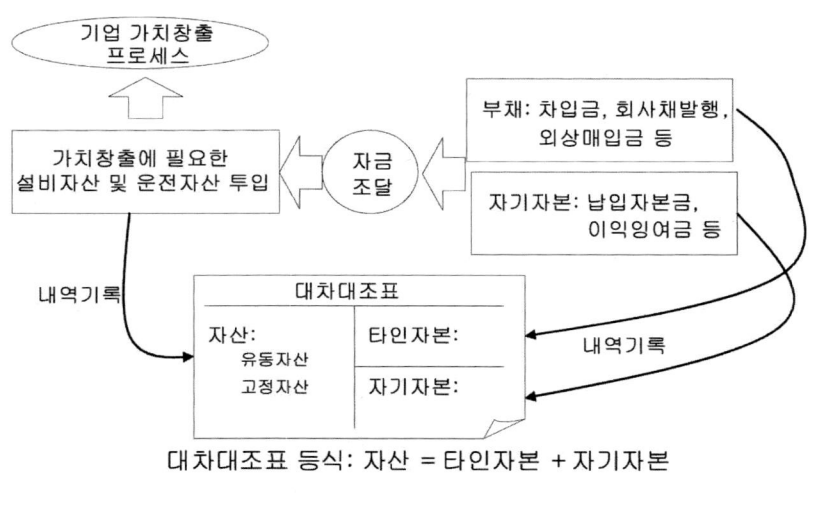

〈그림 5-2〉 대차대조표

3.2 손익계산서

손익계산서는 일정 기간 동안의 기업 경영 성과에 대한 보고서이다. 기업회계기준 서에서는 "손익계산서는 한 회계기간(1년, 반년, 한 분기 혹은 한달)에 속하는 수익 과 이에 대응하는 비용을 적정하게 표시하기 위한 재무보고서"라고 규정하고 있다. 〈그림 5-3〉은 손익계산서의 의미를 나타내고 있다.

기업이 가치창출활동을 할 때 원자재구입, 기계사용 대가, 인건비 등 여러 가지 비용이 투입되어야 할 것이고 가치창출 결과로써 매출액 등의 수익이 발생할 것이 다. 손익계산서의 차변에는 비용과 관련된 항목들이 기재되고 대변에는 수익과 관련된 항목들이 기입된다.

대차대조표는 특정 시점에서 기업의 재무상태를 보여주는 것이라면 손익계산서를 통하여 일정 기간 동안의 기업의 경영성과를 파악할 수 있는 것이다. 손익계산서는 기업의 경영성과를 명확히 나타내기 위하여 일정 기간 동안에 일어난 거래나 사건을 통해 발생한 수익, 비용, 이득, 손실 등을 나타내는 보고서라고 할 수 있다. 그러나 손익계산서는 화폐상의 이익, 손실만을 측정할 뿐 심리적인 이익과 손실은 무시하는 한계가 있다.

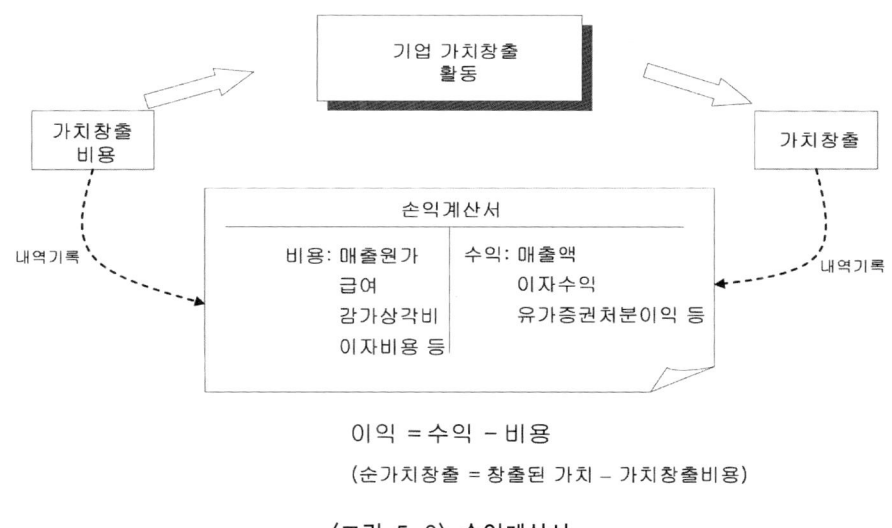

이익 = 수익 − 비용

(순가치창출 = 창출된 가치 − 가치창출비용)

〈그림 5-3〉 손익계산서

3.3. 현금흐름표

현금흐름표는 해당기업의 현금이 어떻게 유입되고 유출되었는지, 어느 정도의 현금을 보유하고 있는지 등을 파악해 볼 수 있는 보고서이다. 일정 기간 동안의 현금창출과 사용을 보고하고 이익의 질, 미래현금창출 능력과 배당 지급 능력 등을 평가할 수 있는 보고서이다. 〈그림 5-4〉는 현금흐름표의 의미를 나타내고 있다.

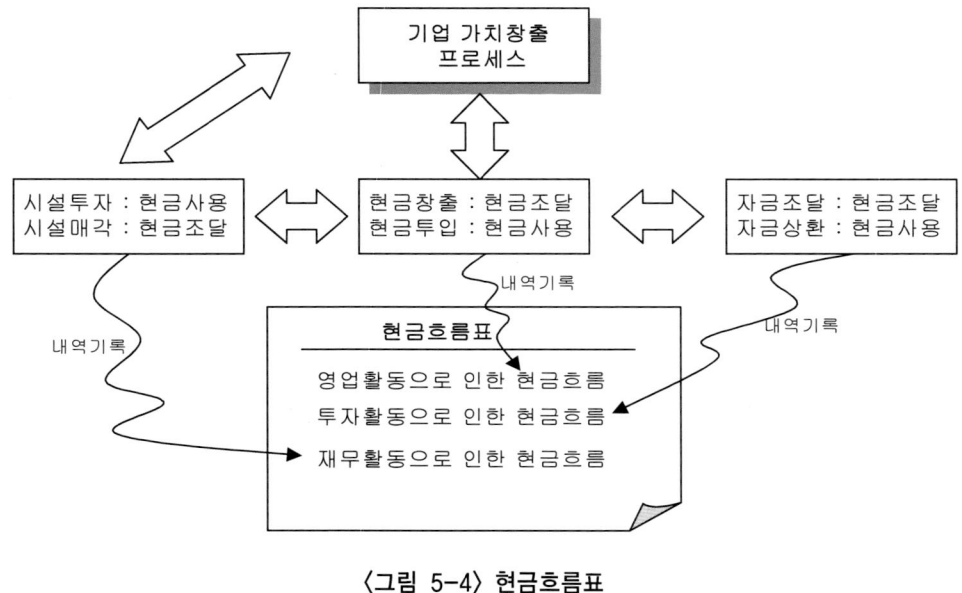

〈그림 5-4〉 현금흐름표

손익계산서상에서 영업이익과 당기순이익이 충분한데도 불구하고 부도가 발생하는 흑자부도가 있다. 이는 단기적 자금능력인 현금융통능력이 부족하기 때문에 일어나는 것으로써 손익계산서상의 회계자료로만은 판별하기 어려운 의사결정영역인 것이다. 따라서 현금흐름표는 손익계산서를 보완하는 용도로 작성되는 보고서라고도 할 수 있다.

현금흐름표를 통하여 현금유입 내역을 분석할 때 현금유입의 질을 판별하는 것은 중요하다. 현금유입은 활발한 매출활동 등과 같이 영업활동의 결과로 발생할 수도 있고 채권자로부터 자금을 빌려오는 형태로 발생할 수도 있다. 당연히 영업활동의 결과로 유입된 현금이 건전한 재무상태를 유지하는 데 일조할 것이다. 현금유출의 경우도 부채상환 형태의 유출보다는 새로운 공장을 짓는다든가 새로운 프로젝트의 비용과 같은 투자활동에 기인한 유출이 바람직할 것이다.

현금흐름표를 작성할 때 현금이 실제로 유입되지 않았는데 유입된 것으로 판별하는 것과 유출되지 않았는데도 유출된 것으로 판별하는 과정이 어렵다고 말하기도 한다. 예를 들어 감가상각비에 의한 비용지출의 결과는 현금흐름표상에서 현금유입으로 기재되어야 한다. 왜냐하면 감가상각비는 비용임에도 불구하고 현금지출이 되지 않기 때문에 오히려 현금이 유입된 것으로 계산되는 것이다. 퇴직급여충당금의 경우도 비용이지만 현금지출이 되지 않으므로 현금흐름표상에서는 현금유입으로 처리되어야 한다. 현금흐름표는 재무제표의 구성요소일 뿐만 아니라 손익계산서를 보완하는 보고서로서의 역할도 한다.

4. 관리회계

관리회계란 기업의 내부에 있는 정보이용자(경영자와 관리자 등)에게 그들이 합리적으로 의사결정을 할 수 있도록 정보를 제공하는 것을 목적으로 하는 회계를 말한다. 반면, 원가회계란 내부 또는 외부의 정보이용자에게 유용한 원가정보를 제공해주기 위해 영업활동에 관한 원가와 관련된 자료를 수집하여 분석하고 평가하고 보고하는 회계시스템, 즉 원가자료를 변환시키는 과정을 말한다. 이렇듯 정보이용자의 합리적인 의사결정을 위한 회계시스템이라는 공통점이 있으나 원가회계는 제품원가계산에 초점을 맞추는 것이므로 관리회계가 좀 더 포괄적인 개념이라고 할 수 있다. 현대의 회계는 원가회계와 관리회계를 별도로 구분하지 않는 경향이 있는데 그 이유는 재무제표 등을 작성하기 위한 원가회계가 미래의 예측 등을 필요로 하는 관리회계와 깊은 연관성이 있기 때문이다.

4.1 원가회계

기업 경영활동 시 합리적인 의사결정은 매우 중요하다. 합리적 의사결정은 직관적 의사결정과 대비되는 개념으로써 계량적인(quantitative) 데이터를 분석하여 도출된 정보를 의사결정에 이용하는 것이라고 할 수 있다. 제품과 관련된 중요한 계량적 데이터 중의 하나는 제품의 원가(cost)일 것이다. 신제품의 원가가 얼마인지를 파악하여 가격과 관련한 합리적인 의사결정을 할 수 있다.

회계분야에서 원가회계는 재무회계, 관리회계, 세무회계 등과 함께 별도의 분야로 보는 경우도 있지만 재무회계와 관리회계와 관련지어서 생각하는 경우도 있다. 재무회계와의 관련성을 보면 재무제표를 작성할 때 원가정보를 중요하게 고려하여야 한다는 것이다. 관리회계와의 관련성은 더욱 밀접하다. 가격 결정, 신제품 생산 검토, 사업타당성 검토 등의 기업 내부적인 의사결정을 할 때 원가정보는 유용하게 활용된다.

(1) 원가의 개념

원가는 특정 재화나 용역을 얻기 위해 치른 희생이다. 물건을 제조하는 데 소요된 비용이라고도 할 수 있다. 원재료 비용, 원재료를 가공하는 사람들의 인건비, 기계사용료, 감가상각비 등이 원가를 구성하는 요소가 된다. 결과적으로 원가는 특정 목적을 달성하기 위하여 희생된 자원의 가치, 즉 경제적 희생을 화폐가치로 측정한 것이다. 원가는 재무제표를 만들 때와 의사결정을 할 때 또는 성과 평가할 때 이용된다.

원가회계시스템상에서의 원가 유형은 제조원가, 전부원가, 변동원가 등이 있다. 변동원가는 제품을 추가적으로 생산할 때 소모되는 원가이다. 변동원가와 대비되는 개념으로 고정원가가 있다. 고정원가는 제품 생산 수량에 관계없이 고정적으로 들어가는 비용인 반면 변동원가는 제품의 생산 수량에 따라서 탄력적으로 변하는 비용이다. 원가회계시스템상에서의 또 다른 원가유형으로 직접원가, 간접원가, 공통원가 등이 있다. 직접원가는 특정 제품을 만들 때 직접적으로 희생된 비용을 의미한다. 직접원가와 상대적인 개념으로 간접원가 또는 공통원가가 있다. 간접원가 또는 공통원가는 여러 제품에 공통적으로 들어간 원가를 의미한다. 예를 들면 A제품과 B제품을 하나의 트럭에 실어서 운송하는 경우 운송비는 간접원가가 된다.

공장에서 제품을 생산하는데 공장을 경비하는 수위에 대한 인건비도 간접원가가 된다. 간접원가는 특정 제품에만 투입되는 직접적인 비용이 아니라 다른 제품들과 함께 공통적으로 이용되는 비용이다.

의사결정을 위한 원가 유형으로는 변동원가, 고정원가, 차액원가, 매몰원가, 관련원가 등이 있다. 관련원가는 특정 의사결정을 할 때 관련이 되는 원가가 되겠고 이와 상대적 개념인 매몰원가는 과거에 발생해서 이미 소멸된 원가이기 때문에 현재의 의사결정에 영향을 미칠 수 없는 원가를 의미한다. 그러나 일반적으로 매몰원가를 관련원가인 것으로 착각하여 잘못된 의사결정을 내리는 경우들이 종종 있다. 매몰원가와 관련해서는 뒤에서 자세히 살펴볼 것이다.

(2) 원가계산방법

원가를 구성하는 3가지 요소는 원재료, 인건비 그리고 경비로 구성될 수 있고 원가는 결국 원재료 비용, 인건비, 경비를 합한 것이다. 인건비는 원재료를 가공하는 사람들의 노동비용이고 경비는 감가상각비, 기계사용료, 전기사용료, 운송비 등에 해당되는 것이다.

전통적인 원가계산 방법에 의하면 최종원가는 직접원가와 간접원가 배부액을 합하여 계산된다.

최종원가 = 직접원가 + 간접원가 배부액

여기서 직접원가는 특정 제품에 직접적으로 투입된 비용이다. 원재료 a가 제품 A를 만들 때만 사용되었다면 원재료 a는 제품 A의 직접원가가 되는 것이다. 홍길동이라는 사람이 제품 A를 생산하는 데만 모든 노력을 기울였다면 홍길동의 인건비는 제품A의 직접원가가 된다. 반면에 원재료 b는 제품 A를 만들 때도 쓰이고 제품 B를 만들 때도 쓰이고 제품 C를 만들 때도 쓰였다. 이때 원재료 b에 대한 비용은 제품 A, 제품 B, 제품 C 에 대한 간접원가가 된다. 원재료 b에 대한 비용은 제품 A, 제품 B, 제품 C의 각 간접원가에 적정한 비율로 배분되어야 한다. 특정 재화나 용역에 대한 원가계산이 정확하지 않은 이유는 이러한 간접원가를 정확하게 배분하는 것이 쉽지 않기 때문이다. 일반적으로 간접원가를 배분할 때는 특정 비율에 따라서 계산한다. 예를 들면 직접노무비를 고려하여 직접노무비가 많은 제품에 간접원가를 많이 배분하고 직접노무비가 적은 제품에 간접원가를 적게 배분하는 계산방식이다. 이러한 방식은 직접비의 비중이 간접비보다 매우 큰 경우는 바람직할 수 있으나 그렇지 않은 경우는 문제가 발생할 수 있다. 따라서 다품종 소량생산방식의 생산시스템 같은 경우는 간접원가를 합리적으로 배분하는 것이 쉽지 않게 된다.

간접원가는 공통원가이기 때문에 제품 또는 프로세스별로 정확한 투입구분이 쉽지 않은 것이다. 공장 수위에 대한 인건비, 공통 감가상각비 등은 제품 A를 만들 때만 이용되는 것이 아니라 제품 B, 제품 C를 만들 때도 공통으로 이용되므로 이러한 공통원가를 제품 A, 제품 B, 제품 C에 합리적으로 배분하기 위한 기준을 마련하는 것은 어려운 문제인 것이다.

〈그림 5-5〉는 원가계산의 실제 예를 나타내고 있다.

▶ 아반떼 3,000대, 로체 2,000대
 - 직접원가 총액: 아반떼 8,000(백만 원), 로체 5,500(백만 원)
 - 간접원가 총액 : 32,000(백만 원)
 - 간접원가 배부기준 : 직접노무원가
 - 직접노무원가액 : 아반떼 2,500(백만 원), 로체 2,000(백만 원)
▶ 각 제품의 총원가 = 직접원가 + 간접원가 배부액
 - 아반떼 총 원가 = 8,000 + 32,000×(2,500/(2,500+2,000)) = 25,920(백만 원)
 - 로체 총 원가 = 5,500 + 32,000×(2,000/(2,500+2,000)) = 19,580(백만 원)
▶ 각 제품의 단위당 원가 = 총 원가/생산대수
 - 아반떼의 단위당 원가 = 25,920(백만 원)/3,000대 = 8.64(백만 원)
 - 로체의 단위당 원가 = 19,580(백만 원)/2,000대 = 9.79(백만 원)

〈그림 5-5〉 원가계산의 예

최근 정보기술의 발달로 인하여 간접원가를 직접원가화하려는 시도들이 많이 이루어지고 있다. 활동기준원가가 그러한 예이다. 간접원가를 직접원가화해서 정확한 원가계산을 할 수 있다면 바람직스러운 일이다.

(3) 원가배분의 목적과 기준

원가계산과 관련한 재무회계적 목적은 제품원가를 정확하게 계산하는 것이고 관리회계적 목적은 합리적 의사결정을 하고 동기부여와 성과 평가, 가격결정을 하는 것이다. 성과평가의 경우를 보면 수익률을 정확하게 평가하는 것이 중요하다. 수익률은 투입된 비용이 적을수록 좋아지는 것이기 때문에 해당부서에서는 수익률을 높이기 위하여 가능하면 원가를 적게 산정하려고 하는 현상이 나타난다. 예를 들면 한국통신의 경우 공통적인 통신망 인프라를 구축하는 데 많은 초기비용이 투자되었을 것이다. 구축된 통신망은 한국통신 내의 여러 부서, 즉 가칭 유선전화사업부, 가칭 인터넷사업부 등에서 영업활동을 하면서 이용할 것이다. 통신망 구축비용은 각 부서의 간접비로 배분될 것인데 각 부서에서는 수익성과를 극대화하기 위하여 배분되는 통신망 원가를 최소화하려는 노력을 할 것이다. 정확한 간접비 배분이 이루어지면 정확한 수익성과를 측정할 수 있고 결과적으로 합리적인 성과평가가 이루어질 수 있는 것이다.

제품의 가격을 결정할 때에도 정확한 원가계산이 필요하다. 가격은 전적으로 원가에 의해서만 결정되는 것은 아니지만 일차적으로 원가를 정확하게 계산하는 것이 중요하다. 공통간접원가를 정확하게 배분하기 위하여 명확한 원가배부 기준이 필요하다. 원가배부기준은 첫째, 원가정보 이용자 모두가 기준을 수용할 수 있도록 공평하게 설정되어야 한다. 둘째, 인과관계를 충분히 고려하여 원가배분을 하여야 할 것이다. 발생원가의 원인을 추적하여 제공된 서비스에 비례하여 원가를 배분하는 것이 보다 합리적일 것이다. 그러나 이상적인 기준인 인과관계의 파악이 불가능한 경우가 많기 때문에 실무적으로는 이에 대한 대안으로 몇 가지 대체적인 기준을 사용하기도 한다. 셋째, 부담능력을 기준으로 원가배부를 하는 것도 필요하다. 원가대상의 부담능력에 비례하여 원가를 배분하는 방법으로 각 사업부의 매출액이나 이익을 고려하여 부담능력을 평가할 수 있을 것이다. 넷째, 수혜기준으로 원가배분을 할 수도 있다. 원가발생내역의 수혜자를 확인하고 그에 따라 원가를 배분하는 것이다.

(4) 원가정보의 활용

기업경영활동을 하는 데 있어서 원가정보는 다양하게 이용할 수 있다. 첫째로 종합예산을 수립하고 관리 및 통제 시 활용할 수 있다. 예산은 조직목표를 달성하기 위한 계획을 계량화한 문서라고 할 수 있는데 예산을 계획할 때 각 예산 항목들의 조정과 예산수립자들의 정확한 의사소통을 위하여 원가정보가 활용될 수 있다. 또한, 매출계획, 새로운 투자계획, 생산계획, 원재료 구매계획, 종업원 고용 및 훈련계획, 자금조달계획 등을 수립할 때도 원가정보는 유용하게 이용된다. 예산운영을 통제하는 활동으로써 성과 평가를 할 때에도 원가정보는 활용될 수 있다. 둘째, 비일상적 의사결정을 할 때에도 원가정보는 유용하게 이용된다. 사업타당성 분석, 가격결정, 제품배합 결정, 공정이나 활동의 계속 여부 및 재배치에 관한 의사결정, 생산능력의 극대화 방안을 고려할 때에도 원가정보는 유용하게 활용된다. 예를 들어, 조금이라도 수익이 발생하는 제품은 모두 생산하면 좋겠지만 제품 수의 제약이 있는 경우는 원가정보를 기반으로 보다 많은 수익을 발생시키는 제품들을 위주로 배합하여 생산하여야 할 것이다. 셋째, 책임중심점 통제를 위해서도 원가정보는 유용하게 활용된다. 분권화 조직의 효율적인 통제를 위해 조직활동을 각 부문관리자가 책임중심점으로 분할하고 성과 보고서를 통해 각 부문관리자에게 할당된 달성 정도를 평가하려는 것이다. 책임중심점의 선택에 따라 그 통제의 초점이 달라지며 책임중심점은 원가중심점(cost center), 수익중심점(revenue center), 이익중심점(profit center), 투자중심점(investment center)으로 구분할 수 있다. 원가

중심점은 가장 많이 사용하는 형태이며 능률척도가 강조되고 일정기간의 성과를 달성하는 데 최소의 원가투입을 강조한다. 수익중심점은 부문관리자에게 수익발생의 책임만 할당되고 원가에 대한 책임은 할당되지 않는다. 제조기업의 판매부문이나, 백화점의 각 사업부, 항공사의 예약 부서 같은 경우와 같이 수익의 성과만을 평가하기도 한다. 이익중심점은 원가뿐만 아니라 수익에 대한 책임이 할당되고 추적되기 때문에 능률성과 효과성을 평가할 수 있다. 투자중심점은 책임중심점의 완전한 형태로서 수익과 원가뿐만 아니라 사용한 자원의 투자효율성에 대한 책임까지 할당된다. 넷째 외주 여부를 결정할 때에도 원가정보는 유용하게 이용된다. 정확한 원가정보에 의하여 자체생산 가격과 외주에 의한 생산가격을 비교하여 외주 여부에 대한 합리적인 의사결정을 할 수 있다.

4.2 손익분기점 분석

관리회계 분야에서 또 다른 중요한 영역은 손익분기점 분석이다. 손익분기점 (Break-Even Point, BEP)은 해당기업이 제품을 만들어서 판매하여 이익을 내기 시작하는 시점으로써 그 시점은 판매량이나 매출액을 기준으로 판별할 수 있다. 즉 총수익과 총비용이 동일하게 되는 판매량 또는 매출액이 손익분기점이다. 손익분기점 분석을 하는 이유는 기업의 손실을 피하고 수익을 내기 위한 매출액이나 판매량의 규모를 알아내기 위함이다.

손익분기점을 파악하기 위하여 조업도, 고정원가, 변동원가 등을 중요하게 고려하여야 한다. 조업도는 공장 가동률을 의미한다. 수요가 많은 제품은 많이 생산하기 위하여 조업도 수준을 높여야 되고 수요가 적은 제품은 조업도 수준을 낮춰야 할 것이다. 고정원가는 조업도 수준에 관계없이 고정적으로 들어가는 비용이다. 기계장치의 감가상각비, 임차료, 관리비, 고정인건비 등은 고정원가에 해당된다. 반면 변동원가는 조업도 수준에 따라서 변동하는 원가, 즉 생산량에 비례해서 변동하는 원가를 의미한다. 재료 원가, 직접 노무원가, 생산용 동력비 등은 변동원가에 해당된다.

 손익분기점을 계산하기 위해서는 공헌이익이라는 개념을 이해하는 것이 중요하다. 공헌이익은 판매수량의 변화에 따라 변동되는 총 수익과 총 변동비의 차를 의미한다. 즉 매출액에서 변동비를 뺀 것이 공헌이익인데 이 공헌이익은 고정비를 회수하고 실제적인 영업이익을 획득하는 데 공헌하는 이익을 의미한다. 조업도 수준이 높아짐에 따라 매출액도 많아질 것이지만 이에 비례하여 변동비도 증가할 것이다. 이때 증가된 변동비는 적을수록 공헌이익은 커지게 되며 고정비를 회수하여 실제적인 영업이익을 낼 가능성이 커지게 된다. 공헌이익률은 매출액에 대한 공헌이익의 비율로써 매출액 중에서 고정비를 회수하고 영업이익의 획득에 공헌하는 비율(%)을 의미한다. 〈그림 5-6〉은 공헌이익을 이용한 손익분기점 분석계산 방법을 나타내고 있다.

---

(1) 손익분기점 판매량 : 이익이 0이 되는 판매량
                   : 총 고정원가 ÷(단위당 판매가격 - 단위당 변동원가)
                   = 총 고정원가 ÷ 단위당 공헌이익
(2)손익분기점 매출액 : 총 고정원가 ÷ 공헌이익률
(3)다품종 생산기업의 손익분기점 : 총 고정원가 ÷ 가중평균 공헌이익

〈그림 5-6〉 공헌이익을 이용한 손익분기점 분석방법

 손익분기점을 계산하는 공식에서 손익분기점 판매량은 수익과 비용이 동일한 수준에 도달하기 위한 판매량으로써 실제 영업이익이 0이 되는 판매량이다. 단위당 판매가격에서 단위당 변동원가를 빼면 단위당 공헌이익이 된다. 총 고정원가를 단위당 공헌이익으로 나누면 영업이익이 "0"이 되는 판매량을 계산할 수 있다. 총 고정원가를 공헌이익률로 나누면 영업이익이 "0"이 되는 매출액을 계산할 수 있다.
 〈그림 5-6〉에서 (1)과 (2)의 공식은 한 종류의 제품만을 생산하는 경우이고 다양한 제품을 종합하여 손익분기점을 분석할 때는 각 제품별 공헌이익을 가중 평균하여 도출한 가중평균 공헌이익을 (3)의 공식에 대입하여 손익분기점을 계산할 수 있다.

CVP분석은 Cost-Volume-Profit 분석의 약어로써 조업도와 원가의 변화가 이익에 어떠한 영향을 미치는지를 분석을 하는 것이다. 일정한 원가로 얼마나 많은 생산작업을 해서 얼마나 많은 이윤을 낼 수 있는지 알아보는 것이다. 〈그림 5-7〉은 CVP분석 결과를 보여주는 그래프이다.

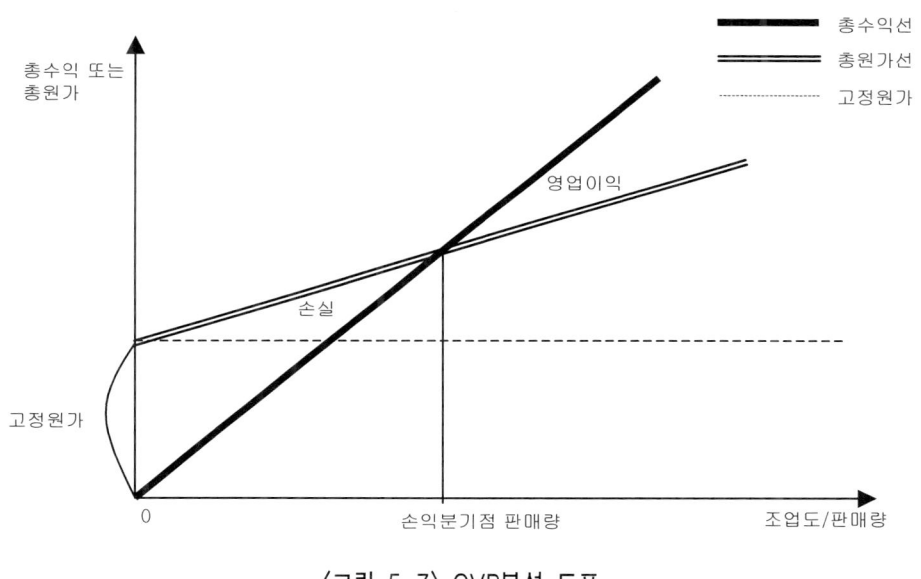

〈그림 5-7〉 CVP분석 도표

X측은 조업도 또는 판매량의 변화를 나타내고 Y측은 총 수익, 총 원가의 변화를 나타낸다. 판매량이 많아질수록 총 수익과 총 원가는 비례하여 증가하지만 그 증가 정도, 즉 기울기는 다르다. 총수익선의 증가 정도, 즉 기울기는 단위당 판매가격이 되고 총원가선의 기울기는 단위당 변동원가가 된다. 이때 총수익선과 총원가선이 만나는 점이 손익분기점 판매량이나 매출액이 된다. 조업도나 판매량이 0일 때는 고정비만 투입된 상태이고 수익이 전혀 발생하지 않은 상태이기 때문에 손실이 많을 것이다. 그러나 조업도를 높이고 매출이 많이 발생할수록 손실은 줄어들고 손익분기점에서 손실은 0이 된다. 손익분기점 이후부터는 조업도를 높일수

록 영업이익이 늘어나게 된다.

 손익분기점 이후부터 영업이익이 발생하는 것이기 때문에 손익분기점을 앞으로 당기는 것이 바람직할 것이다. 손익분기점을 앞당기기 위해서는 단위당 판매가격, 즉 총 수익의 기울기를 높이든가 단위당 변동원가, 즉 총 원가선의 기울기를 낮추어야 한다.

 〈그림 5-8〉은 손익분기점 분석 예를 나타내고 있다.

▶ 우리 회사는 5월 중에 70대의 컴퓨터를 구입하여 한 대당 3,000원에 모두 판매하였다.
▶ 1대당 변동원가는 1,500원이고, 5월 중 발생한 고정원가는 49,500원이다.
 - 단위당 공헌이익 : 3,000 - 1,500 = 1,500원
 - 총 공헌이익 : 1,500(단위당 공헌이익)×70대 = 105,000원
 - 공헌이익률 : 1,500÷3,000 = 50%
 - 손익분기점 판매량 : 49,500(고정비)÷1,500(단위당 공헌이익) = 33대
 - 손익분기점 매출액 : 49,500÷0.5 = 99,000원
 - 목표이익 30,000원 달성 판매량 = (49,500+30,000)÷15,000 = 53대

〈그림 5-8〉 손익분기점 분석 예

 손익분기점은 다양하게 활용될 수 있다. 첫째로 이익계획 및 예측을 할 때 유용하게 이용된다. 기업의 목표이익 달성을 위한 매출규모를 산출한다든가 매출규모의 안정성 등을 체크할 때 손익분기점 분석이 활용된다. 둘째, 손익분기점 분석은 의사결정 지원을 위하여 유용하게 이용될 수 있다. 원가구조는 고정원가와 변동원가로 이루어지는데 최적의 수익을 위하여 고정원가와 변동원가의 적절한 배합이 필요하다. 장치투자를 많이 하여 인건비를 줄이면 공헌이익이 높아지므로 호황기에는 높이 이익이 발생할 수 있지만 불황기에는 고비용의 장치투자로 인하여 손실이 확대될 수 있다. 원가구조의 적정성은 매출의 장기적 추세, 각 연도별 매출액 변동 정도, 경영자의 위험에 대한 태도 등에 의하여 영향을 받는다. 셋째로 손익분기점 분석을 통하여 민감도 분석을 할 수 있다. 민감도 분석은 다른 조건이 일정

한 경우에 어느 한 투입요소가 변동할 때 영향을 받는 다른 요소가 어느 정도 변동하는지를 분석하는 것을 말한다. 고정비를 줄였을 경우 손익분기점 판매량이 어떻게 될 것인지, 변동비나 공헌이익을 변경했을 경우 손익분기점 판매량이 어떻게 될 것인지 등과 같은 민감도 분석을 할 수 있다.

【요 약】

회계는 정보이용자가 합리적인 판단이나 의사결정을 할 수 있도록 기업 실체에 관한 유용한 정보를 식별, 측정, 전달하는 과정이라고 정의할 수 있다. 회계정보의 이용자에 따라 크게 재무회계와 관리회계로 구분한다. 재무회계는 기업의 외부관계자인 주주나 채권자 등에게 경제적 의사결정에 유용한 경제적 정보를 제공하는 것을 목적으로 하는 회계로써 과거 지향적이고 원칙이나 규칙이 지배하는 회계이다. 관리회계는 재무회계와 상대적으로 기업 내부 사용자를 대상으로 하는 회계이다. 기업의 재무적 자료를 기본으로 경영자의 특수한 의사결정에 필요한 정보를 추출하고 이를 의사결정 목적에 맞게 가공, 해석하여 제공하는 전 과정으로 기업의 역사적 미래적, 경제적 자료를 처리하여 경영자가 합리적으로 의사결정 할 수 있도록 경영자를 돕는 것이 목적이다.

재무회계는 재무제표를 작성하고 이용하는 것과 관련된다. 재무제표는 기업의 현재 경영현황을 화폐단위로 표현해 놓은 보고서라고 할 수 있다. 재무제표는 대차대조표, 손익계산서, 현금흐름표 등으로 이루어진다. 대차대조표는 해당기업에 대한 특정 시점의 재무상태를 나타내는 것이다. 해당기업의 현금, 부채, 재고자산, 기계자산 등의 현황을 화폐단위로 표현해 놓은 것으로써 해당기업의 재무상태를 보여주는 것이라 할 수 있다. 손익계산서는 특정 기간동안(1년)에 해당기업의 매출액, 비용, 수익 등을 표현해 놓은 회계 자료이다. 현금흐름표는 경영활동 과정에서 현금이 어떻게 유입되고 유출되었는지를 정리해 놓은 회계자료로써 손익계산서를 보완하는 것이라고 할 수 있다.

관리회계 분야에서 중요한 영역은 손익분기점 분석이다. 손익분기점은 해당기업이 제품을 만들어서 판매하여 이익을 내기 시작하는 시점으로써 그 시점은 판매량이나 매출액을 기준으로 판별할 수 있다. 즉, 총수익과 총비용이 동일하게 되는 판매량 또는 매출액이 손익분기점이다. 손익분기점 분석을 하는 이유는 기업의 손실을 피하고 수익을 내기 위한 매출액이나 판매량의 규모를 알아내기 위함이다.

【연습문제】

※ 정오식문제

1. 기업에서 영업부직원들은 제품의 원가를 파악하고 판매를 위한 여러 가지 협상전략을 수립하기 위하여 회계정보를 필요로 한다.(   )

2. 고객은 기업활동을 하는 것이 아니기 때문에 회계정보의 이용자라고 볼 수 없다.(   )

3. 증권거래소에 상장된 기업들은 관리회계보고서를 의무적으로 작성하여 보고하여야 한다.(   )

4. 재무회계는 기업의 과거실적을 평가하기 위한 목적에서 주로 이용되는 반면 관리회계는 기업의 과거 거래실적을 기반으로 미래지향적인 의사결정을 하기 위한 목적에 주로 이용된다.(   )

※ 단답식문제

5. 기업의 경영성과를 명확하게 보고하기 위하여 일정기간동안에 일어난 거래나 사건을 통해 발생한 수익, 비용, 이득 손실을 나타내는 보고서는?

6. 손익분기점을 단축시키려면, 단위당 판매가격은 높이고 (   )는 줄여야 한다.

【참고문헌】

[1] 백승철, eMBA-회계, 휴넷, 2004.

[2] 서강관리회계연구회, 새로운 한국의 원가관리, 홍문사, 2005.

[3] 송인만·윤순석, 재무회계, 신영사, 2000.

[4] 이재범·전정수, 회계 그게 그렇군요, 청람, 2004.

[5] 이효익·최관·백원선, 회계원리, 신영사, 2003.

[6] 조영탁, eMBA 생생경영학, 휴넷, 2003.

제6장

재무관리

재무관리는 화폐와 관련된 경영 분야로써 기업 활동에 소요되는 자금을 조달하거나 여유자금을 수익성이 높은 곳에 효과적으로 투자하는 등 기업자금을 관리하는 분야이다. 본 장에서는 재무관리에 대해서 간략히 살펴보도록 한다.

1. 재무관리의 역할

　기업경영을 할 때 돈의 역할은 매우 중요하기 때문에 돈을 잘 관리하기 위하여 재무관리에 대한 이해는 경영학 분야에서 필수적이다.

　재무관리의 영역을 크게 2가지로 나누어 생각해 볼 수 있다. 하나는 돈을 어떻게 쓸 것인가와 관련한 문제이다. 기업의 수익성을 높이기 위하여 기업의 여유자금을 합리적으로 투자하는 것과 관련한 영역이다. 조업도를 높이기 위하여 새로운 공장을 짓거나 인건비를 줄이기 위하여 새로운 기계장치를 들여오는 등 기업의 수익성을 높이기 위한 합리적 투자활동은 재무관리의 영역이라고 할 수 있다. 또 다른 재무관리의 영역은 기업활동에 소요되는 자금을 조달하는 것과 관련한 영역이다. 은행으로부터 돈을 차입해서 자금조달을 할 수도 있고 주식 발행을 통하여 자기자본 형태로 조달할 수도 있다.

　〈그림 6-1〉은 재무관리의 역할을 나타내고 있다.

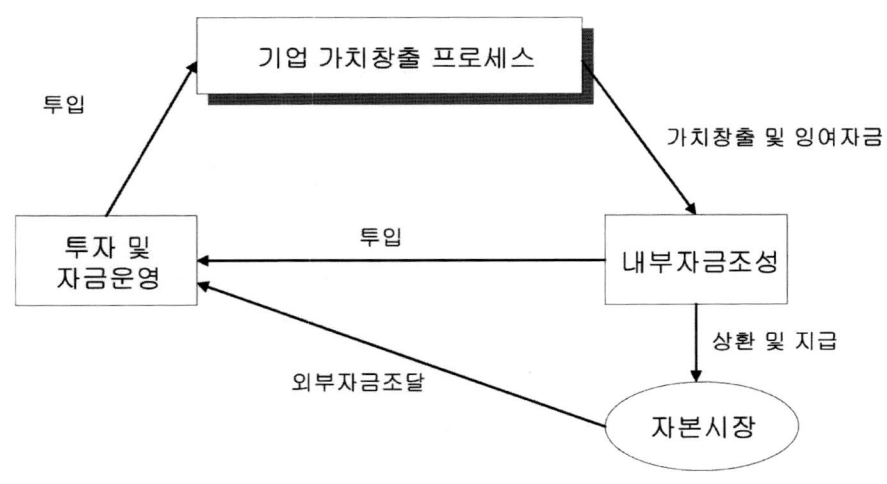

〈그림 6-1〉 재무관리의 역할

기업이 가치창출을 하기 위하여 다양한 설비자산들과 운영자금이 필요할 것이다. 필요한 설비자산들은 여러 가지 대안들이 있을 수 있고 이 중에서 최적의 설비자산에 투자하는 합리적인 투자활동이 바람직할 것이다. 가치창출 프로세스에는 설비자산과 같은 하드웨어적인 투자뿐만 아니라 신제품개발 등과 같은 소프트웨어적인 투자활동도 필요할 것이다. 다양한 투자대안들 중에서 가장 수익성이 높을 것 같은 투자대안을 판별하기 위하여 재무관리에 대한 지식이 필요한 것이다. 투자활동뿐만 아니라 가치창출 프로세스를 운영하면서 소요되는 자금을 보다 효율적으로 운영할 필요가 있다.

투자자금이나 운영자금은 기업 내부자금 형태로 조달될 수도 있고 자본시장에서 조달될 수도 있다. 이익잉여금 등과 같이 기업 내부적으로 축적된 내부자금을 이용하여 운영자금을 조달하는 것이 바람직할 것이나 대규모의 자본은 자본시장에서 조달받게 된다.

최적의 투자활동과 자금조달 구조를 실현하는 것은 재무관리의 중요한 목표라고 할 수 있고 이러한 활동을 주로 하는 경영전문가를 CFO(Chief Financial Officer)라고 부르기도 한다.

재무제표의 대차대조표 관점에서 재무관리 활동을 보다 정확히 설명할 수 있다. 〈그림 6-2〉에서 보여주는 바와 같이, 대차대조표의 차변에는 기업의 자산상황을 나타낸다. 유동자산은 외상매출, 재고자산처럼 신속한 현금화가 가능한 자산이고 고정자산은 토지, 공장, 기계장치 등 신속한 현금화가 어려운 자산이다.

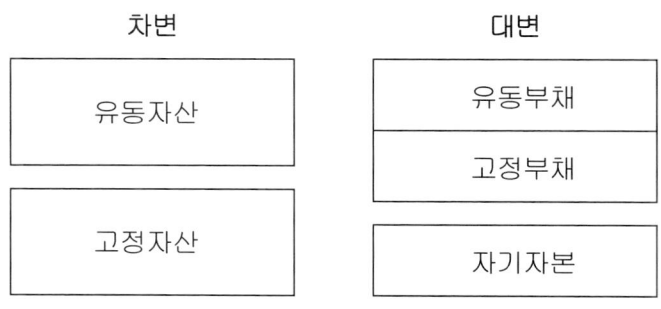

〈그림 6-2〉 기업의 대차대조표

대변에는 이러한 자산을 확보하는 데 투입된 자금내역을 나타낸다. 유동부채는 은행차입금처럼 비교적 단기 차입금을 의미하고 고정부채는 회사채 등과 같은 비교적 장기차입금을 의미한다. 자기자본은 주식발행에 의해서 투자자로부터 투자받은 자금을 의미한다.

대차대조표 관점에서 재무관리의 핵심 과제는 차변에 있는 자산들의 최적구성을 모색하는 것으로써 자본예산(Capital Budgeting)이라고 일컫기도 한다. 어떤 프로젝트에 투자를 할 때 투자비용을 회수함은 물론 최대의 수익을 창출할 수 있는 영역에 투자하는 것과 관련한 활동영역이 자본예산인 것이다. 대차대조표 관점에서 재무관리의 또 다른 핵심 과제는 대변에 있는 자금조달과 관련한 활동영역이다. 주식발행을 통해서 자기자본 형태로 자금조달을 할 수도 있고 은행에서 부채 형태로 자금조달을 하여 차입대가로 이자를 지불할 수도 있다. 부채형태로 자금을 조달하는 경우 일정한 이자지급을 하여야 하지만 그 이자에는 세금감면 효과가 있기 때문에 어느 정도의 부채는 바람직한 측면이 있다. 따라서 부채와 자기자본의 비율을 최적으로 배합하여 자금조달을 할 필요가 있다. 또한 기업의 단기적 영업활동을 원활하게 하기 위한 유동성관리, 부도관리 등도 재무관리의 중요한 영역이라 할 수 있다.

2. 자본예산

자본예산은 투자에 대한 타당성을 분석하고 장기적으로 새로운 사업계획을 수립하는 과정이다. 장기적 계획에 바탕을 두고 이루어지는 기업의 총괄적 투자 계획이라고 할 수 있는 것이다. 설비투자 계획, 신제품 개발 계획 등 전략적 의사결정이 필요한 투자안들에 대한 경제성 분석을 하고 미래의 현금흐름 등을 파악하여 최적의 투자대안을 선택하는 목적을 갖는다. 자본예산 기법을 이용해서 생산 투자 효율성 평가, 투자안의 탐색 및 투자안의 선택을 할 수 있다.

 자본예산 수립 절차는 먼저 투자 목적을 설정한 다음 투자안들을 선정하고 투자안들의 성격에 따라 분류를 한다. 그런 다음, 각 투자안으로부터 예상되는 현금 흐름을 측정하면서 투자안의 경제성 평가를 한다. 그 결과 가장 경제적일 것 같으면서 수익이 많을 것 같은 투자안을 결정하고 실행하는 흐름을 갖는다.

 투자안들에 대한 경제성 분석 방법들은 회수기간법(Payback Period), 내부수익률법(Internal Rate of Return, IRR), 순현재가치법(Net Present Value, NPV) 등이 있다.

2.1 회수기간법

 회수기간법은 회수기간이 가장 짧은 투자안에 투자한다는 개념이다. 투자비용을 가장 단기간에 회수할 수 있는 투자안에 투자하겠다는 것이다. 회수기간은 투자액에서 연간 현금유입액을 나누는 방식으로 계산할 수 있다. 〈표 6-1〉은 두 투자안의 연차별 현금유입 예를 나타내고 있다.

〈표 6-1〉 투자안의 연차별 현금유입 예

년	과세후 순현금 유입	
	투자안1	투자안2
0	−2000	−2000
1	1000	200
2	800	600
3	600	800
4	200	1,200

 예를 들면 투자안1과 투자안2가 있는데 똑같이 2,000원을 투자한다고 가정하자. 투자안1은 1년 후에 1000원이 회수가 되고 2년 후에 800원, 3년 후에는 600원을 회수해서 3년째 되는 해에 모든 투자비용을 회수할 수 있다. 반면 투자안2는 투자

비용을 모두 회수하는 데 4년이 걸린다. 따라서 투자안1의 회수기간이 짧기 때문에 투자안1을 투자 대상으로 결정한다.

회수기간법은 매우 간단한 방법임에도 불구하고 몇 가지 문제점이 있다. 첫째는 회수기간 이후의 현금흐름을 고려하지 않는다는 것이다. 투자안2의 경우 투자안1보다 회수기간이 길지만 4년 후의 현금유입 즉 수익은 투자안1이 2,600원임에 반하여 투자안2는 2,800원으로써 투자안1보다 많다. 회수기간법은 회수기간 이후의 현금유입을 고려하지 않기 때문에 결과적으로 실질적인 수익성을 무시하게 되는 문제점이 있는 것이다. 회수기간법의 또 다른 문제점은 화폐의 시간가치를 무시하는 분석이라는 것이다. 화폐의 시간가치는 현재의 100원과 1년 후의 100원의 가치가 다르다는 개념이다. 현재의 100원은 현재 이 돈을 자유롭게 쓸 수 있기 때문에 현재 자유롭게 이용할 수 없는 1년 후의 100원보다 가치가 많다는 의미이다. 동일한 개념하에서 2년 후에 유입되는 100원은 1년 후에 유입되는 100원보다 더 가치가 없을 것이다. 이처럼 미래의 현금은 현재의 현금보다 가치가 없으므로 현재가치로 환산할 때는 할인 평가되어 그 가치가 떨어지게 되는 것이다. 부채에 대한 이자를 지급하는 이유도 결국 미래에 상환하게 될 원금을 할인하는 것이라고 할 수 있는 것이다. 결국 회수기간법은 화폐의 시간가치를 무시하는 것이기 때문에 문제가 있다는 것이다.

회수기간법은 단순하다라는 측면과 함께 투자위험을 감소시킬 수 있는 장점이 있다. 일반적으로 회수기간이 길수록 투자 위험은 증가한다. 회수기간 동안에 어떤 돌발 상황이 발생할지 모르기 때문에 회수기간이 길수록 그 위험은 증가할 것이라는 말이다. 투자에 대한 회수기간은 투자의 위험과 비례하는 측면이 있으므로 회수기간법에 의하여 계산된 회수기간 정보는 결국 투자위험 정보라고도 할 수 있는 것이다. 결국 회수기간법은 회수기간 정보를 제공해 줌으로써 투자 위험요인을 미리 알려주는 효과가 있다. 투자한 현금이 단기간에 빨리 회수되는 것은 현금 유동성을 높여서 위험을 감소시키는 요인이 된다.

2.2 내부수익률법

경제성 분석의 또 다른 방법으로 내부수익률법(Internal Rate of Return, IRR)이 있다. 내부수익률법은 투자의 결과로 유입되는 현금이 얼마의 수익률을 내는지 분석하여 최적의 투자안을 선택한다. 예를 들어 〈그림 6-3〉의 투자안1처럼 1,000원 투자의 결과 1년 후에 유입되는 현금이 500원일 경우 1년 후의 500원 가치는 현재의 500원 가치보다 떨어지므로 일정한 할인율을 적용하여 현재가치로 평가되어야 한다. 2년 후에 유입되는 400원도 할인율을 적용하여 현재가치로 평가되어야 한다. 3년 후에 유입되는 현금도 마찬가지이다. 이때 미래에 유입되는 현금을 현재가치로 환산하여 현재의 투자금과 같아지게 하는 할인율은 미래에 얼마의 현금이 유입되느냐에 따라서 달라질 것이다. 거꾸로 말하면 현재의 현금이 미래에 얼마만큼의 현금으로 증가할지는 수익률에 따라서 달라질 것이다. 결국 할인율은 수익률과 동일한 의미가 된다. 내부수익률법은 각 투자안들에 대한 미래 현금유입의 할인율을 평가하여 가장 높은 할인율을 갖는 투자안을 선택하는 방법이다.

년	과세 후 순현금 유입	
	투자안1	투자안2
0	−1000	−1000
1	500	100
2	400	300
3	300	400
4	100	600

▶투자안1의 IRR: 14.5%

$$-1000 + \frac{500}{1+IRR} + \frac{400}{1+IRR} + \frac{300}{1+IRR} + \frac{100}{1+IRR} = 0$$

▶투자안2의 IRR: 11.8%

$$-1000 + \frac{100}{1+IRR} + \frac{300}{1+IRR} + \frac{400}{1+IRR} + \frac{600}{1+IRR} = 0$$

〈그림 6-3〉 내부수익률법의 적용 예

〈그림 6-3〉은 내부수익률법의 적용 예를 나타내고 있다. 투자안1의 할인율 즉 수익률은 14.5%이고 투자안2의 수익률은 11.8%이다. 투자안1과 투자안2를 비교해보면 투자안1의 수익률, 즉 할인율이 높으므로 투자안1이 선택되어야 한다. 그러나 자

본비용이 10%라고 했을 때 투자안1과 투자안2는 모두 투자가치가 있는 프로젝트라고 할 수 있다. 자본비용은 차입금을 조달한 대가로써 일종의 이자율이라고 생각할 수 있다. 이자율이 10%일 경우 투자안1의 수익률은 14.5% 이고 투자안2의 수익률은 11.8%이기 때문에 둘 다 채택해도 남는 장사가 된다. 그러나 투자안1과 투자안2 중에서 하나만 선택해야 하는 상황에서는 투자안1이 더 바람직한 투자대안일 것이다.

내부수익률법은 화폐의 시간가치를 고려한다는 측면에서 회수기간법보다 우수한 경제성분석 방법이라고 할 수 있다.

2.3 순현재가치법

순현재가치법은 투자의 결과로 유입되는 미래의 현금을 현재가치로 할인하여 현재의 투자자금과 비교 평가하는 방법이다. 현재가치로 할인된 미래의 현금이 현재의 투자자금보다 크면 그 투자안은 투자가치가 있는 것이다. 즉 미래현금의 현재가치로부터 현재의 투자금을 빼어 그 결과가 0보다 크면 가치있는 투자안이라는 것이다. 내부수익률법은 수익률을 도출하는 데 반하여 순현재가치법은 현실의 고정된 수익률로 미래의 현금유입을 현재가치로 할인하는 방법을 이용한다.

〈그림 6-4〉는 순현재가치법의 적용 예를 나타내고 있다.

년	과세 후 순현금 유입		▶투자안1의 현재가치(할인율 10%일 때)
	투자안1	투자안2	
0	−1000	−1000	$-1000+\dfrac{500}{1.1}+\dfrac{400}{1.1^2}+\dfrac{300}{1.1^3}+\dfrac{100}{1.1^4}=78.82$
1	500	100	
2	400	300	▶투자안2의 현재가치(할인율 10%)
3	300	400	$-1000+\dfrac{100}{1.1}+\dfrac{300}{1.1^2}+\dfrac{400}{1.1^3}+\dfrac{600}{1.1^4}=49.92$
4	100	600	

〈그림 6-4〉 순현재가치법의 적용 예

〈그림 6-4〉에서 투자안1의 경우 1년 후에 유입되는 현금 500원을 할인율 10%(현실의 수익률 또는 이자율)를 적용하여 할인하면 500/1.1이 되어 약 454.55원이 된다. 2년 후에 유입되는 현금 400원에 대하여 할인율 10%를 적용하면 $400/(1.1)^2$이 된다. 3년 후에 유입되는 현금 300원의 현재가치는 $300/(1.1)^3$이 되고 4년 후에 유입되는 현금 100원의 현재가치는 $100/(1.1)^4$이 된다. 투자안1의 결과 발생할 미래현금의 현재가치는 $500/(1.1) + 400/(1.1)^2 + 300/(1.1)^3 + 100/(1.1)^4$이 되고 이것을 현재의 투자금 1000으로부터 빼면 78.82가 되어 투자안1은 투자가치가 있는 프로젝트가 된다. 투자안1은 투자의 결과로 발생할 미래현금의 현재가치가 현 투자금보1000원보다 78.82만큼 크다는 말이고 투자안2의 경우는 미래현금의 현재가치가 현재의 투자금보다 49.92만큼 크므로 투자안1이 더 바람직한 프로젝트라고 할 수 있다.

투자안에 대한 3가지 경제성 분석방법, 즉 회수기간법, 내부수익률법, 순현재가치법을 알아보았는데 내부수익률법이나 순현재가치법은 시간가치를 고려하여 분석하는 방법이기 때문에 회수기간법보다 우수하다고 할 수 있다. 내부수익률법이나 순현재가치법은 둘 다 시간가치를 고려하지만 내부수익률법은 수익률 계산 시 2개의 수익률이 나올 수도 있고 가치의 가산원칙 등 여러 가지 이유로 순현재가치법이 조금 우수하다고 말하는 학자들도 있다. 그렇지만 투자 분석방법 중에서 하나만 이용하기보다는 세 가지를 상호보완적으로 활용하는 것이 바람직하다고 할 수 있다.

2.4 가중평균 자본비용

가중평균자본비용(Weighted Average Capital Cost, WACC)은 다양한 종류의 자본조달 대가로 지불하는 평균적인 자본비용이다. 자본비용의 평균은 가중평균법에 의해서 구하여진다. 자본비용은 이자와 비슷한 개념이지만 동일하지는 않다. 부채, 즉 타인자본에 대한 비용은 이자와 동일한 의미이지만 자기자본, 즉 주식발행에 의해서 주주들로부터 투자를 받는 자금에 대한 비용은 이자와는 달리 복잡한 양상을 띤다. 가중평균자본비용은 「타인자본비용×타인자본비중 + 자기자본비용×자기자본

비중」에 의하여 구할 수 있다. 예를 들면 타인자본액수가 A이고 타인자본비용은 12%, 전체자본 중 타인자본의 비중이 40%, 자기자본액수는 B, 자기자본비용은 10%, 전체자본 중 자기자본 비중이 60%인 경우, 가중평균자본비용은 「A×0.4×0.12+B× 0.6×0.1=0.108」이 된다.

자기자본에 대해서는 이자를 지급하지는 않지만 기회비용 등과 같은 다른 복잡한 비용들이 존재하기 때문에 가중평균자본비용을 계산하는 것이 쉬운 일은 아니다. 여기서는 논의의 범위를 넘어서는 것이기 때문에 구체적인 언급을 하지 않기로 한다.

가중평균자본비용은 타인 자본비용과 자기 자본비용을 가중 평균해서 합한 것이다. 해당기업의 부채가 많으면 타인자본비중이 크고 부채가 적으면 타인자본비중에 비해서 자기자본비중이 더 클 것이다. 일반적으로 타인자본이 적으면 좋을 것이라고 생각하지만 적정한 규모의 부채는 오히려 바람직한 측면이 있다. 왜냐하면 타인자본은 세금감면 효과가 있기 때문이다. 세금감면을 고려한 정확한 타인자본비용은 「이자비용 × (1 - 법인세율)」이 된다.

3. 자본조달과 자본구조

〈그림 6-5〉는 기업에서 자금조달의 필요성과 자금원천을 나타내고 있다. 기업의 가치창출 활동을 위하여 고정자산과 운영자금 등이 필요하게 된다. 고정자산을 확보할 때 기업 내부자금인 이익잉여금을 이용할 수도 있고 자본시장에서 장기적 자금을 융통하는 방법으로 조달할 수도 있다. 운전자금은 자산을 매각하여 확보할 수도 있고 자본시장에서 단기적 자본을 융통하는 방법으로 조달할 수도 있다.

자본시장에서 자금을 조달할 때 부채, 차입금 등과 같이 타인자본 형태로 자금을 끌어올 수도 있고 주식발행을 통하여 자기자본 형태로 투자금을 유치할 수도 있다. 이때 타인자본과 자기자본 비율을 어느 정도로 하는 것이 기업의 수익성을 극대화할 수 있을지에 대한 연구들이 많이 이루어졌다.

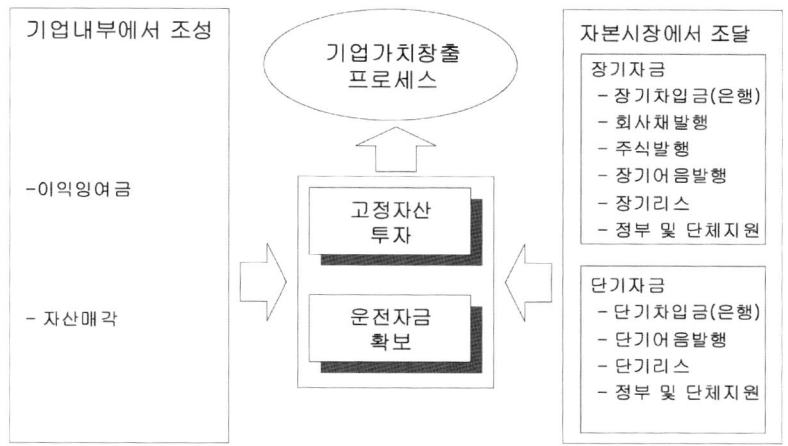

〈그림 6-5〉 자금조달의 필요성과 자금원천

　자본구조(Capital Structure)는 자기자본과 타인자본의 구성형태라고 할 수 있다. 자본구조의 핵심 쟁점은 자본구조가 기업가치에 영향을 줄 수 있을 것인가에 대한 부분과 영향을 미친다면 최적 자본구조는 어떤 형태로 되는 것이 바람직할 것인가에 대한 것이다. 일반적으로 타인자본을 이용하는 경우 자기자본 수익률의 증대효과가 있는 반면 위험은 증가하는 것으로 알려져 있다. 예를 들면 100억을 투자해서 10억의 수익을 올릴 수 있는 프로젝트를 가정하자. A라는 사람은 부채를 싫어해서 자기자본 100억만을 투자하여 10억의 수익을 챙겼고 B라는 사람은 자기자본 100억과 자본비용이 5%인 타인자본 100억을 합하여 총 200억을 투자해서 15억(부채 100억의 이자 5억을 감함)의 수익을 올렸다. 결과적으로 B라는 사람이 타인자본을 적절하게 잘 활용하여 많은 수익을 올렸음을 알 수 있다.

　타인 자본을 잘 활용하면 수익률을 증대시킬 수도 있지만 그에 따르는 재무위험도 존재한다. 재무위험은 타인자본 사용 시 주주에게 돌아가는 이익의 불확실성이 커지는 현상을 의미한다. 재무위험이 기업가치에 어떠한 영향을 미치는가를 살펴보는 것이 자본구조 이론이다.

　자본구조이론 중에서 대표적인 것으로 MM(Modigliani & Miller)이론이 있다.

Miller와 Modigliani라는 경영학자가 새로운 자본구조이론을 제안해서 경영학자로는 드물게 노벨 경제학상을 수상했다.

MM이론은 2가지를 주장하고 있다. 2가지 명제는 완전자본시장을 가정하고 있다. 완전자본시장은 법인세 등 세금과 거래 비용이 없고 모든 정보가 완전히 공개되는 자본시장을 의미한다. MM이론의 제1명제는 자본시장이 완전하고 세금이 없는 경우 기업가치는 자본구조와 무관하다는 주장이다. MM이론의 제2명제는 완전자본시장에서 법인세 존재 시, 부채 사용기업의 가치는 부채 미사용 기업의 가치보다 법인세 감세효과만큼 크다는 것이다. 현실적으로 자본시장에는 법인세가 존재하므로 MM이론의 제2명제에 의하여 타인자본 비용이 자기자본 비용보다 더 저렴할 것이며 이는 부채를 이용하는 기업이 그렇지 않은 기업보다 더 많은 수익을 올릴 수 있음을 알 수 있다.

그러나 부채비율이 높아지면 도산비용, 즉 부도위험이 증가한다. 법인세만을 고려했을 때는 부채비율이 높아질수록 타인자본비용이 감소하지만 이에 반비례하여 도산비용은 증가한다. 따라서 타인자본비용과 도산비용의 합계가 가장 낮은 부채비율이 최적의 자본비용이라 할 수 있다. 〈그림 6-6〉은 최적부채비율을 나타내는 그래프이다.

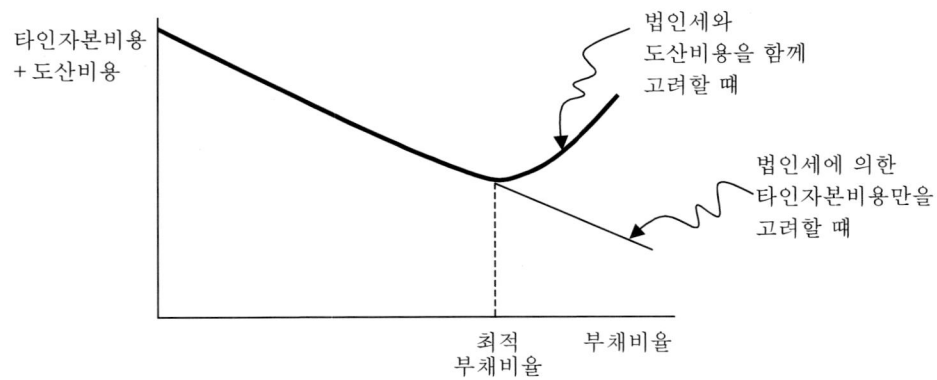

〈그림 6-6〉 최적 자본구조

결론적으로 부채를 이용하지 않고 자기자본만으로 기업을 운영하는 것은 최적이 아니라는 말이고 그렇다고 해서 부채를 무한히 이용하는 것은 부채를 갚지 못하고 파산하는 상황이 발생할 수 있기 때문에 감당할 수 있는 적정율의 부채를 이용하는 것이 최적의 자본조달 방법인 것이다.

【요 약】

재무관리의 영역을 크게 2가지로 나누어 생각해 볼 수 있다. 하나는 여유자금을 합리적으로 투자하는 것과 관련한 영역이고 또 다른 하나는 기업활동에 소요되는 자금을 조달하는 것과 관련한 영역이다. 최적의 투자활동과 자금조달 구조를 실현하는 것은 재무관리의 중요한 목표라고 할 수 있다.

자본예산은 투자에 대한 타당성을 분석하고 장기적으로 새로운 사업계획을 수립하는 과정이다. 자본예산에서 투자안들에 대한 경제성 분석 방법들은 회수기간법, 내부수익률법, 순현재가치법 등이 있다. 내부수익률법이나 순현재가치법은 시간가치를 고려하여 분석하는 방법이기 때문에 회수기간법보다 우수하다고 할 수 있지만 투자 분석방법 중에서 하나만 이용하기보다는 세 가지를 상호보완적으로 활용하는 것이 바람직하다고 할 수 있다.

자본시장에서 자금을 조달할 때 타인자본과 자기자본 비율을 최적화하여 기업의 수익성을 극대화하기 위한 이론이 자본구조이론이다. 자본구조는 자기자본과 타인자본의 구성형태라고 할 수 있다. 자본구조이론에 의하면 법인세만을 고려했을 때는 부채비율이 높아질수록 타인자본비용이 감소하지만 이에 반비례하여 도산비용은 증가한다. 따라서 타인자본비용과 도산비용의 합계가 가장 낮은 부채비율이 최적의 자본비용이라 할 수 있다.

【연습문제】

※정오식문제

1. NPV와 IRR은 화폐의 시간가치와 회수기간을 고려하고 있기 때문에 둘 다 우수한 방법이다.(　　)
2. 기업경영을 할 때 부채를 이용하지 않는 것이 좋다.(　　)
3. 회수기간법은 회수기간이 가장 짧은 투자안에 투자한다는 개념이다.(　　)
4. 순현재가치법에서는 현실의 고정된 수익률로 미래의 현금유입을 현재가치로 할인하는 방법을 이용한다.(　　)
5. 자기자본은 투자받은 것이기 때문에 자본비용이 없다.(　　)

※단답식문제

6. (　　　　)은 다양한 종류의 자본조달 대가로 지불하는 평균적인 자본비용이다.
7. 자본구조이론중에서 대표적인 것으로 (　　　　)이 있다.

【참고문헌】

[1] 이필상, 재무관리, 박영사, 2003.
[2] 정수영, 신경영학원론, 박영사, 2000.
[3] 정창영, eMBA-재무, 휴넷, 2005.
[4] 조영탁, eMBA 생생경영학, 휴넷, 2003.
[5] Ross, Westerfield, Jordan, Fundamentals of CORPORATE FINANCE, McGraw Hill, 2003.

제7장

생산관리

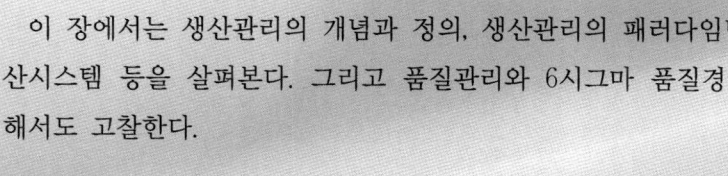

이 장에서는 생산관리의 개념과 정의, 생산관리의 패러다임변화, 생산시스템 등을 살펴본다. 그리고 품질관리와 6시그마 품질경영에 대해서도 고찰한다.

1. 생산관리의 개념과 정의

생산관리는 제품이나 서비스를 생산하는 생산기능과 생산의사결정에 관한 분야이다. 제품을 생산할 때 보다 적은 투입으로 보다 많은 산출이 나오게 하는 효율적인 생산을 하면서 고품질의 제품을 만드는 것을 목적으로 한다.

과거 산업사회에서는 생산관리의 대상이 주로 제조업체였지만 현대에는 서비스업까지 범위를 넓혀서 제조업과 서비스업 등 대부분의 기업들에서 생산관리 기법이 필요하다 할 수 있다. 서비스업체에서 고객들에게 서비스를 제공하는 것과 제조업체에서 고객들에게 제품을 제공하는 것은 비슷한 방식으로 이루어진다는 것이다. 그래서 생산관리의 영어식 표현이 과거에는 Production Management였지만 현대에는 Operation Management, 즉 운영관리로 불리기도 한다.

예를 들면 A회사에서는 생일케이크 판매를 주업으로 하지만 생일케이크라는 제품만 판매하는 것이 아니라 케이크와 함께 별도의 서비스를 포함하는 패키지를 판매한다. 패키지에 포함되어 있는 요소들은 아이스링크를 무료입장할 수 있는 권리와 스케이트 대여 서비스, 스낵 뷔페에서 이용할 수 있는 메뉴, 생일축하노래 등일 수 있다. 눈에 보이는 제품뿐만 아니라 서비스를 부가하여 제품가치를 높이는 예라고 할 수 있다.

기업이 만든 제품은 투입된 원가(cost)보다 더 높은 가격으로 판매되어야 이익이 생길 것이다. 제품가격은 원가보다 높아야 한다는 말이다. 반면 제품을 구매한 소비자들이 제품에 대하여 느끼는 가치는 제품가격보다 높아야 보다 많은 제품판매가 이루어질 것이다. 제품가치를 높이기 위하여 다양한 서비스를 패키지 형태로 제공하는 것은 일면 바람직한 측면이 있는 것이다. 따라서 생산관리의 영역도 제품 그 자체로만 한정하는 것이 아니라 서비스도 생산관리의 중요한 대상이 된다.

생산관리자는 조직에서 재화 또는 서비스의 생산을 담당하며 생산기능과 변환시스템(Transformation System)에 관한 의사결정을 한다. 재화를 생산하는 관점에서 보면 공장장이 생산관리자라고 할 수 있는 반면에 서비스를 제공하는 관점에서 보면 홈쇼핑 프로그램 제작자가 생산관리자가 될 수 있는 것이다. 변환시스템은 원재료나 부품 등의 투입에 대하여 여러 가지 처리과정을 거쳐서 고객에게 가치를 제공하는 완제품으로 바꾸어 준다. 변환시스템에서의 변환 프로세스는 3가지 유형으로 나누어 볼 수 있다. 첫째는 자재를 변환시키는 유형이고 둘째는 고객을 변환 시키는 유형, 셋째는 정보를 변환 시키는 유형이다. 자재를 변환시키는 유형은 공장에서 제품을 만들어 내는 제조업체, 굴뚝산업이 대표적이다. 고객을 변환시키는 유형은 서비스 산업이 대표적이다. 예를 들어 미용실에서 머리를 깎는 것은 미용서비스에 의하여 고객의 헤어스타일이 변환된 경우이다. 정보를 변환시키는 유형은 금융기관이 대표적이다. 예를 들어 은행에서 은행원은 고객의 정보처리요구, 즉 계좌이체, 예금 입·출금 등의 요구를 받아서 고객의 예금정보를 변환시키는 경우이다.

따라서 생산관리란 제품이나 서비스 또는 정보를 생산하는 생산기능에 관한 의사결정, 즉 생산의사결정에 관한 연구라 할 수 있다. 생산의사결정은 기능적인 측면에서 생산공정(Process), 생산능력(Capacity), 재고(Inventory), 노동인력(Work force) 및 품질(Quality)의 의사결정과 그 운영에 대한 의사결정으로 구분할 수 있다. 생산능력은 자동차회사에서 연간 만들어 낼 수 있는 자동차 대수라든가 식당에서 동시에 몇 명까지 수용 가능한지 등을 의미한다. 재고는 제품을 완성해서 판매되기 전에 창고에 보관되어 있는 제품을 말한다. 재고가 많으면 소비자 수요에 즉각적으로 대처할 수 있지만 그 대신 재고관리 비용을 감수해야 한다. 재고 관리 비용을 줄이면서 고객의 수요에 충분히 대응할 수 있는 정도의 재고량에 대한 의사결정도 중요할 것이다.

2. 생산관리의 패러다임 변화

과거에는 기업이 수행하는 생산활동을 제조업에서의 물리적, 화학적 가치 창출 활동으로 보았었지만 현재에는 기업의 모든 가치창출 활동을 생산활동으로 본다.

기업 생산활동은 제조업에서의 재화생산과 서비스업에서의 서비스 창출 등을 통하여 시장의 소비자들에게 가치를 제공하고 수익을 만들어 내는 목적을 갖는다.

〈그림 7-1〉은 과거와 현대의 생산관리 패러다임 변화를 나타내고 있다.

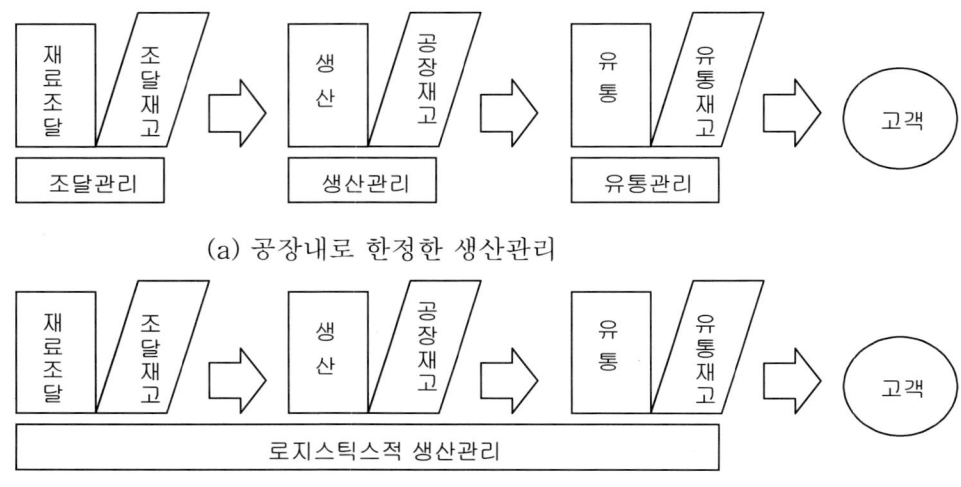

(a) 공장내로 한정한 생산관리

(a) 공장외로 확대한 생산관리

〈그림 7-1〉 생산관리의 패러다임 변화

과거의 생산관리는 공장 내부로 한정하여 부품 및 원자재를 구입하는 조달관리와 부품과 원자재를 이용하여 완제품을 만드는 생산관리, 생산된 완제품을 소비자에게 전달하는 유통관리 활동들을 별개로 생각하였다. 반면 현대의 생산관리는 공장외부까지 확대하여 원자재 조달과 마케팅 및 유통과 긴밀한 관계를 맺으면서 생산활동이 이루어지는 로지스틱스(Logistics)적 개념을 갖는다. 로지스틱스란 본래 군사용어로서 군사작전을 수행하기 위해 필요한 군대의 수송, 무기·탄약·식료·피복 등 군수품의 배급과 보급에 관한 병참시스템을 가리키는 말이다. 로지스틱스적 개념의 생산관리는 조달관리와 유통관리를 생산관리의 연장으로 간주하여 고객의 주문에서부터 자재의 조달, 생산, 배송이라는 전 과정을 종합적으로 관리하는 방식이다. 정보기술(Information Technology)은 로지스틱스적 생산관리를 가능하게 한다. 정보기술에 의하여 정확한 판매예측을 하고 이에 합당한 양만큼의 원자재만을 적시에 조달함으로써 최소의 재고관리비용이 소요되게 한다. 현대의 생산관리는 고객의 수요를 정확하게 예측하고 이에 기반하여 정확한 생산계획을 수립한 후 필요한 양만큼의 원자재를 공급받는 형태로서 생산자와 소비자, 공급자 사이의 긴밀한 협조가 이루어진다는 특징이 있다.

3. 생산시스템

생산시스템과 관련하여 생산시스템의 개념, 구조, 경영방법, 세부적인 기능 등을 살펴본다.

3.1 생산시스템의 구조

시스템은 여러 구성요소들로 이루어진 것으로써 각 구성요소들은 유기적으로 상호작용을 하면서 공통의 목적달성을 하는 것이다. 생산 시스템은 투입, 변환과정, 산출, 피드백이라는 4개의 구성요소로 이루어지며 이 구성요소들이 상호작용하여 투입물을 제품이나 서비스 같은 산출물로 변환시키는 목적을 달성하는 변환 시스템이다. 〈그림 7-2〉는 생산시스템을 나타내고 있다. 시스템적 견해에서의 생산관리는 이러한 생산시스템을 효율적이고 효과적으로 관리하는 것이다.

생산시스템에서 투입물은 자재, 노동력, 자본, 에너지, 정보 등이 될 수 있고 이러한 투입물은 변환과정을 거쳐서 특정 제품이나 서비스로 산출된다. 산출결과는 원래의 목표와 비교되어 적절한 피드백정보가 만들어지고 피드백정보는 다시 투입물에 영향을 미칠 것이다. 자동차를 만드는 경우 부품들과 인력, 인건비, 자본, 전

력과 같은 에너지 등이 투입되어 적절한 변환과정, 즉 공정과정을 거쳐서 하나의
자동차가 생산된다. 완성된 자동차는 진단되어 품질 등이 체크되고 그 진단결과는
다시 투입물이나 변환과정에 반영된다.

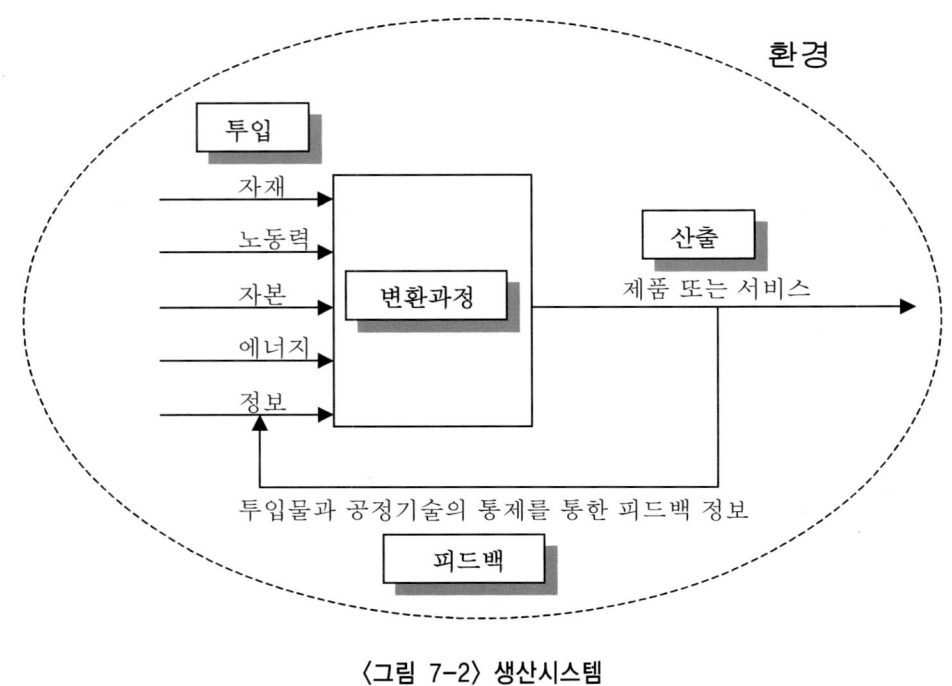

〈그림 7-2〉 생산시스템

  생산시스템의 구성 요소 중 변환과정이 상대적으로 중요하다 할 수 있다. 변환
과정을 잘 관리하여 효율적이고 효과적인 산출이 만들어질 수 있게 해야 한다. 생
산 시스템은 제조업뿐만 아니라, 서비스업, 기타 유형의 업종에도 비슷하게 적용될
것이다. 〈그림 7-3〉은 생산시스템을 둘러싸고 있는 환경과 함께 생산 시스템을 조
금 멀리서 바라보는 그림이다. 생산시스템은 개방시스템으로써 주위 환경과 상호
작용한다. 생산시스템의 주위 환경요소들은 고객, 노동, 자재, 자본, 정부, 경쟁자
등이 될 수 있다.

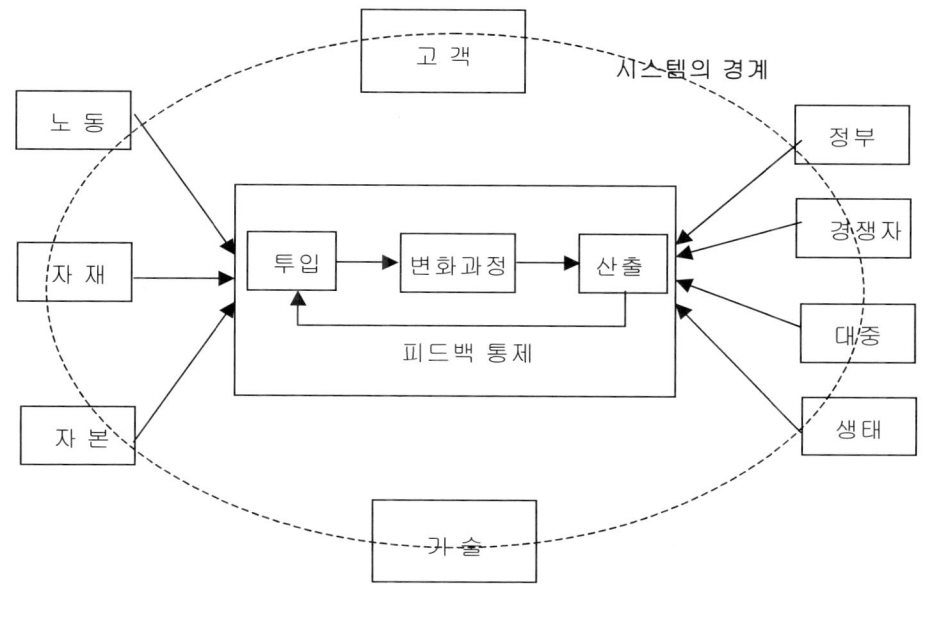

〈그림 7-3〉 생산시스템과 환경

3.2 생산의 유형

생산의 유형은 프로세스형태, 수주형태, 데이터베이스 형태에 따라 8가지로 구분할 수 있다.

프로세스 형태로 분류해 보면 집약형 생산과 전개형 생산이 있다. 집약형 생산은 조립을 하는 것처럼 무언가를 붙여 나가면서 변환을 하는 생산 방법이다. 반면 전개형 생산은 화학적 또는 물리적으로 분해하면서 변환시키는 생산방법이다. 수주형태로 분류해 보면 수주생산과 예측생산으로 나눌 수 있다. 수주생산은 주문을 받아서 생산을 하는 경우이고 예측생산은 주문이 없어도 수요예측을 통하여 적절한 양만큼 생산하는 방법이다. 설계도의 데이터베이스형태에 따라 분류해 보면 주문설계형 생산과 반복형 생산이 있다. 주문설계형인 경우는 주문에 따라 설계도가 다른 생산이고 반복형 생산은 동일한 설계도로 대량 생산하는 경우이다.

예를 들어 주문주택은 건축자재를 이용하여 조립을 하는 경우라고 볼 수 있으므로 집약형 생산이고 주문을 받아야 주택 건설을 시작할 수 있으므로 수주생산이며 주문에 따라 설계도가 달라지므로 주문설계형 생산이다. 자동차생산은 조립을 하는 형태이기 때문에 집약형 생산이 되겠고 수요를 예측해서 생산하기 때문에 예측형 생산이 되며 하나의 설계도를 이용하여 동일한 자동차를 반복적으로 생산하므로 반복형 생산이 된다. 정유산업에서 가솔린의 경우를 보면 석유로부터 가솔린을 분해해내는 것이므로 전개형 생산이고 수요를 예측하여 가솔린을 생산하므로 예측생산이 되며 동일한 방법으로 대량의 가솔린을 생산하므로 반복형 생산이 된다.

3.3 생산시스템의 경영

〈그림 7-4〉는 생산 시스템을 어떻게 잘 관리할 것인가를 보여주는 그림이다. 먼저 계획을 세운 후 계획에 따라서 실행을 하고 실행 결과를 목적과 비교하여 진척도 체크를 하고 다시 계획에 반영하는 순환과정으로 생산시스템을 관리할 수 있다. 계획은 생산계획으로써 소비자 수요와 생산능력 등을 고려하여 수립되어야 할 것이다. 계획이 수립되면 자본, 인력, 원자재, 기술 등을 체크하는 등 계획실행을 위한 준비를 하여야 한다. 준비과정이 끝나면 생산시스템을 실행하여 생산실적을 만들어야 할 것이다. 실행과정 중에도 나중에 실적파악을 위한 정보를 생성하는 등 또 다른 준비를 할 수 있다. 실행과정이 끝나고 실적이 쌓이면 실행결과를 파악하여 진척도를 평가하여야 한다. 기존 계획과 실행 실적을 상대적으로 비교하여 그 결과를 계획수립에 반영할 필요가 있다. 진척도가 기존계획보다 높으면 새로운 계획수립 시에는 목표량을 증가시키는 등의 조치가 이루어져야 할 것이다.

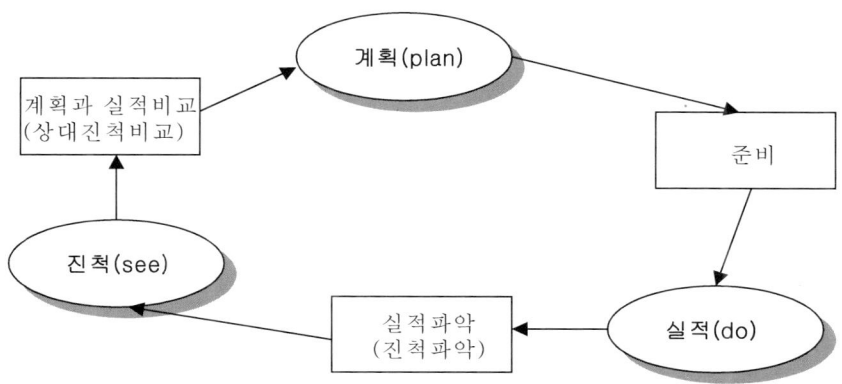

〈그림 7-4〉 생산시스템의 경영 사이클

〈그림 7-5〉는 생산관리시스템의 기능을 구체적으로 보여주고 있다.

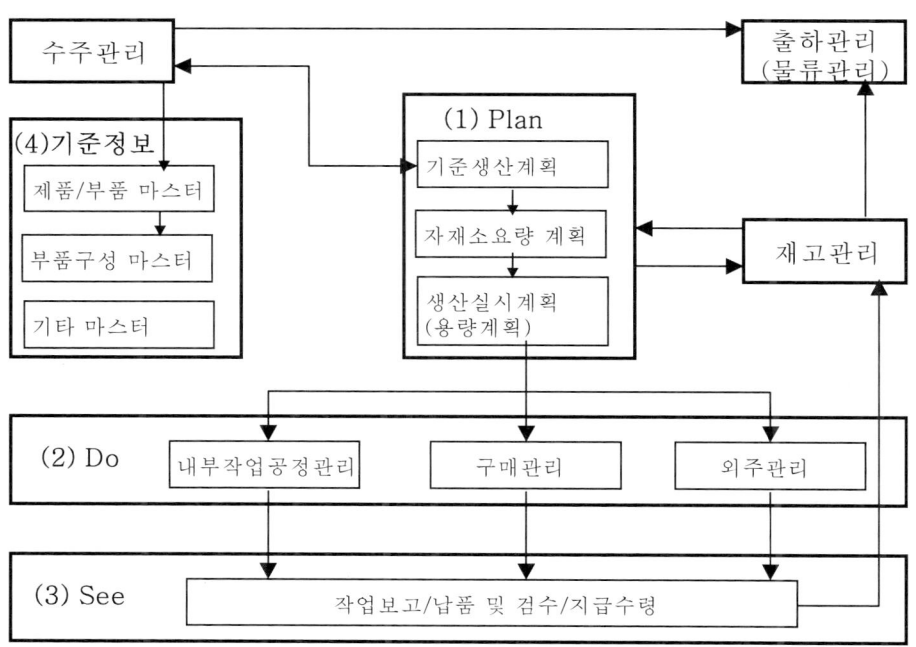

〈그림 7-5〉 생산관리시스템의 기능

먼저 수주관리 기능을 통하여 주문량과 수요량을 파악하고 수요예측을 한다. 수요예측결과와 현 재고량을 바탕으로 생산계획을 수립한다. 수립된 생산계획에 의거하여 제품/부품 기준정보와 완제품/부품재고량 등을 참조하면서 자재소요량 계획, 생산실시 계획 등을 구체적으로 수립한다. 생산계획이 수립되면 내부 작업공정을 관리하면서 변환과정을 실행한다. 또한, 원자재와 부품을 효율적으로 조달하기 위한 구매관리도 이 단계에서 이루어지고 필요에 따라 생산공정의 일부를 외주로 진행하면서 외주관리를 할 수도 있다. 생산된 제품들은 납품하기도 하고 재고창고로 운반되기도 할 것이다. 납품대가로 대금 수령이 이루어질 것이고 외주로 생산된 경우는 대금지급을 하여야 할 것이다. 재고창고에 있는 완제품들은 적절한 유통과정을 거쳐서 판매될 것이다.

생산관리시스템의 전반적인 흐름을 살펴보았는데 정보시스템의 지원을 통하여 생산관리의 각 단계를 보다 효율적이고 효과적으로 실행할 수 있다. ERP(Enterprise Resource Planning)시스템은 생산관리를 보다 효율적이고 효과적으로 수행하는 것을 지원한다. ERP에 의하여 생산계획 수립, 재고관리, 구매관리, 외주관리, 출하관리 등을 보다 수월하게 처리할 수 있다.

3.4 변환시스템

변환시스템은 투입물을 적절하게 변환시켜 산출물 형태로 만들어 주는 블랙박스이다. 공장은 블랙박스로써 재료를 투입하여 하나의 제품으로 변화시키는 드라마 연출의 장소라고 할 수 있다. 일상생활에서 사용하는 모든 제품은 공장에서 생산공정, 즉 변환과정을 거쳐 생산된다. 생산관리의 연구대상은 그 변환과정이다. 변환과정이 어떻게 되어 있는지에 따라서 생산능력이 높을 수도 있고 좋은 품질이 나올 수도 있다. 또한 적은 비용으로 보다 많은 수익이 발생하는 제품들을 생산할 수도 있다.

생산현장을 오케스트라로 빗대어 말하기도 한다. 공장안의 여러 기계나 장치들은 오케스트라의 악기에 대응되고 기계와 장치를 조작하는 사람들은 악기 연주자에 비유될 수 있는 것이다. 따라서 공장의 생산관리자는 오케스트라의 지휘자와 비슷한 역할을 하게 된다. 오케스트라를 잘 편성하여 지휘하면 최적의 음향효과를 낼 수 있는 것처럼 공장안의 기계설비와 인력들을 잘 배치하여 생산관리를 잘 하면 최적의 생산 효과를 끌어낼 수 있을 것이다.

변환시스템에 의하여 변환되는 유형들로써 물리적 변환, 입지적 변환, 교환, 저장, 심리적 변환, 정보적 변환 등이 있다. 물리적(Physical) 변환은 제조업체에서의 제조과정(manufacturing)에 의한 변환이 그 예가 될 수 있다. 입지적(Locational) 변환은 한 장소에서 다른 장소로 이동시키는 변환으로써 물건을 수송(transportation)하는 수송업체에서 하는 일들이 그 예이다. 교환(Exchange)에 의한 변환은 소매점에서 물품을 구입한 후 가격을 지불하는 행위 등과 같은 소매유통(Retailing)이 그 예이다. 제품을 창고에 저장(Storage)·보관(Warehousing)하는 것도 일종의 변환이다. 심리적 변환은 병원에서 의료서비스를 받고 병이 치료된다든가 심리적인 안정을 느끼는 상황을 그 예로 볼 수 있고 정보적인 변환이 정보기술에 의하여 데이터가 가공되는 등의 상황일 것이다.

기업이 어떤 유형의 변환작업을 수행하느냐에 따라 그 기업의 업종과 비즈니스 모델이 결정되는 것이다.

변환시스템의 변환과정에서 5가지 중요한 의사결정 유형을 생각해 볼 수 있다. 그 5가지 의사결정 분야는 생산 공정, 생산 능력, 재고, 노동력 그리고 품질영역이다. 생산 공정에 대한 의사결정은 보다 효율적인 생산을 목적으로 이루어져야 할 것이다. 생산 능력에 대한 의사결정은 해당기업의 생산능력을 합리적으로 활용하는 것을 목적으로 하여야 할 것이다. 예를 들어 120명을 수용할 수 있는 레스토랑에서 하루 평균 100명의 고객만이 방문한다면 생산시설의 유휴로 인하여 비효율성이 발생하고 수익성도 나빠질 것이다. 이때에는 생산능력을 감소시키는 의사결정이 필요할 것이다. 재고와 관련한 의사결정도 중요하다. 재고는 만들어 놓고 아직 판매하지 못한 제품이거나 구입은 되었으나 아직 생산에 투입되지 않은 원자재나 부품일 수 있다. 제품재고를 유지하는 이유는 고객이 요구할 때 즉각적으로 대응하기 위한 목적이 있고 원자재나 부품재고를 유지하는 목적은 추가적인 생산요구가 있을 때 즉각적으로 이용할 수 있게 하기 위한 목적이 있다. 재고가 많으면 갑작스런 요구에 융통성 있게 대응할 수 있는 장점이 있는 반면 재고관리비용을 감당해야 하는 부담이 있다. 재고관리비용을 절약하기 위하여 재고를 줄이면 수요에 즉각적으로 대처할 수 없을 수도 있다. 재고관리비용을 절약하면서도 수요에 융통성 있게 대응할 수 있는 재고량을 결정하는 것은 중요한 의사결정 영역이다. 이외에 노동생산성을 높이면서 근로자 만족도를 제고하기 위한 노동 인력에 대한 의사결정, 제품품질을 향상시키기 위한 품질에 대한 의사결정 등도 효율적이고 효과적인 변환과정을 위한 중요한 의사결정 영역이다.

3.5 생산시스템의 예

〈표 7-1〉은 생산시스템의 예를 나타내고 있다. 제조공장은 대표적인 생산시스템이다. 제조공장이라는 생산시스템으로의 투입은 원자재, 장비, 기계설비, 노동력, 에너지가 되고 산출로는 완제품이 나온다. 은행도 생산시스템을 갖고 있는 기업이다. 은행이라는 생산시스템의 투입물로 은행직원, 컴퓨터장비, 여러 가지 설비, 에너지가 투입되고 각종 금융 서비스 형태로 산출물이 나온다. 병원도 생산시스템의 예이다. 병원이라는 생산시스템의 투입물로는 의사, 간호사, 직원, 의료장비, 기타 설비, 에너지 등이 되고 그 결과로 의료서비스, 완쾌한 환자 등과 같은 산출물이 나온다. 항공사는 비행기, 설비, 조종사, 승무원, 정비사, 에너지 등을 투입하여 지역간 여객과 화물을 수송하는 산출물을 만든다. 레스토랑 같은 경우는 요리사, 웨이트리스, 식품, 장비, 설비, 에너지 등이 투입되고 그 결과로 맛있는 식사와 고객의 즐거움과 만족감과 같은 산출물을 만들어낼 수 있다. 대학도 일종의 생산시스템인데, 교수, 직원, 장비, 설비, 에너지, 지식 등이 투입되어 교육 서비스가 산출물 형태로 나온다.

〈표 7-1〉 생산시스템의 예

생산시스템	투입물	산출물
제조공장	원자재, 장비, 설비, 노동력 에너지	완제품
은 행	직원, 컴퓨터장비, 설비, 에너지	각종 금융서비스
병 원	의사, 간호사, 직원, 의료장비, 설비, 에너지	의료서비스 및 완쾌된 환자
항공사	비행기, 설비, 조종사, 승무원, 정비사, 에너지	지역간 여객 및 화물수송
레스토랑	요리사, 웨이트리스, 식품, 장비, 설비, 에너지	식사, 고객의 즐거움 및 만족감
대 학	교수, 직원, 장비, 설비, 에너지, 지식	교육받는 학생, 연구실적물, 공공서비스

　　생산시스템은 제조업체에만 있는 것이 아니라 서비스업에서도 비슷하게 적용되지만 그 차이는 있다. 개략적인 차이점을 보면 제조를 통해서 나온 제품은 유형이지만 서비스는 무형이다. 그리고 제조업에 의해서 만들어진 제품은 구매 시 소유권이 이전되지만 서비스는 이전될 수 없으며, 제품은 되팔 수 있지만 서비스는 되팔 수 없다. 또한 제조를 통해서 만들어진 제품은 구매 전에 눈으로 확인할 수 있지만 서비스는 구매 전에 존재하지 않는다. 제품은 재고로 저장될 수 있지만 서비스는 재고로 저장될 수 없다. 제조에 의해서 만들어진 제품은 일반적으로 판매자가 생산자가 되지만 서비스는 구매자가 생산 과정에 직접 참여하면서 생산활동의 일부를 수행하면서 공동 생산자로서의 역할을 한다. 제조에 의해서 만들어진 제품은 판매와 생산을 분리해서 조직할 수 있지만 서비스는 판매와 생산을 기능적으로 분리 할 수 없다. 〈표 7-2〉는 제조업과 서비스업의 차이를 정리하여 나타내고 있다.

〈표 7-2〉 제조업과 서비스업의 비교

제 조	서비스
제품은 유형임	서비스는 무형임
구매 시 소유권이 이전됨	서비스는 되팔 수 없음
제품은 되팔 수 있음	구매 전에 서비스는 존재하지 않음
제품은 재고로 저장될 수 있음	서비스는 재고로 저장될 수 없음
생산은 소비에 앞서 이루어짐	생산과 소비가 동시에 일어남
생산과 소비는 공간적으로 분리가 가능함	생산과 소비는 같은 장소에서 일어남
제품은 운송될 수 있음	서비스는 운송될 수 없음 (단, 서비스 생산자가 고객에게 이동하여 서비스를 제공할 수 있음)
판매자가 생산함	구매자가 생산과정에 직접 참여하며 생산의 일부를 수행할 수 있음. 공동생산자로서 고객의 역할이 큼
기업과 고객간 간접적인 접촉	대부분 직접접촉이 필요함
제품은 수출될 수 있음	서비스는 정상적으로는 수출될 수 없음. 하지만 서비스 전달시스템(금융회사, 법률회사, 컨설팅회사 등)은 수출될 수 있음
판매와 생산을 기능적으로 분리하여 조작할 수 있음	판매와 생산은 기능적으로 분리될 수 없음

4. 품질경영

제품이나 서비스의 품질이 좋으면 고객이 만족할 것이고 만족한 고객은 재구매 욕구가 생길 뿐만 아니라 주위의 친한 사람들에게 홍보를 하면서 구매 추천을 하게 됨으로써 결과적으로 해당기업의 매출은 증가하게 되는 흐름을 가질 것이다. 이것은 고객관점에서 품질관리를 철저히 해야 하는 이유가 된다.

고품질, 즉 좋은 품질관리는 모든 제품 품질이 평균치에 가깝도록 관리하는 것이다. 예를 들어 A전구회사에서 생산한 전구의 품질은 그 전구수명이 2000시간, 1500시간, 1000시간으로 들쭉날쭉 한 반면 B회사에서는 대부분의 전구들이 1500시간으로 균일하다면 B회사의 전구 품질이 좋은 것이다. 모든 제품 품질이 평균에 근접하도록 품질관리를 하는 것이 바람직한 것이다. 달리 말하면 제품품질이 평균치에서 벗어나는 경우가 적을수록 그 제품의 품질이 좋다고 할 수 있는 것이다.

　품질 관리의 개념도 과거에서 현재로 오면서 많은 부분 변화되었다. 과거의 품질관리 개념과의 차별화를 위하여 현재에는 품질경영이라고 부르기도 한다. 〈표 7-3〉은 과거의 품질관리 개념과 현재의 품질경영 개념의 차이를 나타내고 있다.

〈표 7-3〉 품질관리와 품질경영의 차이

	과거의 품질관리	현재의 품질경영
의 의	품질요건을 충족시키기 위한 통제활동	고객만족을 지향하는 최고경영자의 리더십 아래서 모든 부문의 전사적 활동
목 표	규격과 요건의 충족(생산자 관점)	고객만족 및 경제적 생산(고객관점)
내 용	제품변환 과정이나 공정의 개선에 주안점	원자재, 공정, 제품, 설계, 업무, 사람의 질을 포괄한 총체적 품질향상을 통하여 경영목표를 달성하기 위한 수단
참여범위	생산현장 및 전문가의 관리통제 기능 중시	최고경영자의 리더십과 전사원의 참여로 품질방침을 실행
중심사고	제품과 공정의 생산중심	고객지향, 기업문화, 조직 행동적 사고

　과거의 품질관리 개념은 품질요건 충족을 위한 통제의 개념이었던 반면 현재의 품질관리는 고객만족을 위한 최고경영자의 리더십 아래 모든 부문의 구성원들이 고품질 생산을 위하여 노력하는 전사적인 활동이라고 할 수 있다. 현재의 품질관리는 경영의 개념으로 발전한 것이다. 과거의 품질관리 개념은 생산자 입장에서 품질의 규격과 요건이 충족되는지를 관리하였던 반면 현재에는 고객 만족을 최대의 목표로 하여 품질관리가 이루어진다는 것이다. 내용 측면에서도 과거에는 제품과 공정의 불량감소를 위하여 품질표준을 설정하고 이의 적합성을 추구하면서 주

로 통계적 기법을 이용하였던 반면에 현재에는 공정 개선뿐만 아니라 그것과 관련된 업무나 사람, 문화 등의 품질을 개선하여 궁극적으로 제품이나 서비스의 품질 향상을 꾀한다는 개념이다. 과거에는 품질관리에 참여하는 사람이 생산현장의 전문가들이 대부분이었으나 현재에는 전 사원이 참여하면서 품질향상을 위하여 노력한다는 차이점이 있다. 과거의 품질관리는 제품과 생산 공정의 품질을 관리하는 생산 중심적 사고였다면 현재에는 고객 지향적이고 기업문화를 중시하는 조직 행동적 사고에 기반한 품질 관리로 발전하였다.

현대의 품질경영을 실현하기 위하여 값싸고 좋은 제품을 제공하여 소비자만족을 끌어낸다는 목표 아래 최고경영층부터 일반사원까지 전 사원이 참여해야 할 뿐만 아니라 구매, 제조, 기술, 영업, 인사, 총무부서 등의 부문간 협력을 하면서 경제적인 생산활동을 하는 것이 필요하다.

품질경영의 실행 절차를 보면 우선 고객이 원하는 제품의 특성을 파악하고 품질측정의 기준치를 세워야 할 것이다. 품질측정 기준치가 수립되면 생산된 제품에 대한 품질측정을 실행하고 그 측정결과를 기준치와 비교하여야 한다. 측정치와 기준치를 비교하여 피드백(feedback)을 도출하고 이를 이용하여 적절한 조치를 취하면서 품질경영을 실현한다. 품질경영은 품질을 지속적으로 개선하려는 노력이라고 할 때 품질의 개선을 위해서는 품질의 측정과 평가를 통한 피드백 도출과 이의 지속적인 반영이 중요하다고 할 수 있다.

5. 6시그마

5.1 6시그마의 개념

고품질 제품이나 서비스를 만들기 위한 노력으로서 품질경영보다 한 단계 더 발전한 형태가 6시그마(Six Sigma) 방법이다. 6시그마는 경영기법이라기보다는 경영철학의 개념이다. 제품의 불량률을 극단적(예를 들면 100만 번 중에 3건이나 4건의 불량만을 허용)으로 낮출 수 있게 품질관리를 철저히 하자는 경영철학이다. 그러기 위해서는 기업의 전 부문에서 전사적인 노력이 필요로 된다.

6시그마 경영은 1980년대 모토롤라에서 시작이 되었지만 1990년대에 GE의 잭 웰치 전 회장이 이를 도입하여 강력한 리더십으로 성공하였기 때문에 6시그마의 대명사로 GE와 잭 웰치를 주로 떠올리게 되었다. 우리나라에는 1990년대 후반에 도입되어 유행하게 되었다.

6시그마는 효율적인 품질 문화 정착을 위한 경영철학으로써 모든 일(제품의 설계에서 구매요구서 작성에 이르기까지)에서 실수를 더욱 적게 하기 위하여 단지 열심히 일하는 데 그치는 것이 아니라 보다 현명하게 일하자는 경영철학이다. 6시그마에서 요구하는 것은 100만 번 중에서 실수를 3번이나 4번 정도만 허용하는 수준으로 품질 관리를 철저히 하자는 개념이다. 이를 위하여 처음부터 잘하자는 1-10배 원칙이 필요하다. 1-10배 원칙은 처음 기획단계에서는 단지 하나의 실수만을 하였지만 설계나 생산단계에서는 그의 10배만큼 잘못될 것이고 이것이 소비자에게 전달되었을 경우에는 그 100배의 손해를 입게 된다는 이론이다. 6시스마는 무결점(Zero Defect)을 추구하는 것으로써 문제점 해결을 위한 품질혁신의 단계를 제시하는 것도 필요하다.

〈표 7-4〉는 6시그마 품질의 의미를 다양한 기준으로 제시하고 있다. 3시그마가 하나의 책에서 한 페이지당 1.5개의 철자 오류를 허용하고 4시그마는 30페이지당 1개의 철자 오류를 허용하는 반면 6시그마는 소형 도서관의 모든 책에서 1개의 철자 오류만을 허용할 정도로 품질관리를 하여야 한다. DPMO(Defects Per Millions Opportunities)는 백만 번 중에서 실수가 몇 번인지를 나타내는 단위인데 3시그마는 100만 번 중에 약 67,000번, 4시그마는 약 6,000번, 5시그마는 약 230번인 반면 6시그마는 3번이나 4번 정도의 실수만을 허용하도록 품질관리를 하여야 한다.

〈표 7-4〉 6시그마 품질의 의미

Sigma	철자오류 관점	재무적 관점	시간관점	DPMO (Defects Per Million Opportunities)
3σ	한 책에서 한 페이지당 1.5개의 철자오류	10억 달러당 270만 달러의 부채	1세기당 $3\frac{1}{2}$개월	66,807
4σ	한 책에서 30페이지당 1개의 철자오류	10억 달러당 63,000달러의 부채	1세기당 $2\frac{1}{2}$일	6,210
5σ	사전 한 세트에서 1개의 철자오류	10억 달러당 570달러의 부채	1세기당 30분	233
6σ	소형 도서관의 모든 책에서 1개의 철자오류	10억 달러당 2달러의 부채	1세기당 6초	3.4

5.2 6시그마 경영방법

6시그마 품질경영은 품질관리 4단계를 통하여 달성될 수 있다. 1단계는 측정단계로써 측정할 수 없으면 개선이 불가능하다는 철학과 함께 기업별 상황에 맞춰 적절하게 이루어져야 한다. 2단계는 분석단계로써 불량의 원인을 이해하고 찾는 단계이다. 3단계는 개선작업 단계로써 블랙벨트 개념의 전문가 참여와 함께 이슈 중심의 팀을 조직하고 개선작업을 진행하는 단계이다. 블랙벨트 전문가란 태권도의 유단자처럼 6시그마 개념을 잘 이해하고 6시그마를 교육, 지도, 전파하는 역할을 하는 6시그마 전문가를 의미한다. 4단계는 피드백 메커니즘을 통하여 지속적인 품질관리를 수행하는 단계이다.

과거의 품질관리나 품질경영에서는 개선단계만을 중요시하였으나 6시그마 품질관리에서는 기 언급한 4단계 모두를 중요시하여 철저한 품질경영이 이루어져야 한다. 6시그마의 개선활동 영역은 생산/공정 부문에만 관련되는 것이 아니라 사무/영업부문, 연구/개발 부문 등 전 부문에 걸쳐 이루어져야 한다. 연구개발이 잘못되면 아무리 생산/공정에서 무결점 작업을 하더라도 불량품이 나오게 될 것이다.

6시그마 품질경영의 주요 성공요인은 종업원 교육을 잘 시켜서 고용인에 대한 권한위임, 즉 임파워먼트를 실현하고 또한 최고관리자가 직접 6시그마 품질경영에 참여하여 진행상태를 관리하면서 동기부여를 위한 적절한 장려제도를 마련하는 것 등이 중요하다 할 수 있다.

6시그마 품질 관리로 인하여 고품질 제품이 생산될 것이고 이는 순조로운 판매로 이어져 재고가 감소하게 될 것이며 재공품(Work In Process, WIP) 감소와 함께 제품 사이클 타임(Cycle Time)도 감소하게 될 것이다.

〈표 7-5〉는 6시그마와 TQM을 비교하여 나타내고 있다.

〈표 7-5〉 6시그마와 TQM의 비교

항 목	TQM(Total Quality Management)	6시그마
기본개념	글로벌 경쟁을 위한 품질 개선	
통계개념	사용	더 세밀하게 체크
결과와 원인	결과에 초점(결함 줄이기)	원인 찾기(프로세스 개선을 통하여 체계적으로 결함 줄이기)
생산과 설계	생산라인 개선 및 교체(공장관리)	공장프로세스를 새롭게 설계
목표수준	일정정도	극한적 목표(급진/혁명적)
추진조직	기능단위	전체 기업단위의 추진
측 정	상황에 맞게	TQM에 비하여 엄격히 측정

생산관리에서의 품질관리 개념은 지속적으로 변화 발전되어 오고 있다. 과거의 품질통제(Quality Control, QC) 개념에서 전사적 품질관리(Total Quality management, TQM)를 거쳐 6시그마 품질경영 개념까지 발전하였다. TQM과 6시그마를 비교해 보면 글로벌 경쟁을 위한 품질개선 노력이라는 공통점이 있지만 전반적으로 6시그마 개념이 보다 광범위하게 품질관리 노력을 하는 것으로 볼 수 있다. 더 세밀한 측정을 위하여 6시그마가 통계개념을 더 많이 사용한다. TQM은 결과에 초점을 맞추면서 결함을 줄이려고 하지만 6시그마는 결함의 원인을 찾고 그 원인을 제거

하기 위하여 프로세스를 개선하면서 체계적으로 결함을 줄이고자 한다. 제품 결함이 발견되었을 경우 TQM은 생산라인을 개선하거나 교체하는 수준의 조치라면 6시그마는 공장프로세스 설계 자체를 변화시키는 극단적 조치를 취하려는 의지가 필요한 것이다. 6시그마 품질경영은 극한적인 목표를 설정하고 이를 달성하려는 강력한 추진의지를 가져야 성공할 수 있을 것이다. 따라서 추진조직도 전체 기업 단위가 되어야 할 것이다.

6시그마 품질경영을 수행할 기업 역량이 있고 성공적으로 수행할 수 있으면 매우 바람직한 기업 경영전략이 될 수 있다. 그러나 6시그마 품질경영을 위해서는 많은 비용과 노력이 투자되어야 한다. 그래서 모든 기업이 6시그마 품질경영을 해야 하는지에 대해서는 의문의 여지가 있다. 일반적인 기업은 100만 번 중에서 약 6000번 정도의 오류를 허용하는 4시그마 품질경영을 해도 큰 무리는 없을 것이라고 말하기도 한다. 그러나 6시그마 품질을 요구하는 기업들이 있다. 예를 들면 항공회사는 비행사고가 발생하면 그 손실이 매우 크기 때문에 6시그마 개념으로 품질경영을 할 필요가 있다. 6시그마를 도입하든 도입하지 않든 제품품질은 고객이 인정할 수 있는 수준이어야 한다. 항공서비스처럼 6시그마의 품질을 요구하는 제품이나 서비스 제공회사에서는 6시그마 품질경영을 하여야 할 것이고 농산물처럼 어느 정도의 품질오류가 허용되는 제품이라면 굳이 많은 비용을 투자하면서 6시그마 품질경영을 도입할 필요는 없을 것이다.

6시그마 품질경영은 기술도 중요하지만 조직문화와 최고경영층의 의지가 더 중요할 수 있다.

【요   약】

생산관리는 제품이나 서비스를 생산하는 생산기능과 생산의사결정에 관한 분야이다. 제품을 생산할 때 보다 적은 투입으로 보다 많은 산출이 나오게 하는 효율적인 생산을 하면서 고품질의 제품을 만드는 것을 목적으로 한다.

제품이나 서비스는 생산시스템에 의하여 만들어지는데 생산시스템에서의 투입물은 자재, 노동력, 자본, 에너지, 정보 등이 될 수 있고 이러한 투입물은 변환과정을 거쳐서 특정 제품이나 서비스로 산출된다. 제조공장은 대표적인 생산시스템이다. 생산시스템은 제조업체에만 있는 것이 아니라 서비스업에서도 비슷하게 적용되지만 그 차이는 있다. 생산시스템을 잘 관리하기 위하여 먼저 계획을 세운 후 계획에 따라서 실행을 하고 실행결과를 목적과 비교하여 지척도 체크를 하고 다시 계획에 반영하는 순환과정으로 생산시스템을 관리할 수 있다.

제품이나 서비스의 품질이 좋으면 고객이 만족할 것이고 만족한 고객은 재구매욕구가 생길뿐만 아니라 주위의 친한 사람들에게 홍보를 하면서 구매추천을 하게 됨으로써 결과적으로 해당기업의 매출은 증가하게 되는 흐름을 가질 것이다. 과거의 품질관리 개념은 품질요건 충족을 위한 통제의 개념이었던 반면 현재의 품질관리는 고객만족을 위한 최고경영자의 리더십 아래 모든 부문의 구성원들이 고품질 생산을 위하여 노력하는 전사적인 경영활동이라고 할 수 있다. 6시그마는 제품의 불량률을 극단적으로 낮출 수 있게 품질관리를 철저히 하자는 경영철학이다.

【연습문제】

※정오식문제

1. 자동차산업의 생산유형은 전개형생산이고, 예측생산이고, 반복생산이라고 할 수 있다.(   )

2. 6시그마 기법은 모든 기업이 도입해야 한다.(   )

3. 로지스틱스적 생산관리는 정보기술의 발전에 의하여 가능하게 되었다.(   )

4. 서비스업에서의 생산은 구매자가 생산과정에 직접 참여하여 생산의 일부를 수행할 수 있다.(   )

5. 과거의 품질관리는 생산자 중심으로 이루어졌다고 할 수 있다.(   )

※단답식문제

6. (   )은 한 장소에서 다른 장소로 이동시키는 변환으로써 물건을 수송하는 수송업체에서 하는 일들이 그 예이다.

7. 변환시스템의 변환과정에서 5가지 중요한 의사결정 유형은 생산공정, 생산능력, 재고, 노동력, 그리고 (   )이라고 할 수 있다.

【참고문헌】

[1] 고재건, 서비스품질경영론, 제주대학교 출판부, 2005.

[2] 김연성, eMBA-생산관리, 휴넷, 2003.

[3] 김재명, 경영학원론, 박영사, 2001.

[4] 정수영, 신경영학원론, 박영사, 2000.

[5] 조영탁, eMBA, 생생경영학, 휴넷, 2003.

제8장

경영정보시스템

이 장에서는 기업경영 프로세스를 효율화시킬 수 있는 정보시스템 유형과 특징, 기능 등에 대하여 고찰한다. 경영계층별 정보시스템의 유형과 특징, 기능을 살펴보고, 또한 지원업무별 정보시스템과 기능부서를 지원하기 위한 정보시스템의 유형과 특징, 기능을 살펴본다.

1. 경영과 정보기술의 만남

지금까지 우리는 기업 경영에 대한 전반적인 내용을 살펴보았다. 현대에는 기업의 경영환경이 급변하였고 현재에도 변화가 지속되고 있다. 현대 기업들은 그 변화에 대응하고 적응하기 위하여 또한 효율적이고 효과적인 경영활동을 수행함으로써 좋은 성과를 내기 위하여 정보기술이나 정보시스템을 도입하고 이용하는 것이 선택이 아닌 필수가 되었다.

이번 장부터는 기업에서 필요로 하는 정보시스템의 유형들이 어떠한 것들이 있고 그러한 정보시스템들은 어떠한 기능과 특징들을 갖는지 살펴볼 것이다. 이번 장에서는 기업에서 필요한 정보시스템의 유형과 기능, 특징 등을 행동과학적(behavioral) 관점에서 추상적으로 살펴본 후 10장부터 이러한 정보시스템을 실제로 도입하고 구축, 구현하는 데 필요한 기술들을 기초적인 내용을 위주로 살펴볼 것이다.

기업의 정보시스템 전략을 계획하고 실제로 도입, 구축, 활용영역을 전반적으로 관리하는 최고정보담당자(Chief Information Officer, CIO)는 경영에 대한 지식과 함께 정보기술에 대한 지식을 겸비하여 정보시스템에 의한 기업경쟁우위를 확보할 수 있는 기회를 만들 수 있는 전문가이다.

2. 시스템의 개념

기업경영활동에서 이용되는 정보시스템인 경영정보시스템은 시스템의 일종이다. 시스템은 공통된 목표를 달성하기 위해서 상호작용하는 구성요소들의 집합이라고 정의할 수 있다. 시스템의 정의를 구체적으로 살펴보면 첫째, 시스템은 구성요소들의 집합으로써 하나 이상의 요소들로 이루어져야 한다는 것이다. 둘째, 시스템을 구성하는 요소들은 서로 상호작용한다는 것이다. 예를 들어, 텔레비전이나 자동차,

시계 등은 시스템이라고 할 수 있는데 이들은 여러 부품들로 구성되어 있고 각 부품들은 서로 상호작용하면서 각자의 기능을 수행한다. 각 구성요소들이 아무런 관계없이 독립적으로 움직인다면 시스템이라 할 수 없을 것이다. 셋째, 시스템은 목표를 갖고 있고 각 구성요소들은 공통의 목표달성을 위하여 협력한다는 것이다. 시스템 전체의 목표가 있고 각 구성요소들의 목표가 있을 수 있는데 각 구성 요소들의 목표와 시스템의 목표가 잘 부합될 수 있게 만들어져야 할 것이다.

　시스템은 물리적 개념뿐만 아니라 추상적 개념에서도 성립될 수 있다. 기업도 하나의 시스템이다. 기업의 목표가 있을 것이고 기업의 구성요소들은 아주 많다. 기업의 종업원들은 기업시스템의 구성요소라고 할 수 있다. 기업의 목표와 각 종업원들의 목표가 있을 것인데 기업의 목표와 사원들의 목표가 가능한 한 일치되도록 관리되어야 좋은 기업시스템이 되는 것이고 좋은 성과도 나타날 것이다.

　〈그림 8-1〉은 시스템의 모형을 나타내고 있다.

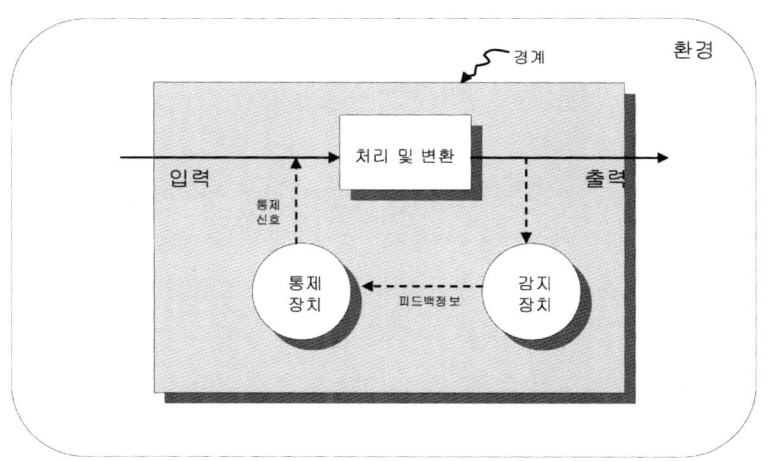

〈그림 8-1〉 시스템의 모형

　시스템의 일반적인 구성요소들은 3가지로 구분하여 볼 수 있다. 첫째는 환경으로부터 입력을 받아서 변환과정을 수행하여 출력을 만들어 내는 처리(변환)요소가 있다. 둘째는 출력결과를 목표 등과 같은 기준치와 비교하여 피드백 정보를 만들어내는 감지장치가 있다. 셋째는 감지장치로부터 만들어진 피드백 정보를 이용하여 입력이나 변환과정 등을 조절하는 통제장치가 있다. 시스템은 환경으로부터 입력 데이터나 정보를 받아들이고 적절하게 반응하여 환경으로 다시 출력을 내보내는 방식으로 환경과 상호작용을 한다.

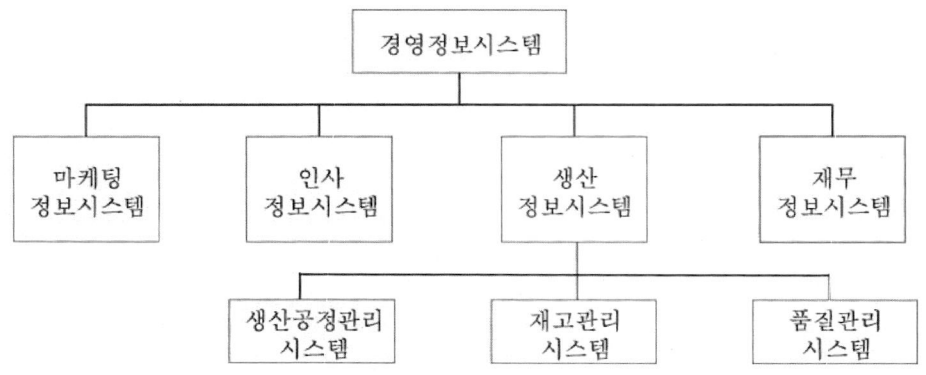

〈그림 8-2〉 경영정보시스템의 기능적 분해

복잡한 시스템은 많은 구성요소들로 이루어지는데 이러한 복잡한 시스템의 구성요소들을 기능별로 또는 특징별로 구분하면서 분해하여 살펴보면 보다 쉽게 이해할 수 있다. 복잡한 시스템을 계층적으로 분해하면 상위시스템(supra system)과 하위시스템(Sub system)으로 나눌 수 있다. 상위시스템은 하위시스템들을 포함하는 개념이고 하위시스템은 상위시스템을 기능이나 특징별로 더 자세하게 분해한 것으로써 하위시스템의 구성요소들은 그 기능이나 특징을 중심으로 응집되어 있다. 예를 들어 경영정보시스템은 기업 경영활동을 지원하는 복잡하고 광범위한 정보시스템이다. 이 경영정보시스템을 기능별로 구분하여 하위시스템들로 분할하면 마케팅 관련 처리를 하는 마케팅정보시스템, 인적자원관리를 주로 지원하는 인사정보 시스템, 재무회계 처리를 주로 지원하는 재무회계정보시스템, 생산정보시스템 등으로 나눌 수 있다. 생산정보시스템을 하위시스템들로 더 분할하여 보면 생산공정관리기능을 제공하는 생산공정관리시스템, 재고관리기능을 제공하는 재고관리시스템, 품질관리기능을 제공하는 품질관리시스템 등으로 나눌 수 있다. 〈그림 8-2〉는 경영정보시스템을 기능적으로 분해한 예를 나타내고 있다.

3. 경영계층별 활동과 정보의 특성

경영정보시스템은 경영계층에 따라 지원하는 정보나 활용방법 등이 다를 수 있다. 경영계층에 따른 경영정보시스템의 기능과 특징을 이해하기 위하여 우선 경영계층별로 어떠한 활동들이 이루어지는지 검토할 필요성이 있다.

일반적으로 기업에서는 기업구성원들을 4계층으로 나누어 각 계층에 해당하는 구성원들은 적절한 역할과 책임을 수행하도록 한다. 기업의 대표나 임원들과 같이 전략계획 계층에 해당하는 구성원들은 조직의 장기적인 계획을 수립하는 경영활동을 수행하는데 예를 들면 신규사업진출에 대한 결정이라든가 기업흡수합병 등과 같은 미래지향적이고 불확실성이 큰 분야에 대한 의사결정을 주로 한다. 부서장이나 팀장등과 같이 관리통제 계층에 속하는 구성원들은 수립된 전략을 실행하는 계획을 세우고 경영활동을 통제하는 활동을 주로 한다. 예를 들면 예산을 수립한다든가 부서별 실적을 평가하는 역할은 관리통제계층에서 주로 한다. 과장이나 대리 등과 같이 운영통제 계층에 속하는 구성원들은 조직의 기본활동이 원활하게 이루어질 수 있도록 통제하는 경영활동을 주로 한다. 예를 들면 종업원들의 근태상황을 관리하면서 종업원들이 성실하게 역할을 수행할 수 있도록 통제하는 활동은 운영통제 계층의 역할이라 할 수 있다. 거래처리 계층의 역할은 조직에의 입력자원을 변환하여 출력자원으로 내보내는 조직의 기본적인 기능을 수행한다. 주문을 받아서 주문내역을 기록을 한 후 내부적인 처리를 해주는 일이라든가 매장에서 제품을 판매하고 판매내역을 기록하는 등의 일을 주로 한다.

경영계층에 따라서 그 역할이 다르므로 그 활동을 위한 필요 정보도 다를 것이다. 〈그림 8-3〉은 경영계층별 필요정보의 특성을 나타내고 있다.

경영계층 / 정보특성	전략계획	관리통제	운영통제	거래처리
정보의 출처	조직외부 ◄·····························► 조직내부			
문제의 유형	비구조적 ◄·····························► 구조적			
범위	넓은 범위 ◄·····························► 한정된 범위			
정보의 출처	요약되어 간결함 ◄·····················► 구체적이고 세밀함			
시간차원	미래지향 ◄·····························► 과거지향			

〈그림 8-3〉 경영계층별 필요정보의 특성

〈그림 8-3〉은 전략계획계층, 관리통제계층, 운영통제계층, 거래처리계층 들 각각이 어떠한 유형의 정보들을 주로 많이 이용하는지를 보여주는 그림이다. 정보의 출처 관점에서 볼 때 상위경영층으로 갈수록 내부정보보다 외부정보를 주로 많이 사용하고 하위경영층으로 갈수록 외부정보보다 내부정보를 주로 많이 사용한다. 전략계획계층은 장기적인 전략수립을 위하여 경쟁자에 관한 정보라든가 국가경제상황, 세계경제상황 등과 같은 외부정보를 내부정보보다 더 많이 사용한다. 〈그림 8-4〉는 관리계층별 내부정보와 외부정보의 비중을 나타내고 있다. 상위경영층이 하위계층에 비하여 외부정보의 사용비중이 상대적으로 높다.

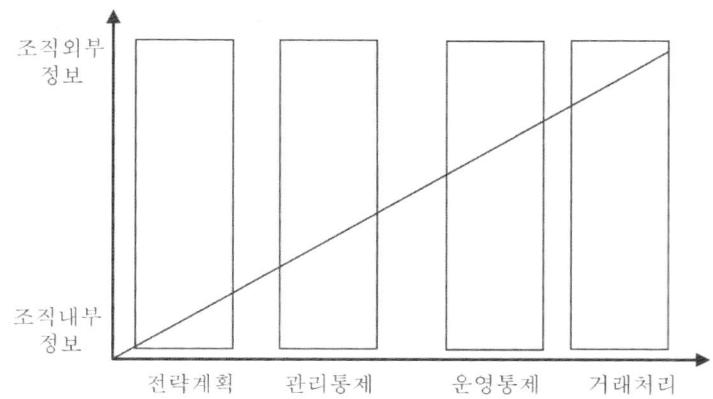

〈그림 8-4〉 관리계층별 외부 및 내부정보의 비중

　정보를 이용하여 처리하여야 할 문제의 유형 관점에서 볼 때 상위경영층에서는 비구조화 문제를 주로 많이 다루는 반면 하위계층으로 갈수록 구조화된 문제를 주로 다룬다. 구조화된 문제는 문제의 해결과정을 명시적으로 기술할 수 있는 문제를 의미한다. 예를 들어 평균을 구하는 문제는 먼저 구성원들의 점수를 모두 합하여 총점을 구하고 다음 단계로 총점에서 구성원의 수를 나누면 된다. 반면 비구조화문제는 문제의 해결과정을 명확하게 기술할 수 없는 문제이다. 예를 들어 기업의 사회적 가치는 기업의 규모와 매출액 등이 어느 정도 영향을 미칠 수 있지만 사회적인 봉사활동 등도 중요할 것이기 때문에 기업의 사회적 가치를 측정하는 것의 기준의 무엇이고 그 기준을 어떻게 적용할지 등을 명확하게 규정하는 것은 어려운 문제이다. 기업의 사회적 가치를 파악하는 문제는 사회적 가치를 측정하기 위한 요소들이 어떤 것들인지 각 요소들의 가중치가 얼마나 될 것인지를 명확하게 기술할 수 없기 때문에 비구조적 문제의 예라고 할 수 있다. 정보의 범위 관점에서 보면 상위경영층으로 갈수록 넓은 범위의 정보를 필요로 할 것이고 하위경영층으로 갈수록 좁은 범위의 정보를 다룰 것이다. 그리고 상위경영층으로 갈수록 종합적인 정보를 주로 필요로 할 것이고 하위경영층으로 갈수록 세부적인 정보를 주로 많이 이용할 것이다. 전략계획 계층에서 기업의 전략을 수립하는 경우 해당기업의 연간 판매실

적의 증가 또는 감소 여부 등에 대한 종합적인 정보가 필요한 반면 거래처리 계층
의 실무자 입장에서는 오늘 하루의 판매현황과 같은 세부적인 정보가 중요할 수 있
다. 시간적인 차원에서도 상위경영층으로 갈수록 미래지향적인 정보처리를 하지만
하위경영층으로 갈수록 과거지향적인 관점에서 정보처리를 한다고 할 수 있다.

4. 경영계층별 정보시스템

경영정보시스템을 경영계층별로 분해해 보면 〈그림 8-5〉와 같이 전략계획을 지
원하는 시스템, 관리통제를 지원하는 시스템, 운영통제를 지원하는 시스템, 거래처
리를 지원하는 시스템으로 나눌 수 있다.

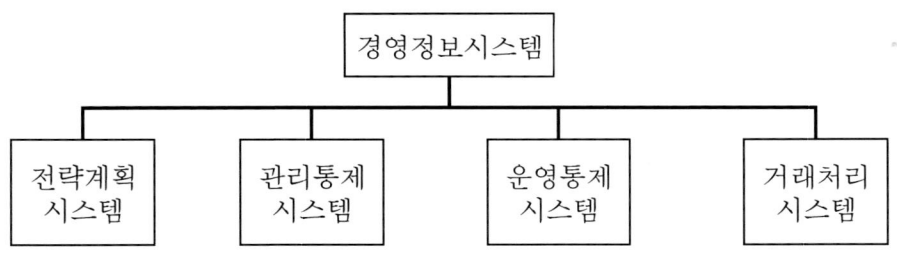

〈그림 8-5〉 경영계층별 경영정보시스템 분해

경영계층별로 구분된 경영정보시스템을 피라미드 형태로 표현해 보면 〈그림 8-6〉
처럼 나타낼 수 있다. 실무자 계층에서는 거래처리시스템, 하위경영층에서는 운영
통제시스템, 중간경영층은 관리통제시스템, 상위경영층은 전략계획시스템을 이용할
것이다. 거래처리시스템은 기업의 일상 업무를 처리하는 데 도움을 주는 시스템으
로써 정보시스템이라기보다는 데이터처리시스템이라고도 할 수 있다. 운영통제활
동, 전술통제활동, 전략계획활동을 지원하는 시스템은 경영관리업무를 지원하는 정

보시스템이라고 볼 수 있다. 거래처리시스템은 주문거래 내역과 판매거래 내역 등의 데이터들을 생성하면서 광범위한 데이터베이스를 형성할 것이다. 거래처리시스템에 의해서 생성된 데이터들을 기반으로 운영통제시스템에서는 운영통제에 유용한 정보를, 관리통제시스템에서는 관리통제에 유용한 정보를, 전략계획시스템에서 전략을 수립하는 데 유용한 정보를 만들 수 있다. 따라서 거래처리시스템은 실무자들의 단순한 업무를 자동화시키는 자동화시스템으로써의 역할도 있지만 다른 경영정보시스템의 원천데이터를 만들어내는 중요한 역할을 하는 것이다. 운영통제시스템이나 관리통제시스템, 전략계획시스템 등은 경영업무와 경영의사결정을 지원하기 위하여 정보 분석을 할 수 있게 하고 고급정보를 생성해주는 기능을 제공한다.

그러나 기업의 실제적인 정보시스템은 경영계층별로 명확하게 구분하여 도입하거나 구축하는 것이 아니고 하나의 정보시스템 안에 거래처리시스템 기능, 운영통제시스템기능, 관리통제시스템 기능, 전략계획시스템 기능들이 혼합되어 포함되어 있을 것이다. 단지, 경영정보시스템을 보다 쉽게 이해하기 위한 수단으로써 경영계층별로 구분하여 이론적으로 살펴보는 것이다.

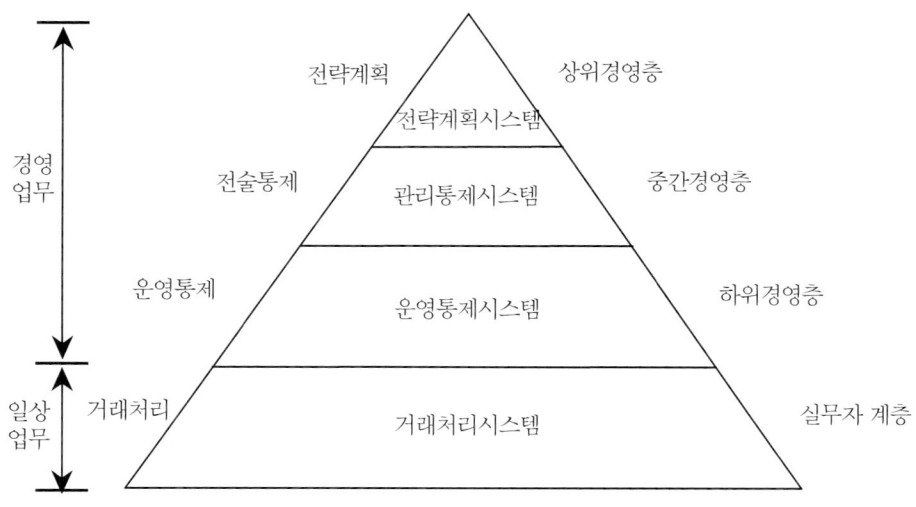

〈그림 8-6〉 경영계층별 정보시스템의 피라미드형태

4.1 거래처리시스템

거래처리시스템(Transaction Processing System, TPS)은 기업조직의 일상적인 거래 활동을 지원하는 역할을 한다. 예를 들어 판매 매장에서 판매 업무를 수행할 때 바코드 인식을 통하여 물품 데이터를 전자적으로 처리함으로써 판매가격 계산을 도와주는 POS(Point of Sale)시스템은 거래처리시스템의 한 예가 될 수 있다. 또한, 피자전문점에서 고객의 전화주문이 들어왔을 때 전화와 연결된 피자정보시스템의 모니터에 고객의 전화번호와 주소뿐만 아니라 지금까지의 주문내역 등의 정보가 나타난다면 효율적인 주문업무처리와 함께 수준 높은 고객서비스가 가능할 것이다. 항공사의 항공예약시스템, 은행의 입출금시스템 등도 거래처리시스템의 한 예이다. 거래처리시스템이 없다면 일상의 기업 활동들이 수작업으로 이루어져야 하고 시간 소모적이고 비효율적인 업무수행이 불가피하게 된다. 예를 들어 판매매장에서 POS시스템이 없다면 판매물품들에 대한 데이터를 사람들이 직접 확인하고 가격들을 계산해야 하기 때문에 판매 효율성이 떨어질 뿐만 아니라 판매자와 소비자 모두가 불편할 것이다. 거래처리시스템은 기업의 일상적이고 반복적인 업무를 자동화함으로써 업무효율화를 달성하고 결과적으로 비용절감을 통하여 기업성과에 기여하게 되는 것이다.

거래처리시스템은 일괄처리 방식과 온라인 방식이 있다. 일괄처리 방식은 처리할 데이터를 모아두었다가 특정 시점, 즉 퇴근시간 후라든가 월말에 한꺼번에 처리하는 시스템이다. 예를 들면, 경리부에서 이용할 봉급계산시스템은 기업 구성원들의 근무데이터를 모아두었다가 한 달에 한 번씩 한꺼번에 일괄적으로 처리하는 일괄처리방식의 거래처리시스템이다. 온라인시스템은 거래 데이터가 발생하는 시점에 입력이 되고 처리가 되는 형태로써 앞서 언급했던 POS시스템, 항공예약시스템, 은행입출금시스템 등이 그 예이다.

4.2 운영통제시스템

운영통제시스템(Operational Control System)은 하위경영계층의 경영관리활동을 지원하는 정보시스템으로써 하위경영층의 일상적인 운영활동에 대한 통제와 관리업무를 지원한다. 운영통제시스템의 역할은 일선 관리자들에게 거래처리 활동 보고서를 제공하거나 특정 거래 데이터에 대한 조회기능과 요약정보를 제공한다. 예를 들어 피자전문점의 피자정보시스템은 주문거래의 처리뿐만 아니라 고객이 주문한 피자배달이 완료되었는지, 주문시점으로부터 주문배달 완료까지의 경과시간은 얼마나 되었는지 등의 정보를 제공함으로써 피자배달 서비스 운영을 효율적으로 수행할 수 있게 도와줄 수 있다. 그러나 운영통제시스템이 처리할 수 있는 문제의 유형은 구조적이고 정형적인 문제로 제한되고 운영정보의 출처도 내부적 데이터에 국한된다.

4.3 관리통제시스템

관리통제시스템(Management Control System)은 최고 경영층에서 개발한 전략계획을 실행하기 위한 전술을 수립하고 주요 경영활동을 관리하고 통제하기 위한 요약정보를 제공하는 정보보고 시스템(Information Report System)이라 할 수 있다. 현대적 의미의 경영정보시스템은 기업경영활동에 필요한 모든 정보시스템을 일컫지만 협의의 경영정보시스템은 과거의 경영정보시스템 개념으로써 관리통제시스템의 개념과 비슷하다.

관리통제 시스템의 주요기능은 통계적 요약, 예외상황의 보고, 정규 및 비정규 보고서, 비교분석, 문제의 조기발견, 일상적인 의사결정, 예측 등의 기능이 있다. 통계적 요약기능은 일일생산현황, 주간판매현황, 월간 근태현황 정보 등 거래처리 데이터 및 운영통제 데이터를 통계적으로 요약하는 기능이다. 예외상황의 보고 기능은 많은 경영정보를 일일이 확인하는 것이 매우 시간소모적인 일이기 때문에 목표치나 예측치와 비교하여 많은 차이가 발생하는 예외적인 부분만을 알려주어 신속한 대응이 가능할 수 있게 해주는 기능이다. 예를 들어 예측했던 비용과 실제 투입된 비용을 비교하여 10% 이상 차이가 난 경영정보 항목에 대해서는 다른 항목과 구분해서 밑줄을 친다든가 다른 색깔로 출력하는 식으로 예외사항을 보고하는 기능이다. 정규 및 비정규 보고서 작성기능에서 정규보고서는 특정 규칙에 따라 정기적으로 만들어지는 보고서를 의미하고 비정규 보고서는 필요할 때 만들어 볼 수 있는 보고서를 의미한다. 관리통제 시스템은 이러한 보고서 작성기능을 지원할 수 있어야 한다. 관리통제시스템은 경영의 성과를 목표치, 과거실적 또는 경쟁자와 비교하여 다양하게 분석해주는 기능을 제공함으로써 문제의 조기발견과 전략의 성공적 수행을 지원할 수 있어야 한다. 관리통제시스템은 중간경영계층의 주별이나 월별 판매계획, 생산계획, 자금계획 등 일상적인 경영의사결정을 지원하기 위한 정보를 제공할 수 있어야 한다. 그리고 투자분석, 판매예측, 자금흐름 예측 등의 예측정보도 제공할 수 있어야 한다.

관리통제시스템에서 관리통제 정보를 만들기 위하여 주로 이용하는 데이터는 거래처리시스템에서 생성한 데이터와 비교분석에 이용될 목표치나 표준치 등일 것이다.

4.4 전략계획시스템

전략계획시스템은 상위경영계층의 경영관리활동을 지원하기 위한 전략정보시스템으로써 조직의 목표를 설정하고 장기적인 전략을 수립하는 활동을 지원한다. 기업의 전략계획은 비구조적인 문제에 해당하므로 전략계획시스템은 비구조적인 문제의 해결을 위한 의사결정 지원에 초점을 맞추어 계량적인 분석보다는 직관 등에 의한 적합한 판단을 지원하기 위한 정보를 제공한다. 이러한 전략정보시스템은 환경변화의 예측모형, 기업의 내부능력을 평가하는 모형, 기업이 가지고 있는 자원을 요약 보고하는 기능, 경영자들의 경영활동을 조회하는 기능 등을 제공함으로써 해당기업의 기회요인 및 위협요인 분석, 기업의 강·약점 분석, 기업의 방향설정 등을 가능하게 하여야 한다.

전략계획시스템의 대표적인 예로써 중역정보시스템(Executive Information System)을 들 수 있다. 항공기 조종사 앞의 계기판은 매우 복잡해보이지만 그 계기판만을 잘 판독할 수 있는 능력이 있다면 항공기의 모든 상황을 한눈에 파악하면서 원하는 목적지에 무사히 도달할 수 있다. 중역정보시스템도 항공기 계기판처럼 기업의 CEO가 해당기업의 경영상황을 한눈에 쉽게 파악하면서 기업의 비전과 목표에 도달할 수 있는 전략을 수립할 수 있는 효과적인 정보를 제공하는 것을 목표로 한다.

전략계획시스템은 기업의 최고 경영층이 전략계획을 수립하는 데 필요한 정보를 제공하는 관점뿐만 아니라 해당기업의 경쟁사에 대해서 경쟁우위를 제공해 줄 수 있는 정보시스템의 의미로 이해되기도 한다. 예를 들면 카메라를 제조하는 코닥사는 경쟁사보다 신속한 제품개발을 통한 경쟁우위 확보를 위하여 설계자동화시스템인 CAD(Computer Aided Design)시스템을 도입하여 실제로 일본의 경쟁기업보다 더 빨리 고품질의 신제품을 출시한 예가 있다. 이때 CAD시스템은 코닥사의 전략계획시스템이 될 수 있을 것이다.

5. 지원시스템별 경영정보시스템

앞에서는 경영정보시스템을 분해할 기준으로써 그 경영정보시스템을 사용할 경영계층을 사용하였지만 경영계층을 조금 더 세분화시킨 개념인 지원업무를 기준으로 〈그림 8-7〉처럼 분해할 수도 있다.

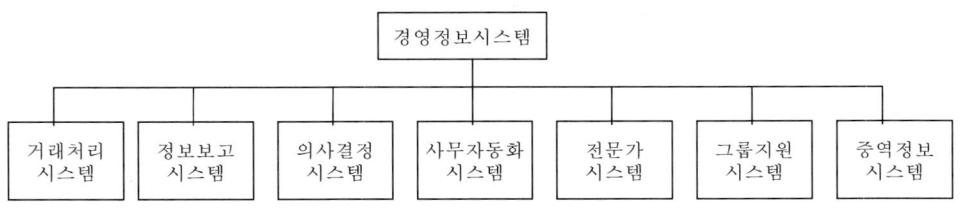

〈그림 8-7〉 지원업무별 경영정보시스템의 분해

경영계층별 분해에서와 만찬가지로 거래처리시스템(Transaction Processing System, TPS)은 실무자들의 일상적인 반복 업무를 지원하는 시스템을 의미한다. 정보보고시스템(Information Reporting System, IRS)은 중하위 경영층에게 요약정보를 제공함으로써 관리 업무를 지원하는 시스템이다. 거래처리시스템과 정보보고시스템은 문제의 처리과정을 명시적으로 기술할 수 있는 구조적이고 정형적인 문제의 해결을 지원하는 반면 의사결정지원시스템(Decision Support System, DSS)은 반구조적인 문제에 대한 의사결정지원을 주 목적으로 한다. 반구조적인 문제는 구조적 문제와 반구조적 문제의 특징을 모두 갖는 문제를 의미한다. 예를 들어 인사고과 처리는 반구조적 문제의 예라고 할 수 있다. 인사고과를 매길 때 개인 업적 등의 정량적인 평가와 근무태도 등과 같은 정성적인 평가를 병행하여야 한다. 정량적 평가 부분은 그 처리과정을 명시할 수 있어서 정보시스템에 의한 정보제공이 가능하지만 근무태도, 개인자질 등과 같은 정성적 평가부분은 비정형적인 문제로써 정보시스템에 의한 처리가 어렵다. 반구조적인 문제는 중간경영층과 최고경영층이 주로 직면하는 문제의 유형이므로 의사결정지원시스템은 중간경영층과 최고경영층을 주로 지원하는 정보시스템이라고도 할 수 있다.

사무자동화시스템(Office Automation System, OAS)은 사무 업무를 수행하는 사람들의 업무생산성을 높여주기 위한 시스템으로써 거래처리시스템과 비슷한 개념이지만 사무업무에 초점을 맞추었다는 차이점이 있다. 워드프로세서(Word Processor), 스프레드쉬트(Spread Sheet), E-mail시스템 등은 사무자동화시스템의 예로써 이 시스템은 실무자로부터 최고경영층까지 모든 계층이 필요로 하는 시스템이라고 할 수 있다.

전문가시스템(Expert System, ES)은 전문적인 지식을 보유하여 해당 분야의 전문적 업무를 수행하는 지식근로자들을 지원하는 정보시스템이다. 예를 들어 병원에서 의사의 진료처방을 지원하는 정보시스템은 전문가시스템의 예이다. 질병의 증상을 의료전문가시스템에 입력하면 그에 대한 질병유형과 처방에 대한 정보를 제공하지만 이를 참고하여 최종적인 진단과 처방은 의사가 결정한다. 의료전문가시스템은 의사의 진료행위를 보조하는 역할을 하는 것이다. 전문가시스템은 인공지능(Artificial Intelligence) 기술에 의하여 만들어진 일종의 의사결정지원시스템이라고 할 수 있다.

그룹지원시스템(Group Support System, GSS)은 그룹의 협동업무를 지원하기 위한 정보시스템으로써 그룹웨어(Group Ware)가 그 대표적인 예가 된다. 그룹웨어는 전자결재기능, e-메일기능, 공지사항 전달, 메신저 등 다양한 기능을 제공한다. 그룹웨어를 사용하는 가장 큰 목적 중의 하나인 전자결재 기능은 출장 중에도 노트북 등을 통하여 그룹웨어에 접근할 수 만 있으면 원격결재가 가능하여 신속하고 효율적인 업무처리를 가능하게 한다. 메신저 기능은 사내의 구성원들끼리 실시간 의사교환을 가능하게 함으로써 협동업무처리를 효율적이고 효과적으로 수행할 수 있게 한다. 중역정보시스템(Executive Information System, EIS)은 앞에서도 언급한 바와 같이 최고경영층이 기업의 경영현황을 한눈에 파악할 수 있게 하면서 새로운 전략수립을 지원하는 역할을 한다.

기업의 경영정보시스템은 기업의 경영활동을 지원하는 정보시스템일 것이라는 막연한 개념을 보다 명확히 하기 위하여 경영계층별로 또는 지원업무별로 경영정보시스템을 분해해서 살펴보면 추상적이었던 경영정보시스템의 기능을 보다 구체적으로 이해할 수 있다. 지원업무별로 분해된 지원시스템들 사이의 연관관계를 파악하면 기업의 경영정보시스템을 더 잘 이해할 수 있다. 〈그림 8-8〉은 지원시스템 간의 연관관계를 나타내고 있다.

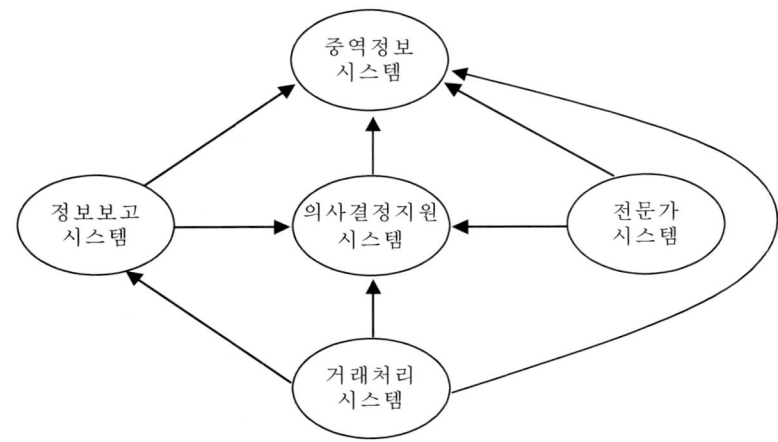

〈그림 8-8〉 지원시스템 간의 연관관계

〈그림 8-8〉에서 볼 수 있듯이 거래처리시스템은 다른 지원시스템들이 이용할 원천데이터를 생성해주는 시스템으로써 경영정보시스템의 기반이라 할 수 있다. 정보보고시스템이 요약정보를 생성하기 위해서는 거래처리시스템이 생성한 기업거래내역 데이터가 필요하다. 의사결정지원시스템도 반구조적 문제처리를 위한 의사결정지원 정보를 생성하기 위해서는 거래처리시스템이 생성한 기업거래활동 결과를 나타내는 데이터를 필요로 한다. 중역정보시스템에서 기업의 전반적인 경영현황을 한눈에 파악할 수 있도록 하는 정보를 생성할 때에도 거래처리시스템에서 생성한 데이터를 필요로 한다. 의사결정지원시스템은 의사결정지원용 정보를 생성하기 위하여 정보보고시스템에서 생성한 요약정보를 이용할 수도 있고 전문가시스템의 추론정보를 이용할 수도 있다. 중역정보시스템은 의사결정지원시스템이 생성하는 정보를 이용하여 기업의 경영현황 정보를 제공하기도 한다. 따라서 거래처리시스템과 정보보고시스템, 의사결정지원시스템, 중역정보시스템 등은 논리적으로는 별개의 기능을 제공하지만 물리적으로는 하나의 경영정보시스템 안에 포함될 수도 있다.

지원업무별로 구분한 정보시스템들 사이의 연관성은 단계적이고 체계적으로 이러한 정보시스템들을 도입하고 구축할 필요가 있음을 말한다. 물론 이러한 시스템들을 한꺼번에 도입하고 구축하면 바람직하겠지만 여의치 않을 경우 거래처리시스템을 먼저 도입하고 그 다음에 정보보고시스템, 의사결정지원시스템, 전문가시스템, 중역정보시스템을 도입하는 순서로 도입전략을 수립할 수도 있겠다.

6. 기능별 경영정보시스템

제조업에 속하는 기업조직의 부서들을 수행 기능에 따라 나누어보면 생산부, 마케팅부, 물류부, 재무·회계부, 인사부, 연구개발 등으로 구분할 수 있다. 경영정보시스템도 기업조직의 각 기능부서들을 지원할 용도에 따라 기능별로 분류할 수 있다. 달리 말하면 기업조직의 기능부서별로 어떠한 정보시스템이 필요한지 살펴볼 필요가 있다. 〈그림 8-9〉는 기업조직의 기능적 측면에서 경영정보시스템을 분해한 내용을 나타내고 있다.

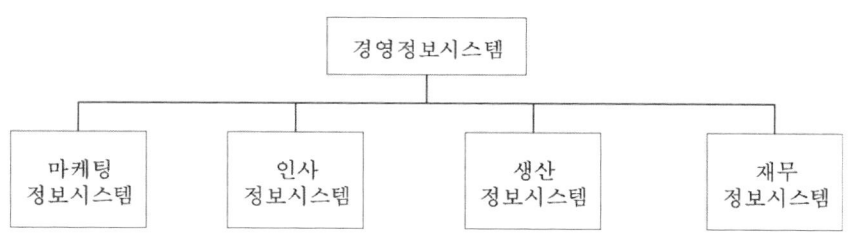

〈그림 8-9〉 경영정보시스템의 기능별 분류

〈그림 8-9〉와 같이 마케팅부서의 기능 업무를 지원하기 위한 마케팅정보시스템, 생산부의 기능 업무를 지원하기 위한 생산정보시스템, 재무부의 기능 업무를 지원하기 위한 재무정보시스템, 인사부의 기능 업무를 지원하기 위한 인적자원정보시스템 등으로 경영정보시스템을 기능에 따라 구분할 수 있다.

6.1 마케팅정보시스템

마케팅정보시스템은 기업의 판매 및 마케팅에 관련된 정보를 체계적이고도 규칙적으로 수집하고 처리하여 보관하였다가 필요로 하는 사람들에게 원하는 형태로 제공할 수 있어야 한다. 마케팅 부서를 지원하는 마케팅 정보시스템의 주요기능은 판매예측, 판매관리, 주문처리, 마케팅조사, 마케팅관리, 광고 및 판매촉진 업무 등을 지원할 수 있어야 한다.

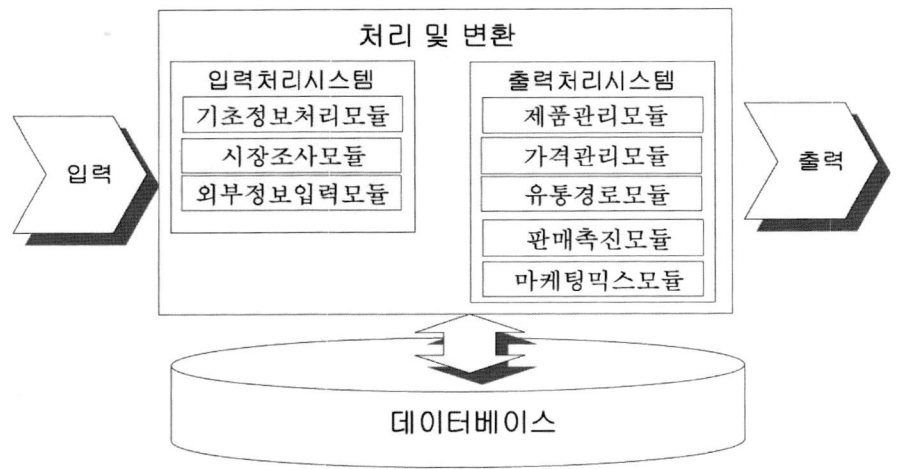

- 기업의 판매 및 마케팅에 관련된 정보를 체계적이고도 규칙적으로 수집하고 처리하여 보관하였다가 필요로 하는 사람들에게 원하는 형태로 제공

〈그림 8-10〉 마케팅정보시스템의 구조

〈그림 8-10〉은 마케팅정보시스템의 구조를 나타내고 있다. 이 그림은 마케팅정보시스템이 본연의 기능을 수행하기 위하여 필요할 것 같은 구성요소들을 나타내고 있다. 현장에서 이용되는 실질적인 마케팅정보시스템은 그림의 내용과 일치하지 않을 수 있다.

마케팅정보시스템은 여러 구성요소들로 이루어지는데, 크게 입력처리시스템과 출력처리시스템으로 나눌 수 있다. 입력처리시스템은 기초정보처리모듈, 시장조사모듈, 외부정보입력모듈 등의 하위시스템으로 나누어진다. 출력처리시스템은 제품정보를 제공하는 제품관리모듈, 가격정보를 제공하는 가격관리모듈, 효율적 유통경로를 제공하는 유통경로모듈, 판매촉진모듈, 마케팅믹스모듈 등의 하위시스템으로 이루어진다. 여기서 모듈(module)은 구성부품 또는 조립단위를 의미한다.

입력데이터가 들어오면 입력처리시스템의 하위시스템들에 의해서 데이터베이스상에 저장된다. 데이터베이스는 데이터 파일들이 모여 있는 저장 공간이다. 마케팅관련 기초데이터와 시장조사 데이터, 마케팅관련 외부정보 등이 입력처리시스템을 통하여 데이터베이스상에 저장될 것이다. 출력처리시스템은 데이터베이스상의 데이터들을 처리하여 마케팅 관리자가 필요로 하는 제품정보, 가격정보, 유통정보 등을 생성·제공한다.

마케팅정보시스템의 입력처리시스템의 하위시스템인 기초정보처리모듈은 주문·판매활동에 관한 거래데이터를 수집하고 데이터베이스상에 보관하거나 기초적인 통계처리를 통하여 제품별 판매현황이나 월별 판매현황과 같은 요약보고서를 작성하는 기능을 한다. 기초정보처리모듈은 마케팅관리자들이 필요할 때 수시로 마케팅관련 정보를 조회할 수 있는 기능을 제공한다. 기초정보처리모듈은 앞에서 살펴보았던 거래처리시스템이나 정보보고시스템에서의 마케팅 관련 기능을 갖는다고 할 수 있다.

입력처리시스템의 또 다른 하위시스템인 시장조사모듈은 고객의 특성, 제품의 선호도 등 고객과 제품에 대한 자료를 수집하고 데이터베이스상에 저장하는 기능을 제공한다. 주문·판매활동과 같은 직접적인 영업활동 데이터 이외에 고객의 특성과 제품 선호도 등과 관련된 추가적인 데이터를 수집하여 추후 마케팅 분석에 활용하고자 하는 것이다. 외부정보입력모듈은 해당기업의 경쟁사, 경쟁제품 등의 정보를 수집하여 데이터베이스상에 저장하는 기능을 제공한다.

마케팅정보시스템의 출력처리시스템의 하위시스템인 제품관리모듈은 기업이 고객에게 제공하는 제품에 관한 정보를 제공한다. 제품 수명주기와 관련한 합리적인 의사결정을 지원하기 위하여 제품관리모듈을 이용할 수 있다. 가격관리모듈은 제품가격을 결정하는 데 이용될 수 있는 정보를 제공할 수 있어야 한다. 제품가격을 결정하는 방법은 원가에 일정한 마진을 추가하는 형태일 수도 있고 수요공급관계에 의하여 결정될 수도 있으므로 이런 것과 관련된 정보가 제공되어야 할 것이다. 유통경로모듈은 제품을 소비자에게 최소비용으로 전달할 수 있는 유통경로를 제공하는 것처럼 제품이 소비자에게 전달되는 과정을 다루는 기능이 있어야 할 것이다. 판매촉진모듈은 광고, 캠페인활동, 영업활동 등 판매촉진에 관한 정보를 제공할 수 있어야 할 것이다. 그러나 마케팅의 판매촉진 분야는 타 분야에 비하여 정보시스템이 지원하기 어려울 수 있다. 예를 들면 광고의 경우 많은 창의성을 요구하는 분야이기 때문에 컴퓨터에 의한 창의적인 지원은 한계가 있을 것이기 때문이다. 마케팅믹스모듈은 제품, 가격, 유통, 판매촉진 정보들을 통합하여 마케팅전략을 수립하는 데 도움을 주는 정보를 제공할 수 있어야 할 것이다.

6.2 생산정보시스템

생산정보시스템은 공급업자로부터 원자재나 부품을 공급받아 제조공정을 거쳐서 제품으로 변환시키고 판매를 위해서 출하될 때까지의 경영활동을 지원하는 정보시스템이다. 또한 생산계획을 세우고 생산과정에서 발생한 자료를 수집·관리하며 재고관리 및 원가관리를 지원하기 위한 기능도 제공한다. 결과적으로 고품질의 제품을 저렴한 비용으로 생산하는 것을 지원하기 위한 정보시스템이라고 할 수 있다. 생산정보시스템의 주요 기능은 CAD/CAM(Computer Aided Design/Computer Aided Manufacturing), CAE(Computer Aided Engineering), 공정제어 등의 생산자동화 기능, 자재소요계획 수립 지원 기능, 원자재 및 부품의 구매 관리업무, 재고관리업무 등을 지원하는 것이다. 공장자동화시스템도 생산정보시스템에 포함될 수 있지만 여기서는 주로 생산계획을 세우고 생산과정에서 발생하는 자료를 수집,

관리하며 재고관리와 원가관리를 지원하는 부분으로 축소시켜 다루기로 한다.

〈그림 8-11〉은 생산정보시스템의 구조를 나타내고 있다. 이 그림은 생산정보시스템이 본연의 기능을 수행하기 위하여 필요할 것 같은 구성요소들을 나타내고 있다. 현장에서 이용되는 실질적인 생산정보시스템은 그림의 내용과 일치하지 않을 수 있다.

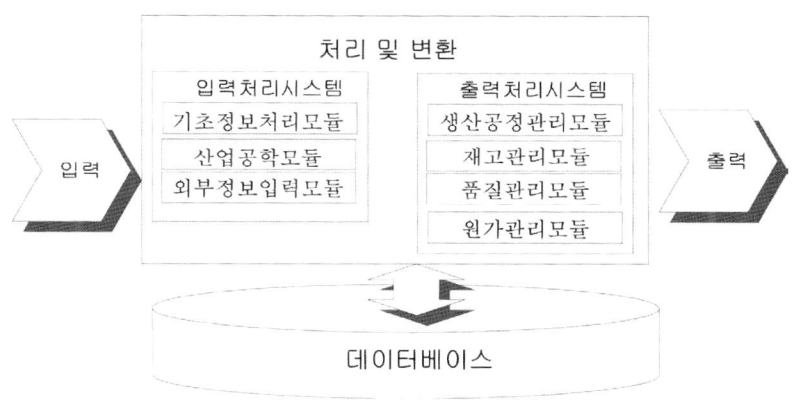

〈그림 8-11〉 생산정보시스템의 구조

생산정보시스템은 여러 구성요소들로 이루어지는데, 크게 입력처리시스템과 출력처리시스템으로 나눌 수 있다. 입력처리시스템은 기초정보처리모듈, 산업공학모듈, 외부정보입력모듈 등의 하위시스템으로 나누어진다. 출력처리시스템은 생산공정을 효율적으로 관리하기 위한 정보를 제공하는 생산공정관리모듈, 재고관리 정보를 제공하는 재고관리모듈, 품질관리 정보를 제공하는 품질관리모듈, 원가관리모듈 등의 하위시스템으로 이루어진다.

생산정보시스템의 입력처리시스템의 하위시스템인 기초정보처리모듈은 원자재의 입고로부터 시작하여 완제품 출하까지의 모든 주요 활동에 관한 자료를 수집하고 데이터베이스상에 저장하며, 이러한 데이터들에 대한 기초적인 통계처리를 통하여 자재의 흐름, 기계의 사용현황, 작업자의 투입시간 등 생산활동에 대한 기본 정보를 제공한다.

입력처리시스템의 또 다른 하위시스템인 산업공학모듈은 생산공정을 최적화시키기 위하여 필요한 자료들과 생산표준 자료 등을 수집하고 데이터베이스에 저장한다. 외부정보입력모듈은 원자재의 공급자에 대한 정보, 외부 생산근로자의 노동시간 등의 정보를 수집하여 데이터베이스상에 저장하는 기능을 제공한다.

생산정보시스템의 출력처리시스템의 하위시스템인 생산공정관리모듈은 생산작업의 흐름을 생산공정별로 추적하면서 측정하고 관리할 수 있는 정보를 제공한다. 재고관리모듈은 원자재 및 부품, 제조공정을 거쳐서 생산된 반제품, 생산이 완료된 완제품의 수량을 측정하고 관리하기 위한 정보를 제공한다. 많은 재고를 보유하고 있으면 갑작스런 주문 수요에 유연하게 대처할 수 있지만 재고관리비용이 증가되는 부담이 생기기 때문에 적정 수준의 재고를 유지하는 것은 기업성과를 향상시키기 위한 중요한 사항이다. 재고관리모듈은 적정 수준의 재고를 유지하기 위하여 필요한 의사결정 정보를 제공한다. 품질관리시스템은 입고된 원자재 및 부품의 품질확인과 생산공정단계 별 품질상태 확인 그리고 제품이 출하되기 직전까지의 완제품 품질에 관한 정보를 제공한다. 원가관리모듈은 원자재와 부품, 인건비등의 비용과 관련된 정보를 측정하고 관리하기 위한 정보를 제공한다.

6.3 재무정보시스템

재무정보시스템은 기업에서 자금 흐름과 관련된 활동을 지원하는 정보시스템이다. 재무정보시스템의 주요기능은 자본예산, 자금관리, 신용관리, 재무예측, 재무성과분석 등의 활동을 지원할 수 있어야 한다.

〈그림 8-12〉는 재무정보시스템의 구조를 나타내고 있다. 이 그림은 재무정보시스템이 본연의 기능을 수행하기 위하여 필요할 것 같은 구성요소들을 나타내고 있다. 현장에서 이용되는 실질적인 재무정보시스템은 그림의 내용과 일치하지 않을 수 있다.

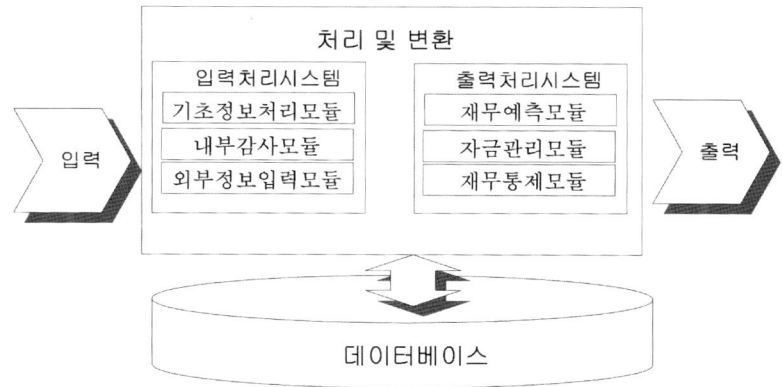

〈그림 8-12〉 재무정보시스템의 구조

　재무정보시스템도 재무관련 데이터의 입력처리기능을 통하여 재무 데이터베이스를 구축하고 축적된 데이터베이스에 기반해서 재무관리자가 필요로 하는 정보를 출력시켜주는 기능들이 있다. 입력처리기능을 제공하는 입력처리시스템의 하위시스템으로는 기초정보처리모듈, 내부감사모듈, 외부정보입력모듈 등이 있고 출력처리기능을 제공하는 출력처리시스템의 하위시스템으로는 재무예측모듈, 자금관리모듈, 재무통제모듈 등이 있다.

　기초정보처리모듈은 각 부서에서 발생한 회계 데이터, 자금 관련된 데이터를 입력하고 데이터베이스상에 보관하는 기능을 한다. 내부감사모듈은 입력 관련된 기능과 함께 다른 특수한 목적을 갖는다. 재무회계 관리활동을 분석하는 기능, 회계기록의 적정성 여부를 감사하는 업무의 지원, 재무회계 업무절차의 효율성 검증을 하는 업무의 지원 기능 등을 갖는다. 외부정보입력모듈은 재무회계와 관련된 외부자료를 수집하고 데이터베이스상에 입력하는 것을 지원하는 기능이다.

　재무예측모듈은 자본예산을 수립하는 활동과 기업의 장기계획을 기초로 기업의 자금수요를 예측하는 활동을 지원하기 위한 정보를 제공할 수 있어야 한다. 자금관리모듈은 기업의 장·단기적인 자금흐름을 분석하는 활동을 지원하고 관련 정보를 제공할 수 있어야 한다. 재무통제모듈은 재무계획과 실제 집행액을 비교해서

비용통제 정보를 제공할 수 있어야 하고 또한 기업의 재무상태에 관한 정보를 제공할 수 있어야 한다.

6.4 인적자원정보시스템

인적자원정보시스템은 기업의 인적자원 관리활동을 지원할 수 있어야 한다. 인적자원정보시스템의 주요 기능은 인적자원에 대한 경력관리, 교육훈련, 보상관리, 후생복지 활동 등을 지원할 수 있어야 하며 노무분석이나 최적의 인력배치를 위한 전략적 인력계획인 스태핑(staffing) 활동도 지원할 수 있어야 한다.

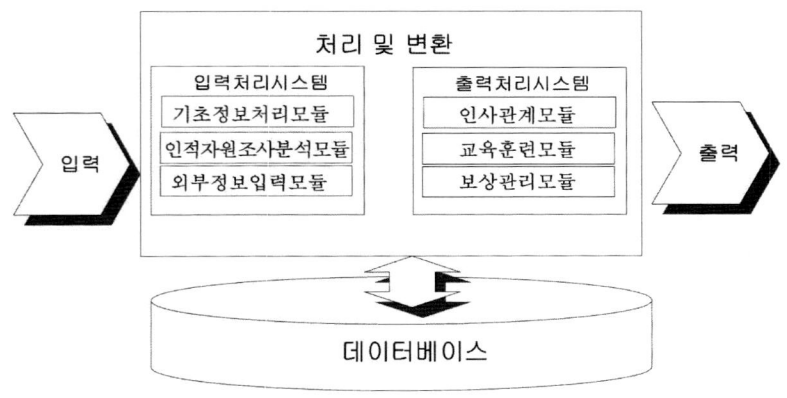

〈그림 8-13〉 인적자원정보시스템의 구조

〈그림 8-13〉은 인적자원정보시스템의 구조를 나타내고 있다. 이 그림은 인적자원정보시스템이 본연의 기능을 수행하기 위하여 필요할 것 같은 구성요소들을 나타내고 있다. 현장에서 이용되는 실질적인 인적자원정보시스템은 그림의 내용과 일치하지 않을 수 있다.

인적자원정보시스템도 인적자원 관련 데이터의 입력처리기능을 통하여 인적자원 데이터베이스를 구축하고 축적된 데이터베이스에 기반해서 인적자원관리자가 필요로 하는 정보를 출력시켜주는 기능들이 있다. 입력처리기능을 제공하는 입력처리시스템의 하위시스템으로는 기초정보처리모듈, 인적자원조사분석모듈, 외부정보입력모듈 등이 있고 출력처리기능을 제공하는 출력처리시스템의 하위시스템으로는 인사관계모듈, 교육훈련모듈, 보상관리모듈 등이 있다.

기초정보처리모듈은 기업 구성원의 학력, 경력 등 인적자원 관련 데이터와 채용, 승진, 인력배치, 퇴직 등의 인사 발령 사항, 또는 작업 시간, 급여데이터 등을 데이터베이스상에 입력할 수 있게 지원하고 간단한 통계분석 정보를 제공할 수 있어야 한다. 인적자원 관련 데이터는 이름, 학력, 경력, 가족사항 등 비교적 영구적 성격을 가지는 인적사항 데이터와 인적자원의 시간당 임율, 월급여, 소득세 등 수시로 바뀌는 특징을 갖는 회계 데이터가 있다. 인적자원조사분석모듈은 조직의 직무를 과학적으로 분석하고 개인의 인사고과를 평가하는 활동과 데이터베이스상에 입력하는 활동을 지원할 수 있어야 한다. 또한 직무분석, 직무평가, 충원분석, 고충조사 활동과 이러한 활동의 결과로 수집된 데이터를 데이터베이스상에 입력하는 활동을 지원할 수 있어야 한다. 외부정보입력모듈은 인적자원에 관한 외부정보를 수집하고 관리하기 위한 시스템이라 할 수 있다.

출력처리시스템의 하위시스템인 인사관계모듈은 인사 대상이 되는 사람들에 대한 정보를 제공할 수 있어야 하고 기업 인력의 계획 및 인력현황에 대한 정보를 제공할 수 있어야 한다. 교육훈련모듈은 교육대상 인원과 교육훈련 프로그램 등에 대한 정보를 제공할 수 있어야 한다. 보상관리모듈은 종업원의 보상에 대한 정보를 제공할 수 있어야 한다.

7. 경영계층과 기능별 정보시스템의 매트릭스모형

지금까지 경영계층별 정보시스템 유형과 기능별 정보시스템 유형을 살펴보았다. 이러한 다양한 정보시스템 유형들을 〈그림 8-14〉처럼 통합적인 매트릭스 모형으로 나타낼 수 있다.

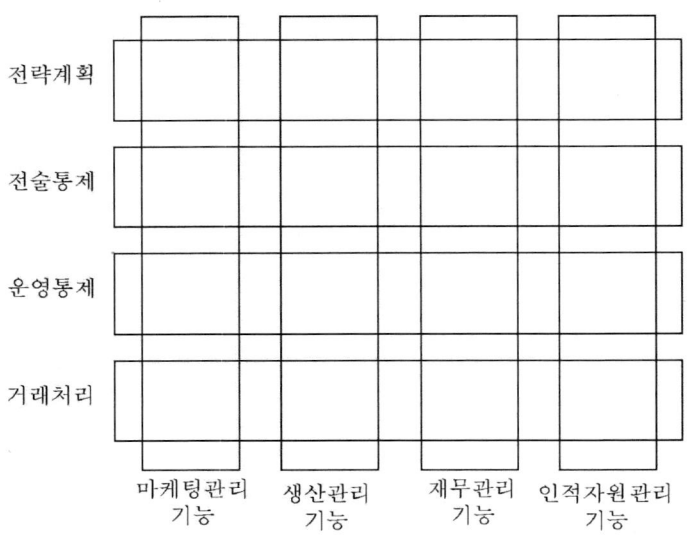

〈그림 8-14〉 경영계층과 기능별 정보시스템의 매트릭스모형

매트릭스모형에서 각 기능별 정보시스템은 실무자가 필요한 기능, 중간경영층이 필요로 하는 기능, 최고경영층이 필요로 하는 기능을 지원할 수 있어야 한다. 마케팅정보시스템의 경우 실무자의 판매활동을 지원할 수 있어야 하고 또한 최고경영층의 마케팅전략을 수립하는 활동도 지원할 수 있어야 할 것이다.

기능별 정보시스템들은 서로 명확하게 분리되어 독립적으로 작동하는 것보다는 서로 연관되면서 의존적으로 작동하는 측면이 더 효율적이고 현실적이다. 예를 들면 기업의 가치사슬 모형에서도 살펴보았다시피, 본원적 활동으로써 생산활동, 마케팅활동 등이 있었고 지원활동으로써 회계·재무 활동, 인적자원관리활동 등이 있었다. 이때 회계·재무 활동은 인적자원관리활동, 생산활동, 마케팅활동 등에 공통적으로 적용된다. 결국 기능별 정보시스템들은 서로 연결될 수 있게 구축되는 것이 바람직스러울 것이다.

기능별 정보시스템이나 계층별정보시스템이 서로 연관될 수 있게 통합하는 방안으로써 가장 단순한 방법은 공통 데이터베이스를 이용하는 것이다. 마케팅 관련 데이터, 생산 데이터, 회계·재무 데이터 등을 공통의 데이터베이스에 담고 필요할 때 서로 이용할 수 있게 하면 된다.

공통 데이터베이스를 이용하여 기능별 정보시스템들의 수평적 통합을 실현할 수 있고 또한 계층별 정보시스템의 수직적 통합을 구현할 수 있다. 수평적 통합은 각 기능별 정보시스템들이 공통 데이터베이스를 이용하여 서로 데이터를 공유하는 방식으로 이루어질 것이다. 수직적 통합도 역시 공통 데이터베이스상의 거래 데이터를 가공 처리하여 중간경영층에서 필요로 하는 요약 데이터를 생성하고 이 요약데이터는 다시 공통 데이터베이스상에 저장된다. 공통 데이터베이스상의 거래 데이터와 요약 데이터는 다시 가공 처리되어 상위 경영층에서 요구하는 다차원 요약 데이터를 생성하는 데 이용된다.

【요 약】

　기업경영활동에서 이용되는 정보시스템인 경영정보시스템은 시스템의 일종이다. 시스템은 공통된 목표를 달성하기 위해서 상호작용하는 구성요소들의 집합이라고 정의할 수 있다. 경영정보시스템의 개념을 좀 더 잘 이해하기 위하여 경영정보시스템의 유형과 각 유형별 특성 등을 이해할 필요가 있다.

　경영정보시스템은 경영계층에 따라 지원하는 정보나 활용방법 등이 다를 수 있다. 경영계층에 따른 경영정보시스템을 분류해보면 전략계획시스템, 관리통제시스템, 운영통제시스템, 거래처리시스템으로 나눌 수 있다.

　경영계층을 조금 더 세분화시킨 개념인 지원업무를 기준으로 경영정보시스템을 분류해보면 거래처리시스템, 정보보고시스템, 의사결정지원시스템, 사무자동화시스템, 그룹지원시스템, 중역정보시스템으로 나눌 수 있다.

　경영정보시스템을 기업조직의 각 기능부서들을 지원할 용도에 따라 기능별로 분류해보면 마케팅정보시스템, 생산정보시스템, 인적자원관리시스템, 재무정보시스템 등으로 구분할 수 있다.

　기능별 정보시스템들이나 계층별 정보시스템들은 서로 명확하게 분리되어 독립적으로 작동하는 것보다는 서로 연관되면서 의존적으로 작동하는 측면이 더 효율적이고 현실적이다. 기능별 정보시스템이나 계층별정보시스템이 서로 연관될 수 있게 통합하는 방안으로써 가장 단순한 방법은 공통 데이터베이스를 이용하면서 매트리스모형으로 그 기능들을 지원할 수 있게 하는 것이 바람직할 것이다.

【연습문제】

※정오식문제

1. 인터넷 쇼핑몰은 거래처리시스템이다.(   )

2. TPS는 자동화 성격이 있기 때문에 EIS보다 중요하지 않다.(   )

3. 협의의 MIS는 IRS라고도 할 수 있다.(   )

4. 피자집에서 주문처리 상황을 조회해 볼 수 있는 기능은 운용통제시스템 기능이라고 할 수 있다.(   )

5. 택배회사에서 고객들로 하여금 배달물품의 현재 상황을 조회해 볼 수 있도록 하여 타 경쟁회사와 차별화시킬 수 있다면 이것은 전략정보시스템이라고 할 수 있다.(   )

※단답식문제

6. 관리통제시스템의 주요 기능 중에서 관리자들을 정보의 과부하로부터 보호하기 위하여 필요한 기능은 (   )기능이다.

7. (   )모형에 의하면 각 기능별 정보시스템은 실무자가 필요한 기능, 중간경영층이 필요로하는 기능, 최고경영층이 필요로 하는 기능을 지원할 수 있어야 한다.

【참고문헌】

[1] 권순범·이재규, 경영정보시스템원론, 법영사, 2004.

[2] 김효석·홍일유, 경영정보시스템, 법문사, 2002.

[3] 오재인·안상형·유석천, 경영과 정보시스템, 박영사, 2000.

[4] 임규건·김광용·김민용·서우종·안변석, e-비즈니스시대를 위한 경영정보시스템, 사이텍미디어, 2003.

[5] 정수영, 신경영학원론, 박영사, 2000.

제9장

e-비즈니스

이 장에서는 e-비즈니스의 개념을 살펴보고 e-비즈니스의 수단이 될 수 있는 ERP에 대하여 고찰한다. 또한, e-비즈니스의 구체적인 영역이라 할 수 있는 SCM에 대해서도 살펴본다.

1. e-비즈니스

1.1 e-비즈니스 개념

현대의 경영정보시스템은 e-비즈니스(e-Business)를 주로 지원하는 형태로 나타나기 때문에 경영정보학 분야에서 e-비즈니스는 매우 중요하다. e-비즈니스는 인터넷이 창조한 가상공간에서 기존 산업계 전반에 걸친 사업구조를 개편해 나가는 것이라고 할 수 있다. 〈그림 9-1〉은 e-비즈니스의 개념을 보여주는 그림이다.

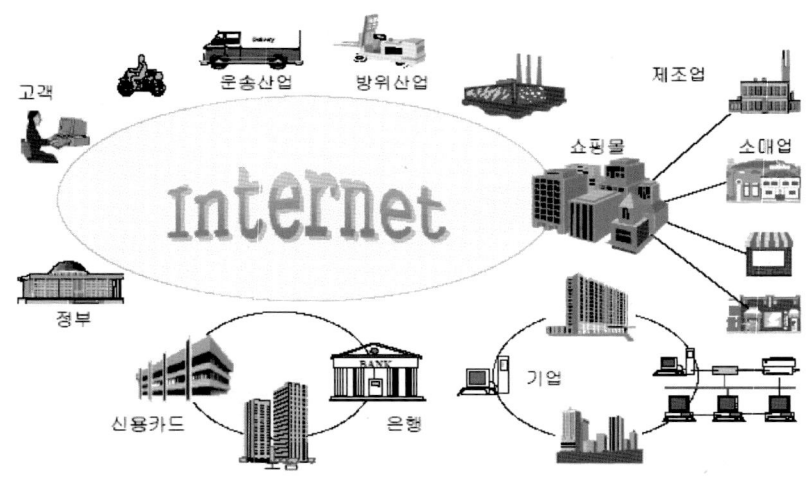

〈그림 9-1〉 e-비즈니스의 개념

〈그림 9-1〉을 보면 산업계의 모든 구성요소들이 인터넷을 이용하여 연결되어 있다. 기업 관점의 e-비즈니스는 해당기업과 이해관계를 갖고 상호작용할 필요가 있는 협력회사(쇼핑몰과 다른 제조업체 등), 금융기관, 정부, 고객 등과 인터넷을 이용하여 비즈니스 거래를 하는 것이라고 볼 수 있다. e-비즈니스는 기존의 오프라

인(off line) 비즈니스 방법을 인터넷상의 온라인 비즈니스로 개편한 것이라고 할 수 있다. 또한 모든 비즈니스 주체들, 즉 기업뿐만 아니라 정부, 고객 등이 인터넷에 연결되어 있으면서 정보기술을 이용하여 보다 효율적이고 효과적으로 수행해나가는 비즈니스 방식을 e-비즈니스라고도 할 수 있다.

1.2 e-비즈니스의 영역

〈그림 9-2〉는 e-비즈니스의 범위를 구체적으로 보여주고 있다.

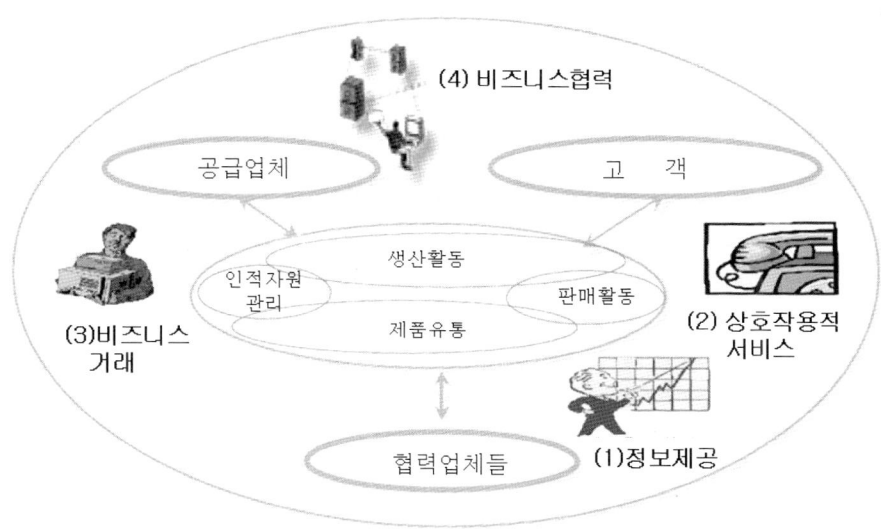

〈그림 9-2〉 e-비즈니스의 영역

제조업체라고 가정한 해당기업이 있을 경우, 그 기업은 내부적으로 제품생산 활동(Manufacturing), 제품유통(Distribution) 및 판매활동(Sales), 인적자원관리 활동(Human Resource Management, HRM) 등을 수행할 것이고, 외부적으로는 원자재 및 부품의 공급자(Supplier), 협력회사들(Partners), 고객 등과 비즈니스 거래를 수행하여야 할 것이다. 생산활동을 하기 위하여 공급자로부터 부품 및 원자재의 구매거래를 할 때 인터넷을 이용하고 생산한 제품을 유통시키거나 판매할 때도 인터넷을 이용한다면 거래비용이 절감되고 새로운 비즈니스 기회를 발견할 수도 있다. 결국 e-비즈니스는 인터넷을 이용하여 비즈니스 프로세스를 수행함으로써 비용절감을 꾀하고 새로운 비즈니스 기회를 발견하여 수익증대 효과를 유도하고자 하는 목적이 있다.

〈그림 9-2〉는 e-비즈니스를 이용하여 어떠한 일을 할 수 있는지에 대한 것도 보여주고 있다. 첫째는 정보제공(Publishing) 기능, 둘째는 상호작용적 서비스(Interactive Service) 기능, 셋째는 비즈니스 거래(Business Transaction) 기능, 넷째는 비즈니스협력(Business Cooperation) 기능 등을 수행할 수 있다.

정보제공(Publishing)이란 기업 입장에서 비즈니스거래 대상자들을 상대로 기업홍보나 제품홍보 등 단 방향적인 정보를 제공하는 것이다. 제품 카탈로그나 브로셔 등을 기업 홈페이지를 통하여 비즈니스거래 대상자들에게 일방적으로 제공하는 것이다.

상호작용적 서비스(Interactive Services)는 비즈니스거래 대상자들에게 정보나 서비스 등을 제공하고 또한 쌍방향적으로 비즈니스거래 대상자들의 요구사항이나 의견을 수용하면서 상호작용하는 비즈니스이다. 고객 등의 비즈니스거래 대상자들에게 일방적으로 정보를 제공하는 것이 아니라 고객에게 정보나 서비스를 제공하고 또한 고객의 정보와 의견, 요구사항 등을 기업체가 수용하여 더 좋은 제품과 서비스의 생산에 반영한다는 것이다. 고객의 요구사항에 맞게 맞춤형 제품이나 서비스를 제공하는 것을 고객화(Customization) 또는 개인화(Personalization)라고 한다. 고객화와 개인화는 비슷한 의미이지만 굳이 구분하자면 개인화가 보다 진보된 형태의 고객화라고 할 수 있다. 고객화는 어떤 특성을 갖는 고객그룹의 요구사항에 맞게 서비스를 해주는 데 비하여 개인화는 고객그룹보다 더 세분된 개념인 개인의 요구사항에 맞게 서비스를 하자는 개념이다. 또한 고객화를 위한 고객분석시 수집된 고객데이터를 기반으로 한 간접적인 고객접촉을 하는 데 비하여 개인화는 개인과의 직접적인 1:1접촉(예를 들면, e-메일 마케팅 등)을 통하여 개인의 요구사항을 파악하고 고객 맞춤화를 실현하려는 차이가 있다.

　e-비즈니스를 이용한 비즈니스거래는 인터넷을 통해서 제품 및 서비스를 판매하거나 구매하고 인터넷을 이용해서 구매대금을 지불하는 등 일반적인 거래활동을 인터넷을 이용하여 보다 효율적으로 처리하고자 하는 것이다. 고객들이 인터넷 쇼핑몰에서 제품 검색과 선택을 하고 인터넷을 이용하여 대금 지불을 할 수 있다면 고객입장에서는 유통비용의 감소로 인한 저가격 쇼핑과 쇼핑 편리성 등의 장점을 얻을 수 있고 기업입장에서는 새로운 판매기회 확대로 수익증대 효과를 얻을 수 있다. 기업과 고객 사이의 e-비즈니스 거래를 B2C(Business-to-Customer)라 하고 기업과 기업사이의 e-비즈니스 거래를 B2B(Business-to-Business)라고 한다. B2B의 경우도 거래비용 절감과 새로운 사업기회 창출로 인한 수익증대 효과가 발생한다.

　비즈니스협력(Business Cooperation)은 인터넷과 정보시스템을 이용하여 협력사들이나 비즈니스거래 대상들과 비즈니스정보를 공유하면서 상호간 이익을 도모하고자 하는 목적을 갖는다. 예를 들면 제조업체의 생산제품을 판매해주는 유통업체와 제품판매 정보를 공유할 수 있다면 유통업체 입장에서는 재고관리비용을 절감할 수 있고 제조업체 입장에서는 합리적인 제품 생산량을 파악할 수 있다. 제조업체에서 판매정보에 근거하여 유통업체의 제품재고상황을 실시간으로 파악하면서 유연하게 제품을 제공할 수 있다면 유통업체에서는 수요에 대비하기 위하여 판매재고를 미리 확보할 필요가 없기 때문에 재고관리비용이 절감되는 것이다. 제조업체의 입장에서는 유통업체의 판매정보에 입각하여 현실적인 생산계획을 세울 수 있으므로 역시 제품재고 비용을 절감할 수 있다.

1.3 e-비즈니스와 전자상거래

　e-비즈니스와 전자상거래(Electronic Commerce)는 비슷한 개념으로서 일반적으로는 혼용해서 사용한다. 그러나 굳이 그 차이점을 구분하기 위하여 e-비즈니스의 범위를 축소하여 협의의 e-비즈니스를 생각해 볼 수 있다. 협의의 e-비즈니스는

해당기업 내부에 속하는 실체들 사이에서 인터넷을 이용하여 비즈니스거래를 수행하는 것이고 전자상거래는 해당기업의 외부 실체들과 비즈니스거래를 수행하는 것이라고 할 수 있다. 〈그림 9-3〉은 협의의 e-비즈니스와 전자상거래 개념의 차이를 나타내고 있다.

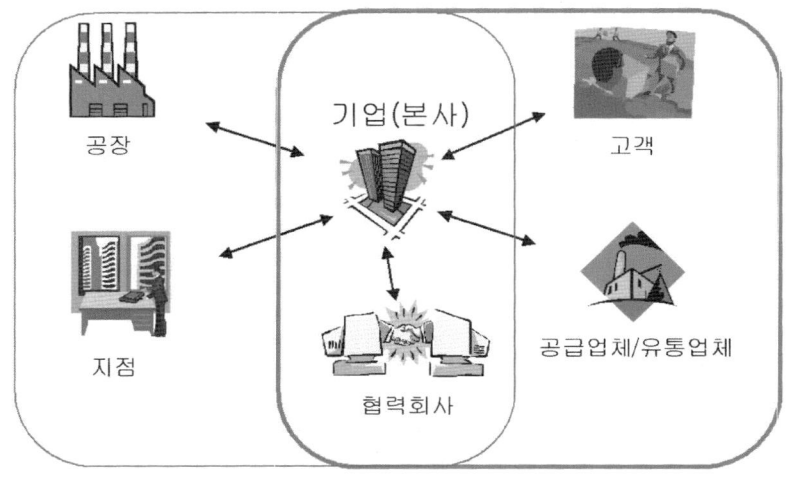

〈그림 9-3〉 e-비즈니스와 전자상거래의 차이

〈그림 9-3〉에서 해당기업(Corporate)의 본사를 중심으로 볼 때 해당기업의 내부적 실체라고 할 수 있는 공장(Factories), 지점(Remote Office) 그리고 협력회사(Partners)들과 인터넷을 통하여 비즈니스 활동을 하는 것을 협의의 e-비즈니스라고 볼 수 있다. 협력회사들은 해당기업의 일부 업무를 대신 수행(Outsourcing)하는 개념으로 이해하여 해당기업의 일부로 간주할 수 있다. 반면, 전자상거래는 해당기업의 외부적 실체들, 즉 고객(Customers), 공급업체(Suppliers), 유통업체(Distributers)들과 인터넷을 이용하여 비즈니스거래를 수행하는 활동을 의미한다. 〈그림 9-3〉에서 굵은 선으로 둘러싸인 인터넷 비즈니스 영역은 전자상거래에 해당하고 얇은 선으로 둘러싸인 인터넷 비즈니스 영역은 e-비즈니스에 해당한다.

그러나 또 다른 관점에서는 e-비즈니스의 범위를 넓혀서 광의의 e-비즈니스를 생각해 볼 수 있다. 광의의 e-비즈니스는 전자상거래를 포함하는 개념으로 이해되기도 한다. 〈그림 9-3〉에서 굵은 선으로 둘러싸인 인터넷 비즈니스 영역은 전자상거래이고 굵은 선과 얇은 선을 합친 인터넷 비즈니스 영역을 e-비즈니스라고 하기도 한다.

1.4 e-비즈니스의 유형

해당기업의 비즈니스거래 대상은 해당기업에 원자재나 부품을 공급해 주는 공급업체, 해당기업의 제품을 구입하는 구매업체 또는 유통업체, 해당기업의 제품을 소비하는 최종소비자 등이 될 수 있다. 〈그림 9-4〉는 해당기업의 비즈니스거래 대상 실체들과 이들과의 전자상거래 유형을 나타내고 있다.

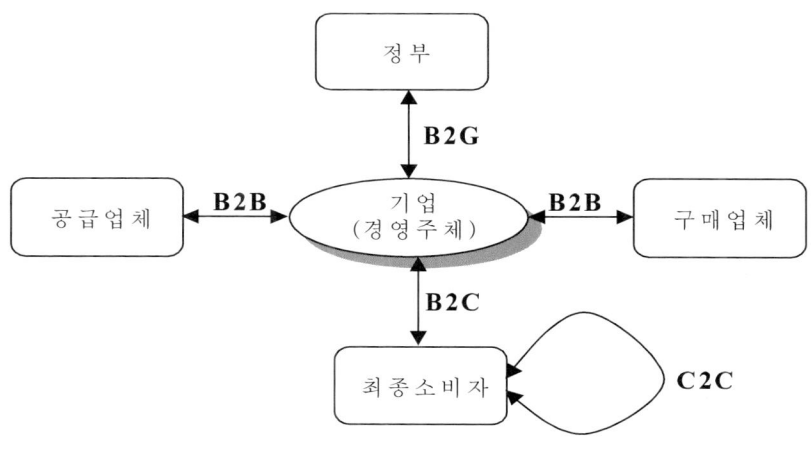

〈그림 9-4〉 전자상거래 유형

해당기업과 공급업체 또는 해당기업과 구매업체 등과 같이 기업과 기업 사이의 전자상거래 또는 e-비즈니스를 B2B(Business-to-Business)라고 한다. 해당기업과 최종소비자 사이의 전자상거래 또는 e-비즈니스를 B2C(Business-to-Customer)라고 한다. 해당기업과 정부 사이의 전자상거래 또는 e-비즈니스를 B2G(Business-to-Government)라고 한다. 마지막으로 최종소비자들, 즉 개인들끼리의 전자상거래 또는 e-비즈니스를 C2C(Customer-to-Customer)라고 부른다. 최근에는 기업과 기업 내 종업원들 사이의 e-비즈니스, 즉 기업 내의 인트라넷 환경을 이용하는 상황이 될 수 있는데 이를 B2E(Business-to-Employee)라고 부르기도 한다.

해당기업을 중심으로 볼 때 공급업체로부터 원자재나 부품을 조달받고 생산된 제품을 구매업체로 유통시키는 e-비즈니스인 B2B시스템의 고도화된 형태가 SCM (Supply Chain Management)이라 할 수 있다. 제조업체 입장에서 볼 때 SCM을 통하여 유통업체의 재고정보를 실시간으로 파악하고 이를 근거로 합리적인 생산계획 수립과 필요한 원자재 및 부품량이 계산되며 이러한 원자재 및 부품을 공급업체로부터 주문하는 비즈니스프로세스가 자동적으로 실행될 수 있다. 미국의 전자회사인 GE의 경우 SCM을 이용하여 구매업무를 수행한 결과 30~50% 정도의 비용이 절감되었다고 한다.

B2C시스템의 고도화된 형태는 CRM(Customer Relationship Management)이라고 할 수 있다. 고객관리에 대한 체계적인 접근을 통하여 개별 고객에 대한 판매기회를 극대화시킴으로써 매출과 수익증대가 가능하게 된다.

ERP(Enterprise Resource Planning)는 협의의 e-비즈니스를 가능하게 하는 고도화된 정보시스템으로써 B2E시스템 기능도 포함한다. ERP는 원자재나 부품이 생산공정을 거쳐서 반제품 및 완제품 등으로 생산되어질 때 관련 정보들을 종합적이면서 실시간으로 파악할 수 있게 하여 보다 효율적으로 제품생산이 이루어질 수 있게 지원한다.

1.5 e-비즈니스를 이용한 경영혁신 사례

GE의 전 회장인 잭 웰치는 e-비즈니스를 잘 활용하면 기업의 DNA를 바꿀 수 있다고 하였다. 인터넷과 정보시스템을 통하여 e-비즈니스를 잘 하면 비즈니스프로세스의 효율화를 꾀하면서 경영혁신에 성공할 수 있을 것이라는 의미이다.

컴퓨터 제조회사인 델컴퓨터는 e-비즈니스를 성공적으로 수행하고 성공적인 경영혁신을 달성하여 획기적인 경영성과를 이룩한 대표적인 기업이다. 델컴퓨터의 컴퓨터 생산은 고객의 주문이 발생하여야 시작된다. 고객은 e-비즈니스를 통하여 컴퓨터 주문을 직접 수행할 뿐만 아니라 컴퓨터 사양도 직접 선택한다. 이러한 방식의 컴퓨터 판매는 유통업체를 거치지 않으므로 유통비용이 절감되고 절감된 비용은 컴퓨터 가격에 반영되어 고객은 저렴한 비용으로 컴퓨터를 구입할 수 있다. 저렴한 가격으로 고객에 맞는 컴퓨터 사양을 제공하므로 고객만족이 극대화되고 자연스럽게 매출증대와 수익확대로 이어지게 된다.

디스플레이 회사인 삼성SDI는 전 세계적으로 제품공장들이 흩어져 있는 글로벌 기업이다. 삼성SDI는 e-비즈니스를 이용하여 전 세계에 흩어져 있는 12개의 공장 상황, 즉 제품품질, 재고, 납기준수 등의 생산 정보를 실시간으로 파악하면서 경영한다. 또한 12개 공장들은 생산 및 공장운영의 문제점과 해결책 등을 e-비즈니스를 이용하여 공유하면서 협력할 수 있는 지식경영을 하기도 한다. 이로 말미암아 그 경영성과는 획기적으로 개선되었으며 세계적인 일류기업으로 발돋움하게 되었다.

2. ERP

2.1 ERP 개념

ERP(Enterprise Resource Planning)는 비교적 최신 경영정보시스템의 한 유형으로써 현재 많은 기업들이 도입하여 유용하게 잘 활용하고 있다. 경영활동을 하다보면 해당기업이 현재 경영활동을 잘 하고 있는지, 해당기업의 비용과 수익은 어떻게 되고 있는지 등을 실시간으로 파악하여 급변하는 환경에 신속하게 대처할 수 있기를 바란다. 이러한 목적을 위하여 ERP의 필요성이 생기고 ERP가 출현하게 되었다.

ERP는 기업의 경영자원을 전사적으로 통합·관리할 수 있도록 기능을 제공하는 정보시스템이다. 기업 내의 경영자원의 활용 효용성을 최대화시킬 수 있도록 정보를 생성하고 제공해 줄 수 있는 정보시스템인 것이다. 〈그림 9-5〉는 제조업체의 기업활동 범위를 나타내고 있는 그림이다.

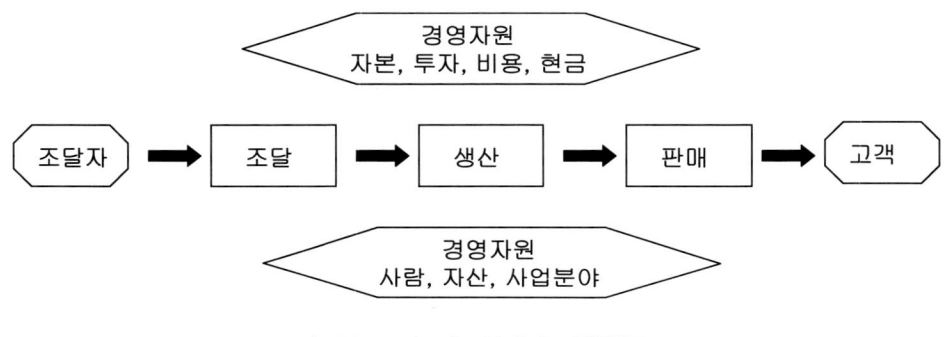

〈그림 9-5〉 제조업체의 기업활동

일반적인 제조업체의 기업활동은 공급업체로부터 부품 및 원자재를 조달하고 이를 이용해서 완제품을 생산하여 고객들에게 판매하는 일련의 과정을 거친다. 기업활동을 위한 일련의 과정에서 자산, 현금, 사람, 정보 등과 같은 다양한 경영자원들이 필요로 되는데 이러한 경영자원들을 전사적으로 통합하여 관리할 수 있게 함으로써 기업활동을 보다 효율적이고 효과적으로 수행할 수 있도록 지원하는 정보시스템이 바로 ERP인 것이다.

다른 관점에서 ERP를 보면 기능별 정보시스템들인 생산정보시스템, 회계 및 재무정보시스템, 인적자원정보시스템, 마케팅정보시스템의 주요 기능들을 통합해 놓고 공통의 데이터베이스를 사용하는 정보시스템이라고도 할 수 있다. 예를 들어 편집부와 고객관리부를 갖고 있는 잡지회사에서 비효율적인 업무처리가 다반사일 경우가 있다. 편집부에서는 원고청탁 후 원고료 등의 지불을 위하여 투고자의 개인신상정보를 조사하여 기록하는데 이 정보가 타 부서와 공용되지는 않을 수 있다. 이 때, 고객관리부에서는 편집부에서 원고청탁했던 그 투고자에게 고객들을 대상으로 특강을 요청할 수 있다. 특강 후 강사료 등의 지불을 위하여 다시 인적사항을 파악해야 한다. 잡지사에서의 비효율적인 업무처리는 시간낭비와 인력낭비를 초래하지만 투고자 입장에게도 불편한 상황이 된다. 이 잡지사에서 ERP를 도입했더라면 이러한 상황은 발생하지 않을 것이다.

2.2 ERP의 정의와 특징

ERP(Enterprise Resource Management)는 전사적자원관리시스템이라고 부르는데 말뜻 그대로 기업 내의 생산, 물류, 재무, 회계, 영업 및 구매, 재고 등의 기간업무 프로세스들을 통합적으로 연계 관리하고, 주위에서 발생하는 정보들을 공유해서 새로운 정보의 생성 및 빠른 의사결정을 도와주는 기업 통합정보시스템이라고 정의할 수 있다.

ERP는 전 세계적으로 무한 경쟁의 도래, 업무의 거대화와 복잡화 및 신속한 업무처리의 필요성 그리고 정보기술의 급속한 발전이라는 기업 환경의 급속한 변화에 의해 새로운 경영혁신 도구의 필요성이 대두됨에 따라 나타난 새로운 시스템이라 할 수 있다.

ERP의 특징을 보면 첫째 온라인 통합화시스템이라는 것이다. 하나의 사실데이터(one fact)가 데이터베이스상의 한 장소(one place)에 저장되고 전사적인 여러 부서에서 이 데이터를 공유할 수 있다. 둘째, ERP가 제공하는 생산관리 등의 업무시스템은 기본적으로는 표준화된 모듈(패키지)로 구성되기 때문에 별도의 개발비용이 들지 않을 수 있다는 것이다. 선진기업의 베스트프랙티스(Best Practice)를 기준으로 개발된 표준 패키지 컴포넌트(Component)들을 파라미터 설정을 통하여 해당기업 업무에 맞게 선택할 수 있으므로 비교적 저렴하게 ERP 시스템을 구축할 수 있다. 넷째, 실시간(real time)으로, 즉 기업업무 처리 중에 필요한 데이터들을 갱신, 검색, 공유할 수 있다. 다섯째, ERP의 데이터베이스는 전사적인 각 부서에서 공유할 수 있어야 하므로 데이터의 표준화는 필수적이다. 여섯째, ERP시스템은 개방화되어 다양한 장소에서 접속할 수 있어야 하며 추가적인 시스템 확장과 갱신이 가능하여야 한다.

ERP를 도입하면 재고관리능력의 향상, 업무의 효율화, 계획생산체제의 구축 및 생산실적관리, 영업에서 자재, 생산, 원가, 회계에 이르는 정보흐름의 일원화, 데이터의 중복 및 오류배제 등의 효과를 얻을 수 있다.

2.3 ERP의 역사

ERP는 하루아침에 생겨난 것이 아니라 생산관리분야에서 필요한 정보시스템들이 지속적으로 개선되면서 발전한 것이다. ERP의 효시는 MRP(Material Resource Planning)이다. MRP의 기능이 보강되어 MRPⅡ(Manufacturing Resource Planning)로 발전되었고 MRPⅡ가 더 발전하여 ERP가 된 것이다. ERP는 JIT(Just In Time)라는 생산시스템의 경영철학을 담고 있기도 하다.

MRP(Material Resource Planning)는 생산관리 업무를 보다 효율적으로 수행할 수 있도록 자재소요계획을 합리적으로 수립하는 것을 지원하는 정보 시스템이다. 완제품의 생산에 필요한 부품이나 원자재를 최적시점에 적정수준으로 주문하여 재고관리비용을 줄이고 생산일정에 차질이 없도록 지원해주는 정보시스템이다. MRP는 자재명세서(BOM, Bill of Materials), 표준공정도(Routing Sheet), 주생산일정계획(Master Production Schedule), 재고기록철 등의 기준정보를 근거로 하여 어떤 제품을 생산하는 데 있어서 생산수량에 맞추어 재료나 부품을 조달할 때 적용되는 부품전개기법을 사용한다. 또한 MRP는 제품을 구성하는 모든 요소, 즉 원자재, 중간재(반제품), 완제품 등과 같은 모든 자재들 중에서 원자재, 부품, 구성품, 중간조립품 등과 같이 수요가 상위단계의 품목, 즉 모품목에 종속되어 있는 종속수요품목에 대한 자재수급계획을 통한 자재관리기법을 사용한다.

1980년대 들어 소품종 대량생산 환경이 다품종 소량생산의 형태로 전이되기 시작하고 고객중심의 업무체계가 주목받기 시작하면서 수주관리, 판매관리 등의 기능이 좀 더 중요하게 되었고 변화대처기능, 능력계획기능, 기준생산계획 기능의 강화 등이 요구됨에 따라 MRPⅡ가 나타나게 되었다. MRPⅡ는 제조자원 계획을 수립하는 데 도움을 주는 정보시스템이다. 생산에 필요한 자원들은 원자재와 부품뿐만 아니라 사람이나 자본, 자산 등과 같은 다른 기업자원들도 필요한데 이러한 제조자원들에 대한 계획을 수립하는 것을 도와주는 정보시스템이 MRPⅡ이다. MRPⅡ는 MRP의 기능에 수주, 판매, 재무 등 제조활동을 위한 총체적인 자원의 계획 및 관리기능을 추가한 것으로 제조업뿐만 아니라 서비스업에도 적용된다.

　　JIT(Just In Time)는 정보시스템이라기보다는 정보시스템을 이용한 효율적 생산기법이라 할 수 있다. JIT는 적시생산시스템이라고도 불리는데 생산부문의 각 공정별로 작업량을 조정함으로써 중간재고를 최소한으로 줄이는 생산체계이다. JIT는 필요한 때에 필요한 만큼의 부품만 확보한다는 일본의 대표적인 경영방식으로써 뒷 공정이 필요한 물품을 필요할 때에 필요한 양만큼 앞 공정에 요청하고, 앞 공정은 그 요청한 수만큼 만들어 보충한다면 생산현장의 불필요·불합리를 없애 생산성을 향상시킬 수 있다는 개념이다. JIT는 생산을 하기 전에 부품이나 원자재를 미리 구입해서 창고에 쌓아 놓는 것이 아니라 주문·수요정보에 따른 정확한 생산계획 하에 어느 정도의 부품량이 필요할지 결정하고 정확한 생산시점에 그 부품들이 조달될 수 있게 함으로써 부품재고나 완제품재고를 만들지 않고 획기적으로 재고관리비용을 절감하겠다는 경영철학을 갖는다. 최종적인 뒷 공정의 요청 건수는 주문 건수와 일치할 것이므로 물건이 팔리는 양에 따라 생산라인이 가동되는 체계가 됨으로써 재고를 최소한으로 줄인다는 장점을 지닌다. 그러나 생산체계가 한 치의 착오도 없이 움직여야 한다는 것은 단점이다. ERP시스템의 주요 기능도 정확한 생산계획수립과 이에 따른 부품 및 원자재의 최적 주문을 가능하게 하고 재고관리비용을 감소시킨다는 차원에서 JIT의 철학을 일부 수용하고 있다고 할 수 있다.

2.4 ERP 구축방법

ERP시스템의 구축방법은 2가지로 생각해 볼 수 있다. 하나는 해당기업에서 요구하는 기능을 갖는 ERP시스템을 해당기업의 IT부서에서 직접 개발할 수 있고, 다른 하나는 이미 개발된 패키지형태의 ERP시스템을 구매하여 구축하는 것이다. 〈표 9-1〉은 2가지 ERP구축방법의 장단점을 나타내고 있다.

〈표 9-1〉 ERP구축방법

	장 점	단 점
자체개발	– 비정형적 예외업무 수용용이 – 사용자의 요구사항 반영 용이 – 시스템의 구성에 대한 완전한 통제 가능	– 선진업무 프로세스 참조 곤란 – 프로젝트 개발기간 장기화 및 실패위험 상존 – 개발 후 유지보수에 많은 비용과 인력 소요 – 최신 정보기술의 수용이 어려움 – 짧은 시스템 수명
패키지	– 선진업무 모델의 도입가능 – 통합된 시스템 구축가능 – 현재의 기능 및 장기적인 회사의 업무변화 수용가능 – 도입기간/위험부담 최소화 – 최신 정보기술의 활용가능 – 유지보수/업그레이드 용이	– 비정형적인 업무는 추가모듈 개발 필요(비용과다) – 컨설팅비용이 고가 특정 패키지 개발업체에 종속

자체개발을 할 때의 장점은 비정형적 예외업무의 수용이 용이하다는 것이다. 기업마다의 독특한 경영방식이 있을 수 있는데 이러한 특징적인 경영방식을 지원할 기능을 구현할 수 있다는 것이다. 또한 비슷한 개념으로 사용자 요구사항을 충실히 반영할 수 있다. 전문적으로 ERP패키지를 개발하는 회사는 선진기업의 표준적인 경영업무를 모델로 하여 ERP기능을 구현하는 반면 자체개발 시에는 세계적인 선진기업의 비즈니스프로세스를 참조하여 ERP시스템의 기능을 구현하기가 어렵다는 것이다. 또한 자체개발을 하면 유지보수에 많은 비용이 들고 최신 정보기술

의 수용이 어려울 수 있다.

ERP 패키지를 구매하는 형태로 ERP를 구축하면 자체개발의 단점이 장점이 되고 자체개발의 장점이 단점이 될 것이다. 일반적으로 ERP패키지를 구매하여 구축하는 것이 바람직하다고 말한다.

ERP패키지를 개발하여 공급하는 대표적인 기업들은 독일의 SAP과 미국의 오라클회사가 대표적이다. 독일에서 개발한 대표적 ERP패키지인 SAP R3는 회계처리 기능, 인적자원 관리 기능, 생산과 물류관리 기능, 판매와 유통관리 기능 등을 지원한다. SAP R3와 같은 ERP패키지는 고가이기 때문에 중소기업체가 도입하기에는 부담을 느낄 수 있다.

국내에서 국산 ERP패키지를 개발하여 공급하는 회사들도 매우 많다. 국내 중소기업체에서는 국내 ERP 개발회사에서 제공하는 ERP 패키지 제품들을 많이 이용하고 있는 실정이다.

3. SCM

3.1 SCM의 개념 및 정의

공급사슬(Supply Chain) 또는 공급망은 〈그림 9-6〉처럼 원료를 제품과 서비스로 변환하여 고객에게 배달하는 과정에 참여하는 일련의 업체들을 연쇄적으로 연결하는 상호연결집합을 의미한다. 원재료에서 중간재, 제품의 생산, 최종소비자까지의 배송 등 일련의 기능을 수행하기 위한 설비와 유통채널의 네트워크라고도 할 수 있다.

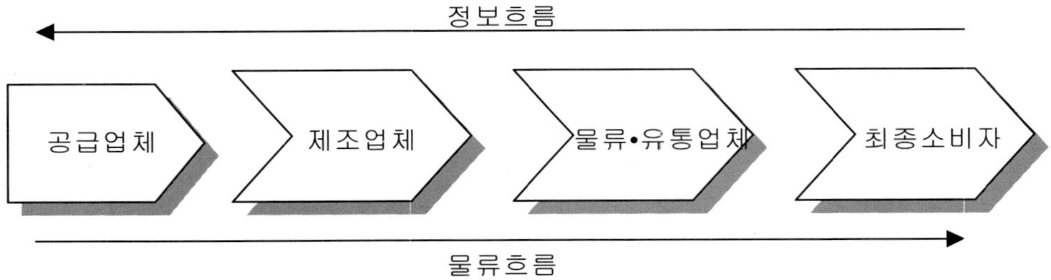

<그림 9-6> 공급사슬

이러한 공급사슬을 관리하는 것을 공급사슬관리, 즉 SCM(Supply Chain Manage-ment)이라고 부른다. 원재료 공급업체, 제조업체, 유통업체, 최종소비자에 이르는 전체적인 물류의 흐름을 최적화하여 같은 공급망상에 있는 모든 구성원들에게 그 최적화의 이익을 공유할 수 있도록 하는 첨단의 경영방식이 SCM이다. SCM은 해당기업과 공급사슬로 연결된 업체들의 기능분야를 동기화하여 자재, 서비스, 정보의 흐름을 맞추고 자재흐름을 관리함으로써 재고를 통제하는 것을 기본 목적으로 한다. 예를 들어 수영에서 싱크로나이즈(synchronize, 동기화)라는 종목이 있는데 싱크로나이즈형에서는 여러 사람이 똑같은 율동으로 수영 쇼를 펼친다. 이처럼 기업과 납품업체 사이에 기능분야를 동기화해서 자재나 서비스 정보의 흐름을 맞추어 효율적인 재고관리를 하고자 하는 것이 SCM인 것이다.

SCM을 구체적으로 정의하면 고객의 서비스 수준을 만족시키면서 시스템의 전반적인 비용을 최소화할 수 있도록 정확한 수량의 제품이 정확한 시간과 장소에서 생산과 유통이 가능할 수 있도록 하기 위하여 공급업자, 제조업자, 창고 및 보관업자, 소매상들을 효율적으로 통합하기 위하여 정보시스템을 이용하는 경영기법이라 할 수 있다.

결국 서로 다른 기업들이 서로의 정보시스템의 일부를 개방하거나 통합하여 필요한 정보를 공유함으로써 재고관리비용과 거래비용 등을 절감하면서 경영효율화를 꾀하고자 하는 것이다. ERP가 기업 내 부서들 사이의 정보공유를 통하여 경영효율화를 달성한다면 SCM은 공급망상에 있는 기업들 사이에 정보공유를 하고 이를 통하여 경영효율화를 달성하자는 취지이다. 따라서 ERP시스템보다 SCM시스템을 구축하는 것이 더 어려울 수 있다. 왜냐하면 서로 다른 목표를 갖고 있는 기업들에 대하여 SCM을 위한 최소한의 공통목표를 갖도록 조정하는 것이 쉬운 일이 아닐 것이기 때문이다. 〈그림 9-7〉은 SCM의 개념을 나타내고 있다.

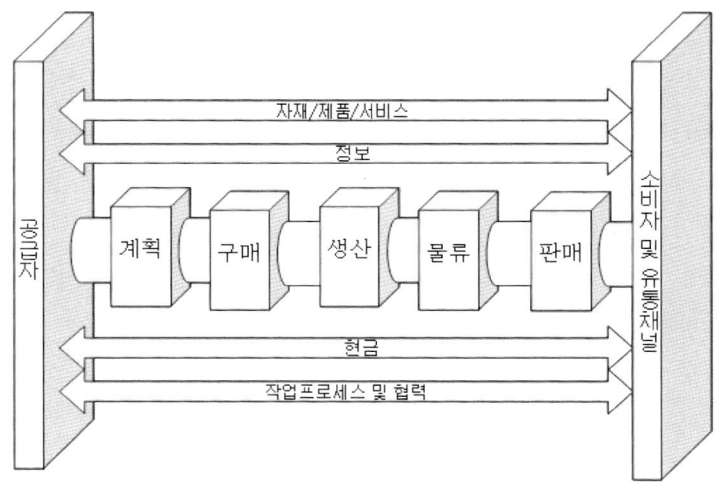

〈그림 9-7〉 SCM의 개념

SCM을 달리 표현하면, 재료나 부품의 공급자로부터 최종소비자에까지 이르는 상호 관련된 가치활동의 흐름, 즉 공급사슬상의 제품, 서비스, 정보, 자금 등의 흐름을 효과적으로 통합하고 관리함으로써 경쟁우위를 확보하는 것을 의미한다. 〈그림 9-7〉에서 왼쪽에 공급업자가 있고 오른쪽에 도소매점과 같은 유통채널, 소비자가 있다. 생산계획이 수립되면 공급업자로부터 부품과 원자재 등이 구매되고 이 부품과 원자재 등을 이용하여 완제품 생산을 하며 생산된 완제품은 물류·배달과정을 통하여 유통업체에서 소비자로 판매·전달된다. 이런 일련의 공급사슬상에서의 각 기업들은 작업프로세스를 수행함으로써 정보와 현금은 소비자 측에서 공급자 측으로 흐르고 자재, 제품, 서비스는 공급자 측에서 소비자 측으로 이동될 것이다. 이 때 공급사슬상에 속하는 기업들이 서로 정보를 공유하면 보다 효율적으로 작업프로세스를 수행할 수 있다는 것이다.

예를 들어 SCM이 잘 구축되면 고객들이 구매한 물품의 원자재와 부품, 공급업자 등을 실시간으로 파악할 수 있을 것이다. 불량제품에 대한 민원이 들어왔을 경우, 부품이나 원자재가 잘못되어서 불량제품이 되었는지 제조과정상의 문제로 불량제품이 되었는지를 즉각적으로 분석할 수 있다. 또한 어떤 특정 제품이 많이 팔리면 제조업체에서는 이 정보를 즉각적으로 파악하고 이 제품의 생산에 필요한 원자재나 부품을 더 많이 주문하여 해당 제품을 더 많이 생산함으로써 수요에 유연하게 대처할 수도 있다. 공급업자 입장에서는 부품과 원자재가 더 많이 필요할 것이라는 것을 미리 알고 납품준비를 할 수 있는 것이다.

그러나 어떤 경우에는 황소채찍효과(bullwhip effect)라는 부작용이 생길 수도 있다. 황소채찍효과는 고객의 수요가 상부단계 방향, 즉 제조업체와 공급업체 등으로 전달될수록 각 단계별 수요의 변동성이 증가하는 현상을 말한다. 소를 몰 때 긴 채찍을 사용하면 손잡이 부분에서 작은 힘이 가해져도 끝부분에서는 큰 힘이 생기는 데에서 붙여진 명칭이다. 아주 사소하고 미미한 요인이 엄청난 결과를 불러온다는 나비효과(butterfly effect)와 유사한 현상이다. 일시적인 판매증가에 대한 정보가 제조업체와 공급업체로 전달되는 과정에서 왜곡됨으로써 불필요하게 많은 제품을 생산하는 잘못된 의사결정을 내릴 수 있다는 말이다.

황소채찍효과는 리드타임(lead time)효과와 함께 발생할 수 있다. 리드타임은 산업마다 정의가 틀릴 수 있지만 일반적으로 주문을 받은 시점부터 시작하여 출고하는 시점까지의 시간이라고 보면 된다. 소매점의 경우 주문발주 시점부터 물건을 넘겨받아서 상품진열대에 올려놓는 시점까지의 경과시간으로써 납기(delivery time)의 개념일 수 있다. 소매점에서 물건 2개가 필요하지만 그 제품의 리드타임이 길어서 한꺼번에 10개를 주문할 수 있다. 그런데 생산자 입장에서는 소비자 수요가 증가하여 주문이 늘어난 것으로 오판하여 생산량을 늘리게 되면 결국 재고로 남게 되는 것이다.

3.2 SCM의 성공사례

SCM은 공급사슬상의 모든 구성원들이 서로 협력하면서 효율적으로 업무프로세스를 수행함으로써 비용을 절감하고 수익을 나누어 갖자는 기본 철학이 있다. 이때 서로 협력하는 수단으로써 SCM시스템이라는 정보시스템이 필요하게 된다. SCM시스템은 공급사슬에 속하는 각 기업들의 정보시스템 기능의 일부를 통합하여 정보를 공유할 수 있게 한다. 결국 SCM의 핵심 개념은 서로 다른 기업끼리 특정 영역의 정보공유를 위하여 각각의 정보시스템 기능의 일부를 통합하는 것이다.

앞부분에서 e-비즈니스를 이용한 경영혁신 사례로 델컴퓨터를 소개하였는데 그 e-비즈니스를 더 구체화시켜서 보면 SCM시스템이라는 것이다. 델컴퓨터는 고객으로부터 컴퓨터조립 주문을 받으면 델컴퓨터와 공급망 관계에 있는 부품공급업체들로부터 즉각적으로 부품조달이 이루어진다. 왜냐하면 델컴퓨터의 부품공급업체들은 SCM시스템에 의하여 델컴퓨터의 주문정보를 공유할 수 있으므로 신속한 부품 제공이 가능한 것이다.

3.3 ERP의 확장

ERP와 SCM은 생산관리와 관련된 경영정보시스템이고 CRM은 마케팅과 관련된 경영정보시스템이라고 할 수 있다. 〈그림 9-8〉은 특정기업 입장에서 ERP와 SCM, CRM사이의 관계와 각각의 역할을 나타내고 있다.

그림에서 볼 수 있듯이 기업은 부품과 원자재를 공급해주는 공급자와 거래를 하여야 하고 생산한 완제품이나 서비스를 소비하는 고객들과도 거래를 하여야 한다. 이때 공급자와 정보를 공유하면서 효율적인 거래활동을 하면서 거래비용을 절감하기 위해서는 SCM을 구축할 필요가 있다. 또한 제조업체가 생산한 제품을 소비자들에게 전달하는 역할을 하는 유통업체와의 효율적인 거래를 위해서도 SCM은 필요하다. 소비자들에게 제품을 판매할 때 고객 지향적인 전략을 취함으로써 판매증대 효과를 노리기 위해서는 CRM시스템을 구축할 필요가 있다. 고객데이터베이스에 데이터마이닝 기법을 적용하여 고객의 특성별 요구사항을 파악하고 이러한 정보를 기반으로 고객화서비스, 개인화서비스 등을 제공하면 고객만족도, 고객충성도 등을 끌어내면서 궁극적으로 판매증대 효과를 꾀할 수 있다. ERP는 기업내부의 업무처리를 통합적으로 지원하면서 각 부서들끼리 정보공유를 할 수 있게 함으로써 비즈니스프로세스의 효율화를 달성하고 비용절감을 가능하게 한다. 또한 SCM과 CRM과 연동되어 필요한 데이터 교환도 할 수 있어야 할 것이다.

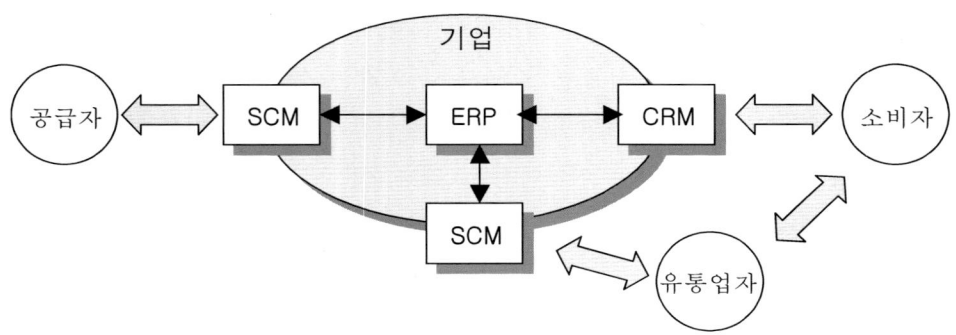

〈그림 9-8〉 SCM, ERP, CRM의 관계

〈그림 9-9〉은 기존 ERP 기능의 확장 필요성을 보여주는 그림이다. ERP는 내부적인 업무의 효율적 처리를 주목적으로 하여야 하지만 거래업체 또는 소비자와의 비즈니스거래도 내부적인 업무처리와 밀접하게 연계되어야 하는 영역이므로 ERP에서 이러한 업무처리까지 지원할 수 있도록 그 기능을 확장할 필요가 있는 것이다. 즉 SCM과 CRM의 기능을 ERP에서 지원할 수 있게 하여 정보통합과 공유를 더욱 광범위하게 하면서 동시에 구체적으로 할 수 있게 하여, ERP만을 구축하면 기업의 모든 비즈니스거래를 효율적이고 효과적으로 처리할 수 있게 하자는 것이 확장형 ERP의 목적이 될 수 있는 것이다.

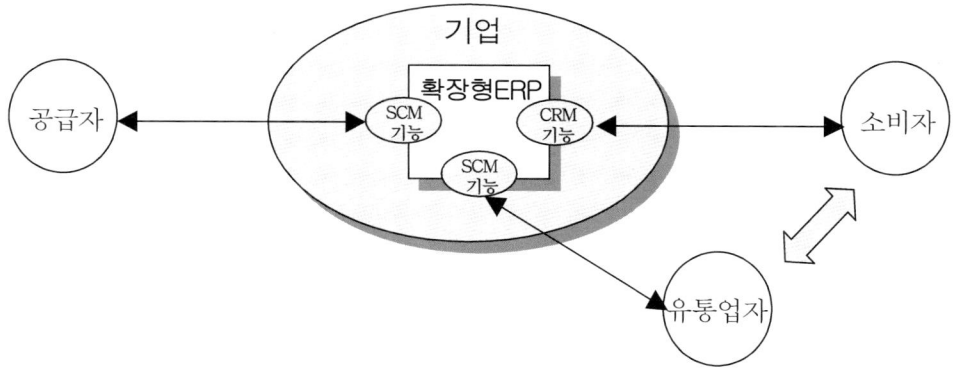

〈그림 9-9〉 확장형 ERP

【요 약】

e-비즈니스는 기존의 오프라인에서의 비즈니스 방식을 인터넷상의 온라인으로 개편한 것이라 할 수 있다. e-비즈니스를 통하여 비즈니스거래 대상자들을 상대로 한 정보제공 뿐만 아니라 비즈니스거래 대상자들과의 상호작용적 서비스, 비즈니스거래, 비즈니스협력 등이 가능하다. 협의의 e-비즈니스는 기업내부의 오프라인 업무처리 방식을 인터넷을 활용하여 전자적으로 처리하는 것임에 반하여, 전자상거래는 기업 외부 실체와의 비즈니스거래를 전자적으로 처리하는 차이점이 있을 수 있지만 일반적으로는 협의의 e-비즈니스와 전자상거래를 포괄하는 개념으로 e-비즈니스를 정의하기도 한다.

ERP는 MRP나 MRPII로부터 발전된 정보시스템으로서 기업 내의 생산, 물류, 재무, 회계, 영업 및 구매, 재고 등의 기간업무 프로세스들을 통합적으로 연계 관리하고, 주위에서 발생하는 정보들을 공유해서 새로운 정보의 생성 및 빠른 의사결정을 도와주는 기업 통합정보시스템이다. ERP 구축방식은 자체개발 방식과 패키지도입방식으로 구분될 수 있는데 일반적으로 패키지도입방식을 선호한다. ERP는 B2E유형의 e-비즈니스를 지원하는 정보시스템이라고도 할 수 있다.

SCM은 원재료 공급업체, 제조업체, 유통업체, 최종소비자에 이르는 전체적인 물류의 흐름을 최적화하여 같은 공급망상에 있는 모든 구성원들에게 그 최적화의 이익을 공유할 수 있도록 하는 첨단의 경영방식이라고 할 수 있다. 즉, 고객의 서비스 수준을 만족시키면서 시스템의 전반적인 비용을 최소화할 수 있도록 정확한 수량의 제품이 정확한 시간과 장소에서 생산과 유통이 가능할 수 있도록 하기 위하여 공급업자, 제조업자, 창고 및 보관업자, 소매상들을 효율적으로 통합하기 위하여 정보시스템을 이용하는 경영기법이라 할 수 있다. SCM은 B2B유형의 e-비즈니스를 지원하는 정보시스템이라고도 할 수 있다.

【연습문제】

※정오식문제

1. Customization보다 Personalization이 좀 더 진보된 형태의 고객화 개념이다.( )
2. SCM이 어려운 이유는 공급체인 내 각기 다른 시설의 상충되는 목적과 함께 정적인 시스템 성격 때문이라고 할 수 있다.( )
3. e-Business는 전자상거래를 포함하는 보다 큰 개념이다.( )
4. 지식경영은 기업구성원들 사이에 지식을 공유하여 효율적이고 효과적인 기업경영을 하고자 하는 목적을 갖는데, 따라서 e-Business와의 상관관계는 없다.( )
5. 중소기업의 경우 패키지 형태로 ERP를 도입하는 것이 바람직하다.( )
6. JIT는 적시생산시스템으로써 제 시간에 제품생산이 가능할 수 있도록 하기 위하여 원자재를 미리 구입해서 창고에 보관하는 과정이 필요하다.( )
7. SCM의 개념과 수영의 싱크로나이즈 개념은 일맥상통하는 부분이 있다.( )

※단답식문제

8. ( )는 고객의 수요가 상부단계 방향 즉, 제조업체와 공급업체 등으로 전달될수록 각 단계별 수요의 변동성이 증가하는 현상을 말한다.
9. ( )는 정보시스템이라기보다는 정보시스템을 이용한 효율적 생산기법이라 할 수 있다.

【참고문헌】

[1] 김두경, 권순식, 손보민, ERP시스템 활용과 CRM의 이해, (주)사이버출판사, 2002.
[2] 김연성, eMBA생산관리, 휴넷, 2003.
[3] 유춘번, 김창은, 오재인, 김재경, 권순범, 이주연, 실시간 경영을 위한 e-비즈니스시스템, 율곡출판사, 2004.
[4] 변지석, ERP를 통한 경영혁신, 라이트북닷컴, 2003.

제10장

컴퓨터의 하드웨어 구성요소

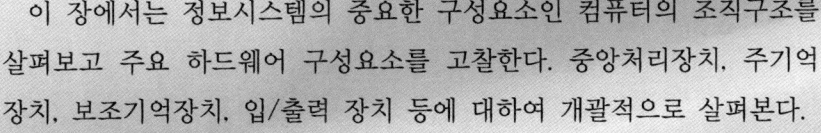

이 장에서는 정보시스템의 중요한 구성요소인 컴퓨터의 조직구조를 살펴보고 주요 하드웨어 구성요소를 고찰한다. 중앙처리장치, 주기억장치, 보조기억장치, 입/출력 장치 등에 대하여 개괄적으로 살펴본다.

1. MIS를 위한 IT분야

지금까지 경영에 대한 전반적인 이해와 경영정보시스템의 유형, 기능 및 특징 등을 살펴보았다. 그러나 경영정보시스템에 대한 전문적인 지식을 쌓으려면 이것 만으로는 부족할 수 있다. 경영정보시스템을 구현하는 기술, 즉 정보기술에 대한 부분도 어느 정도는 이해하고 있어야 진정한 경영정보시스템 전문가라고 할 수 있을 것이다. 축구감독이 좋은 전략과 전술을 수립하고 이것을 선수들에게 잘 주지시켜 게임을 승리로 이끌려면 축구선수로써의 경험이 절대적으로 필요할 수 있다. 기업에 정보시스템을 도입하여 기업경쟁력을 강화시키려는 전략은 축구게임에 승리하기 위한 전략을 수립하는 것에 비유될 수 있다. 정보기술에 대한 이해와 경험은 축구선수로써의 경험과 기술에 비교될 수 있다. 물론 훌륭한 축구선수 또는 축구기술을 보유한 사람이 항상 유능한 축구감독이 되지는 않지만 유능한 축구감독이 되려면 축구선수 또는 축구기술에 대한 이해와 경험이 반드시 필요할 것이다. 마찬가지로 좋은 정보시스템 전략을 수립하고 성공적으로 수행하기 위해서는 정보기술에 대한 이해와 경험은 필요한 것이다.

정보기술에 대하여 살펴보기 전에 컴퓨터와 정보시스템에 대한 차이를 이해할 필요가 있다. 컴퓨터는 정보시스템의 중요한 구성요소이지만 컴퓨터만으로 정보시스템을 구현할 수는 없다. 정보시스템은 궁극적으로 비즈니스프로세스를 지원하려는 목적이 있기 때문에 정보시스템을 구현하기 위해서는 비즈니스 환경에 대한 이해가 필수적이다. 예를 들면 컴퓨터와 정보시스템사이의 관계는 버스와 대중교통시스템과의 차이에 비유할 수 있다. 버스는 자동차에 불과하지만 대중교통시스템은 버스뿐만 아니라 버스노선, 버스시간표, 운전사 등이 잘 어우러져야 성공적으로 목적을 달성할 수 있는 복잡한 조직의 개념이 되는 것이다. 마찬가지로 정보시스템도 컴퓨터와 비즈니스프로세스, 사람 등이 서로 조화를 이루면서 업무처리의 효율화와 효과성이라는 목적을 달성하는 복잡한 조직인 것이다. 따라서 정보시스템을 이해하려면 비즈니스와 비즈니스 환경에 대한 이해가 필수적이다. 정보시스템을 이해하기 위하여 지금까지는 비즈니스에 대하여 살펴보았다면 이제부터는 정보기술에 대하여 살펴보고자 한다.

정보기술은 IT(Information Technology)라고도 하는데 한마디로 말해서 정보시스템의 기술적인 부분으로서 컴퓨터 관련 기술이라고도 할 수 있다. 〈그림 10-1〉은 경영정보시스템을 위한 IT분야를 나타내고 있다.

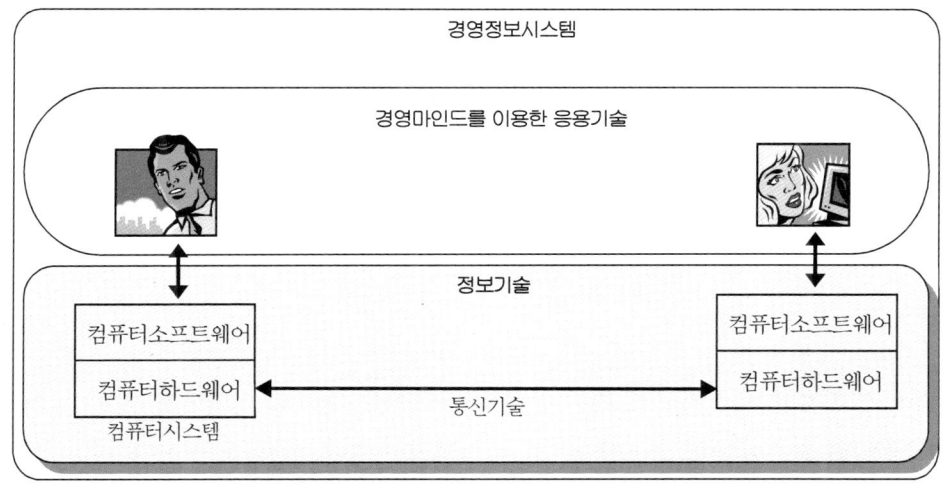

〈그림 10-1〉 경영정보시스템을 위한 IT분야

그림에서 컴퓨터시스템이 있는데 컴퓨터시스템은 컴퓨터하드웨어와 컴퓨터소프트웨어로 구성된다. 컴퓨터시스템은 인터넷과 같은 통신망을 통하여 다른 컴퓨터와 연결되고 데이터를 서로 교환할 수 있다. 컴퓨터들끼리 데이터를 주고받을 수 있게 해주는 기술이 통신기술이다. 통신기술을 이용하여 컴퓨터시스템들끼리 데이터를 주고받으면서 효율적으로 정보처리를 하게 된다. 이런 컴퓨터시스템은 기업의 비즈니스 환경에서 경영마인드를 기반으로 하여 활용되고 비즈니스프로세스의 효율화를 이룸으로써 경영활동의 비용절감을 가능하게 한다.

따라서 경영정보시스템을 위한 IT분야는 컴퓨터시스템 기술과 통신기술이 중요한 영역이라고 할 수 있다. 컴퓨터시스템 기술 중 하드웨어보다는 소프트웨어 기술이 더 중요할 수 있다. 정보시스템을 구축하거나 기업정보화에 대한 컨설팅을 할 때 기업과 사용자의 요구사항에 맞추기 위해서는 컴퓨터하드웨어보다는 컴퓨터소프트웨어에 대한 구성변화가 많이 필요할 것이기 때문이다. 따라서 비즈니스 요구사항에 적합한 소프트웨어 유형과 기능에 대한 지식, 소프트웨어 개발에 대한 이해 등이 필요한 것이다. 통신기술과 관련해서는 인터넷 기술과 모바일 통신 기술이 상대적으로 더 중요할 수 있다. 향후 정보시스템 환경이 인터넷을 거쳐 유비쿼터스 환경으로 발전될 것으로 기대되기 때문에 인터넷기술과 모바일 통신기술에 대한 이해는 중요하다 하겠다.

2. 컴퓨터조직 구조

컴퓨터시스템은 크게 하드웨어(Hardware)와 소프트웨어(Software)로 구성된 시스템이다. 하드웨어는 전자회로와 그 밖의 물리적인 장치로 이루어져 있고 소프트웨어는 이런 하드웨어를 활용할 수 있는 기본적인 프로그램들과 이에 따르는 기술들을 의미한다. 하드웨어의 영역들은 CPU(Central Processing Unit, 중앙처리장치), 주기억장치(Main memory), 보조기억장치(Secondary memory), 입출력장치, 주변장치 등이고 소프트웨어의 영역은 시스템소프트웨어, 응용소프트웨어, 데이터베이스 등이라 할 수 있다.

3. 컴퓨터 하드웨어 구성요소

〈그림 10-2〉은 컴퓨터하드웨어의 구성요소들을 나타내고 있다.

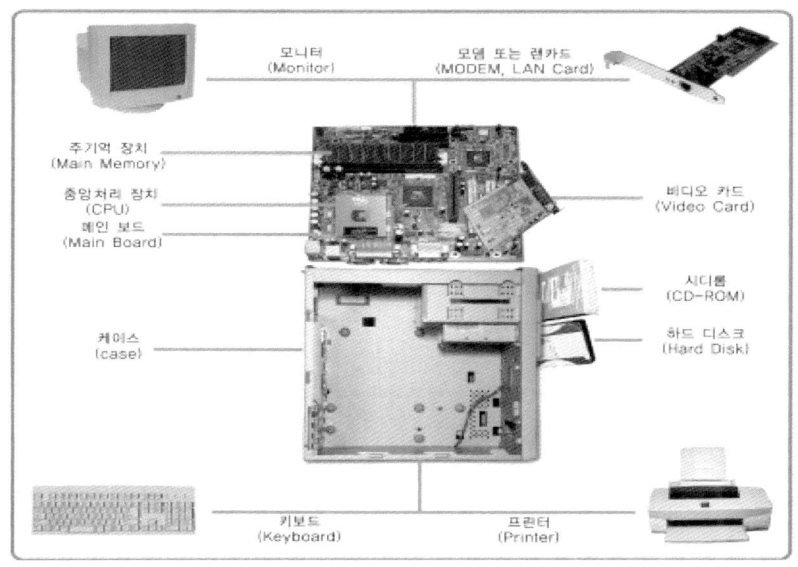

〈그림 10-2〉 컴퓨터하드웨어의 구성요소들

〈그림 10-2〉는 개인용 컴퓨터를 분해하여 그 구성요소들을 나타내고 있다. 컴퓨터본체와 모니터, 키보드, 프린터, 모뎀과 LAN카드 같은 통신장치가 있다. 본체안에는 CPU, 주기억장치, 하드디스크, CD롬 드라이버, 비디오카드 등이 있다. 메인보드는 버스를 내장하여 본체안의 각 구성요소들을 서로 연결해주는 역할을 한다. 하드디스크나 CD롬은 보조기억장치를 의미하고 비디오카드는 그래픽 데이터를 신속하게 처리하여 모니터에 출력하는 출력보조장치라고 할 수 있다.

앞으로 컴퓨터하드웨어의 중요한 구성요소들을 좀 더 구체적으로 살펴볼 것이다. 〈그림 10-3〉은 컴퓨터하드웨어 구성요소 사이의 연결 관계를 보여주고 있다.

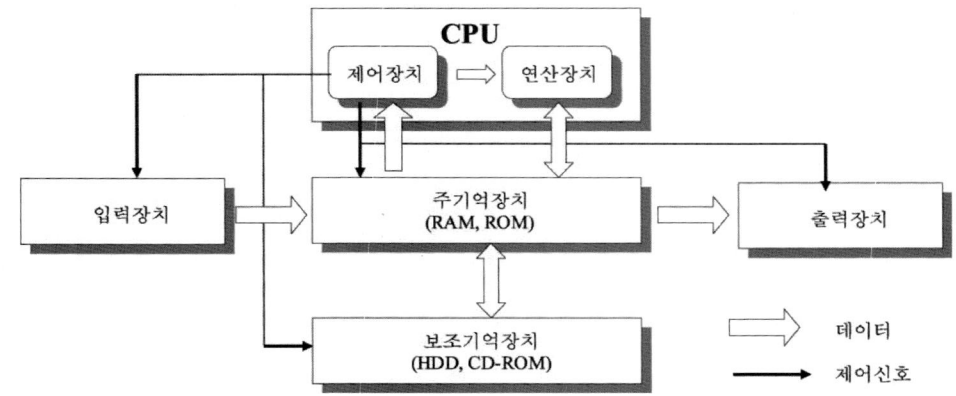

〈그림 10-3〉 컴퓨터하드웨어 구성요소 사이의 연결 관계

CPU는 제어장치(Control Unit)와 연산장치(Arithmetic Logic Unit, ALU)로 구성되어 있다. CPU는 주기억장치와 연결되어 있다. 주기억장치는 프로그램과 데이터를 전원이 공급되는 동안 일시적으로 저장하는 역할을 한다. 중앙처리장치는 주기억장치에 기억되어 있는 프로그램의 명령들을 가져와서 실행하는 역할을 한다. CPU 내의 제어장치는 주기억장치, 보조기억장치, 입력장치, 출력장치 등과 연결되어 있어서 프로그램 명령에 따른 신호를 보내면서 각 장치들을 제어하는 역할을 한다. 제어 장치는 프로그램 명령을 해석하고 해석결과에 따라서 입출력장치, 기억장치, 연산 장치등의 동작을 제어한다. CPU내 연산장치의 기능은 산술연산, 즉 덧셈, 뺄셈, 곱셈, 나눗셈 등과 AND, OR, NOT 등의 논리연산, 비교 등의 관계연산을 처리한다. 주기억장치는 프로그램 명령어와 데이터를 일시적으로 기억하는 대규모 저장장치이다. 보조기억장치는 주기억장치를 보조해주는 역할로써 전원이 투입되지 않은 상황에서도 데이터를 영구적으로 보관할 수 있다. 보조기억장치는 주기억장치와 연결되어 있다. 컴퓨터프로그램이나 데이터 등의 소프트웨어는 평상시에는 보조기억장치에 저장되어 있다가 사람 등에 의해서 실행명령이 주어지면 주기억장치로 이동되어 CPU에 의해서 처리된다. 입력장치는 문자나 기호 같은 데이터를 컴퓨터가 이해하도록 전기적 신호장치로 변환시켜주는 장치로써 키보드, 마우스 등이 이에 해당한다. 출력장치는 중

앙처리장치가 처리한 결과를 출력하는 장치로써 모니터, 프린터 등이 이에 해당한다.

예를 들어 보조기억장치상에 설치된 워드프로세서 프로그램을 실행시키면 그 프로그램은 주기억장치의 특정 영역으로 로딩되어 일시적으로 저장된다. CPU는 워드프로세서 프로그램의 명령들을 제어장치로 이동시켜 해석하고 그 결과에 따라 연산장치와 입출력장치, 보조기억장치 등에 제어신호를 보내면서 문서 데이터를 처리한다. 입력장치에서 입력된 데이터는 주기억장치에 저장되었다가 나중에 적절한 명령에 의하여 보조기억장치에 저장된다.

4. 중앙처리장치

중앙처리장치(Central Processing Units)를 다른 말로 표현하면 마이크로프로세서(Micro Processor)라고도 한다. 중앙처리장치의 기능을 한 개의 칩 형태로 구현한 것이 마이크로프로세서이다. CPU는 일반적으로 연산장치, 제어장치, 레지스터로 구성된다. 레지스터는 CPU 내의 조그만한 기억장치이다. 용량은 크지 않지만 매우 빠른 속도로 데이터를 저장하고 읽어주는 기능을 제공한다. CPU는 한번에 처리할 수 있는 비트(bit)수가 많을수록 성능이 좋다. CPU는 주기억장치상의 프로그램 명령이나 데이터를 처리하기 위하여 한번에 16비트씩 또는 32비트씩 주기억장치로부터 레지스터로 프로그램 명령이나 데이터를 이동시킨다. 한번에 16비트씩 가져오는 CPU보다는 32비트씩 가져올 수 있는 CPU의 속도가 더 빠를 것이다.

CPU의 연산장치의 기능은 사칙연산이나 논리연산, 관계연산 등을 수행한다. CPU의 제어장치가 주기억장치로부터 프로그램명령 하나를 가져와서 해독한 결과 더하라는 명령이면 연산장치에게 더하라는 신호를 보낸다.

제어장치는 주기억장치에 기억되어 있는 프로그램명령들을 하나씩 가져와서 해독하고 그 결과에 따라서 연산장치를 구동시키고 입출력 장치등을 구동시키면서 프로그램 명령을 실행한다. 제어장치가 하는 일을 2단계로 나누어서 살펴보면 첫 번째 단계인 페치(Fetch Phase)단계에서는 주기억장치에 저장되어 있는 프로그램명령 하나를 CPU의 레지스터로 가져와서 저장한다. 두 번째 단계인 실행단계(Execution Phase)에서는 레지스터의 프로그램명령을 디코드(Decode)해서 컴퓨터 시스템의 각 구성요소들에게 신호를 보내어 제어한다. 실행단계가 끝나면 다시 페치단계로 들어가서 그 다음 프로그램명령을 가져오고 실행단계에서 그 명령어를 실행한다. CPU는 항상 페치단계와 실행단계를 매우 빠른 속도로 반복하면서 컴퓨터프로그램을 실행하게 되는 것이다. 응용프로그램 안에 있는 프로그램명령들은 매우 많아서 보통 몇십만 개에서 몇백만 개까지 될 것이다.

CPU의 핵심은 제어장치와 연산장치일 수 있지만 이러한 제어장치와 연산장치를 이용하는 것은 프로그램명령이다. 즉 프로그램명령이 CPU가 할 수 있는 기능들을 이용하는 것이다. CPU는 프로그램에 기술된 명령을 수행하는 개념이기 때문에 컴퓨터 핵심두뇌는 CPU가 아니라 프로그램 명령들, 즉 소프트웨어인 것이다. CPU의 기능은 한정되어 있지만 이러한 CPU기능을 어떻게 이용하느냐에 따라 다양한 기능의 소프트웨어가 탄생되는 것이다.

5. 기억장치

기억장치는 말 그대로 기억하여 저장하는 장치이다. 프로그램명령들로 이루어진 프로그램뿐만 아니라 프로그램에 의해서 처리될 데이터, 프로그램에 의해서 처리된 데이터 등을 저장한다.

5.1 기억장치 계층체계

기억장치의 유형은 주기억장치, 보조기억장치, 레지스터, 캐쉬(Cache) 등이 있다. CPU 내에 존재하는 레지스터가 가장 빠른 속도를 갖는다. 여기서 빠르다는

의미는 데이터를 기억시켜 저장하는 속도와 저장된 데이터 중 원하는 부분을 찾아
서 읽어 들이는 속도를 의미한다. 캐쉬는 레지스터보다는 느리지만 주기억장치나
보조기억장치보다는 빠르다. 따라서 캐쉬는 주기억장치 옆에 있으면서 CPU에 의
해서 자주 이용되는 데이터를 잠시 저장하여 프로그램 처리속도를 높이는 역할을
한다. 주기억장치는 캐쉬보다는 느리고 보조기억장치보다는 빠르다. 보조기억장치
는 속도가 느린 대신 단위 기억용량당 가격이 싸다. 단위 기억용량당 가격은 레지
스터가 가장 비쌀 것이고 다음은 캐쉬, 주기억장치, 보조기억장치 순으로 비쌀 것
이다. 캐쉬와 같이 속도가 빠른 기억장치를 대용량으로 탑재하면 프로그램 처리속
도가 빨라질 수 있지만 전체적인 컴퓨터 가격이 올라가서 비용 대비 효용(Cost-
Benefit) 효과는 그리 좋지 않을 수 있다. 따라서 비용 대 효용 효과를 최대화하기
위한 컴퓨터조직 기술 중의 하나가 기억장치 계층체계에 의한 기억장치 구성이다.
〈그림 10-4〉는 기억장치 계층체계를 나타내고 있다.

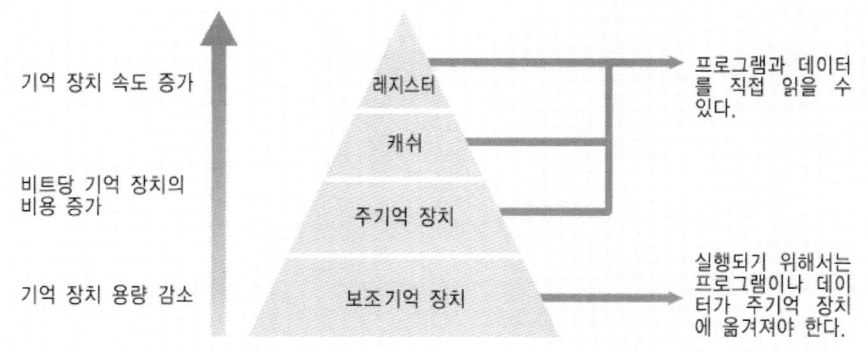

〈그림 10-4〉 기억장치 계층체계 구조

　기억장치 계층체계에서 하위레벨의 기억장치일수록 속도는 느리나 단위 기억용
량 당 가격은 저렴하고 상위레벨의 기억장치일수록 속도는 빠르나 단위용량당 가
격은 높다. 따라서 자주 사용되지 않는 프로그램이나 데이터일수록 하위레벨의 기

억장치에 저장하고 자주 사용되는 프로그램이나 데이터일수록 상위레벨에 저장할 필요가 있다. 컴퓨터에 설치되어 있는 소프트웨어나 데이터들은 평소에는 보조기억장치에 보관되어 있다. 이 중에서 실행요청이 있는 프로그램이나 데이터들은 선택되어 주기억장치로 이동 저장된다. 주기억장치에 올라온 프로그램이나 데이터 중에서도 CPU에 의한 빈번한 참조가 이루어지는 것들은 캐쉬로 이동된다. 프로그램이나 데이터들을 각 기억장치들로 이동시키고 또한 CPU가 처리할 수 있게 준비시키는 역할은 운영체제(Operating System)라는 시스템소프트웨어가 한다. 기억장치 계층체계를 적절히 잘 이용하면 가격은 저렴하면서 프로그램 처리속도는 빠른 컴퓨터를 구현할 수 있다.

캐쉬나 주기억장치에 있는 프로그램이나 데이터는 CPU가 직접 처리할 수 있으나 보조기억장치상의 프로그램이나 데이터는 주기억장치로 옮겨져야 CPU에 의한 처리가 가능하다.

캐쉬, 주기억장치, 레지스터는 휘발성(volatile) 저장장치로써 전원이 들어오는 동안에만 데이터의 저장이 가능하다. 반면에 하드디스크, CD롬, USB디스크 같은 보조기억장치는 전원이 공급되지 않더라도 한번 저장된 데이터는 영원히 기억할 수 있는 비휘발성(non-volatile) 저장장치이다.

5.2 기억장치 유형

기억장치의 유형은 주기억장치, 보조기억장치, 캐쉬 등이 있다. 주기억장치로 이용되는 상용화된 제품 중의 하나는 DRAM(Dynamic Random Access Memory)이고 캐쉬 기억장치로는 SRAM(Static Random Access Memory)이 있다. ROM도 특별 프로그램을 저장하는 용도로 이용된다. 보조기억장치로는 하드디스크, CD-ROM, USB디스크 등이 있다. 〈표 10-1〉는 각 기억장치 종류별 특징을 나타내고 있다.

〈표 10-1〉 기억장치의 종류별 특징

유　형	종　류	접근속도	기억용량에 따른 비용
주기억장치	ROM	가장 빠름	가장 높음
	SRAM	매우 빠름	매우 높음
	DRAM	빠　름	높　음
보조기억장치	하드디스크	보　통	보　통
	USB메모리	보　통	조금 낮음
	CD-ROM	느　림	낮　음
	백업테이프	매우 느림	매우 낮음

〈그림 10-5〉는 주기억장치의 내부구조와 다른 장치와의 연결구조를 나타내고 있다.

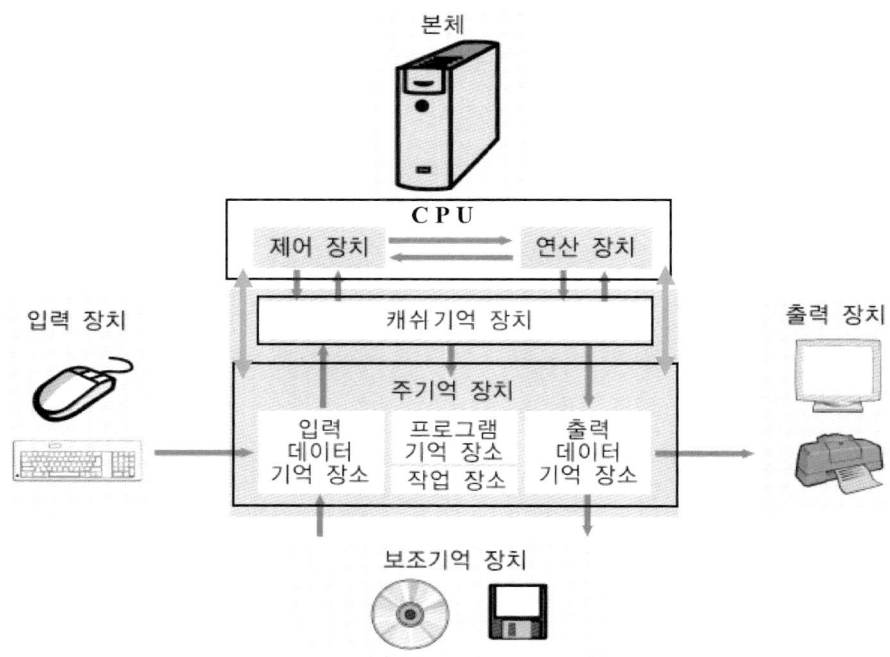

〈그림 10-5〉 주기억장치의 구성

(1) 주기억장치

주기억장치는 프로그램이 기억되는 영역, 프로그램의 중간처리결과가 일시적으로 기억되는 영역(Working Memory, 작업장소), 키보드 등으로부터 입력된 데이터가 기억되는 영역, 프린터 등 출력장치로 출력될 데이터가 저장될 영역으로 나누어져 있다. 주기억장치는 캐쉬 기억장치와 연결되어 있고 캐쉬 기억장치는 CPU와 연결되어 있다. 실행요청이 발하여진 프로그램은 보조기억장치에서 주기억장치의 프로그램기억장소로 옮겨지고 CPU에 의한 처리가 이루어진다. CPU에 의해서 처리될 때 중간처리결과는 작업장소에 일시적으로 기억된다. 프로그램 처리 도중 프로그램의 입력명령에 의하여 입력된 데이터는 입력데이터 기억장소에 일시적으로 저장되고 출력명령에 의하여 출력될 데이터는 출력데이터 기억장소에 일시적으로 기억되었다가 출력된다.

CPU는 주기억장치와도 연결되어 있다. 주기억장치에 있는 프로그램이나 데이터 중 빈번히 이용되는 것은 캐쉬로 옮겨져서 CPU의 처리를 받는다. CPU의 처리결과 데이터들도 일시적으로 캐쉬에 저장되었다가 나중에 주기억장치로 옮겨질 수 있다.

CPU의 제어장치는 캐쉬 기억장치 내의 프로그램 명령이나 데이터에 접근할 수 있고 주기억장치 내의 프로그램명령이나 데이터에 접근할 수 있다.

캐쉬 기억장치 용도로 이용되는 SRAM은 플립플롭 기억소자로 만들어진 기억장치로써 전원이 공급되는 한 내용이 기억되며 복잡한 재생클럭(Refresh Pulse)이 필요 없어서 속도는 빠르지만 가격은 비싸서 작은 용량의 메모리에 사용된다. 주기억장치의 용도로 사용되는 DRAM은 콘덴서 기억소자로 구성된 기억장치로써 기억된 데이터를 유지하기 위하여 항상 재생클럭을 공급해야 하므로 SRAM보다 속도가 느리지만 가격은 저렴하다. DRAM도 전원이 공급되는 동안에만 데이터 또는 프로그램이 기억된다. 워드프로세서 프로그램을 실행하면서 문서를 만들기 위하여 입력한 많은 데이터는 주기억장치의 입력데이터 기억장소에 일시적으로 저장되는데 중간에 전원공급이 끊기면 입력했던 데이터는 소멸될 것이다. 그러나 워드프로세서의 저장명령을 수행하면 입력데이터나 중간처리결과 데이터가 출력데이터 기억장소로 이동되었다가 보조기억장치로 저장되기 때문에 전원공급이 끊기더라도 보조기억장치에 저장된 데이터는 소멸되지 않을 것이다.

주기억장치의 프로그램 기억장소는 실행요청이 발하여진 컴퓨터프로그램을 일시적으로 저장하는 영역이다. 실행요청이 발생하면 보통 보조기억장치에 저장되어 있던 프로그램이 운영체제에 의하여 이곳으로 이동되는 것이다. 그러나 컴퓨터를 처음 켰을 때 실행되어 각종 컴퓨터 구성요소 장치들을 체크하고 운영체제를 주기억장치로 로딩시키기 위한 준비작업을 하는 프로그램은 보조기억장치에 보관되는 것이 아니라 ROM(Read Only Memory)에 보관 기억되어 있다. RAM은 기억된 내용을 자유롭게 읽을 수 있고 데이터를 임의로 기억시킬 수 있지만 ROM에 기억된 프로그램은 읽기만 가능하고 수정할 수 없다. RAM은 전원공급이 중단되면 기억된 내용이 소멸되지만 ROM에 기억된 프로그램은 전원공급이 중단되어도 기억된 내용이 소멸되지 않는다. 즉 ROM은 특별한 프로그램을 저장하는 주기억장치인 것이다. ROM-BIOS(Basic Input Output System)은 컴퓨터의 전원을 켜면 맨 처음 컴퓨터의 제어를 맡아 가장 기본적인 기능을 처리해 주는 프로그램을 의미하며 그러한 프로그램이 저장되어 있는 ROM 그 자체이기도 하다.

ROM에 기억되어 있다고 해서 수정이 불가능한 것은 아니다. 단지 자유롭고 빈번한 수정이 어렵다는 의미이다. Mask ROM은 제조과정에서 미리 내용을 기억시킨 것으로 사용자가 내용을 변경시킬 수 없지만 PROM(Programmable ROM)이나 EPROM(Erasable PROM)은 자외선이나 높은 압력 등으로 변경가능하다.

(2) 보조기억장치

보조기억장치는 주기억장치의 제한된 용량을 지원하는 장치로서 자기디스크(Magnetic Disk), 자기테이프(Magnetic Tape) 등을 쓰며 개인용 컴퓨터에서는 하드디스크, USB메모리, CD-ROM, DVD, 플로피디스크 등이 이용된다.

하드디스크는 고정 부착된 형태의 보조기억장치로 많이 이용되고 CD-ROM이나 DVD, 플로피디스크 등은 이동 가능한(portable) 보조기억장치로 많이 이용된다. 최근에는 이동 가능한 보조기억장치로 USB메모리가 많이 이용된다. USB 메모리는 컴퓨터의 USB포트에 연결해서 사용하는 이동식 저장장치로서 CD-ROM이나 플로피디스크보다 훨씬 빠르다.

중대형 컴퓨터에서 많이 이용되었던 이동식 저장장치인 자기테이프, 즉 백업테이프는 순차방식의 저장장치이다. 순차적으로 데이터를 기억시키고 필요한 데이터를 읽을 때도 순차적으로 접근한다. 예를 들어 음악 레코드 테이프는 자기테이프의 한 예인데 원하는 노래를 듣기 위해서는 레코드 테이프의 처음부터 원하는 부분까지의 노래가 재생된 후에야 들을 수 있다. 순차방식의 저장장치는 데이터를 저장하거나 읽는 속도가 느리지만 단위용량당 가격은 저렴하기 때문에 오랜 기간 대용량 데이터를 보관하기 위한 용도로는 적합하다 할 수 있다. 반면 임의접근방식의 저장장치는 원하는 부분의 데이터를 읽기 위해서 데이터가 있는 위치에 직접적으로 접근할 수 있다. 하드디스크, CD-ROM, 플로피디스크, USB메모리는 임의접근방식의 저장장치이다. 주기억장치도 RAM(Random Access Memory)이라는 단어의 의미에서 알 수 있듯이 임의접근방식의 저장장치이다.

보조기억장치는 전원이 공급되지 않더라도 기억하고 있는 데이터를 영원히 기억할 수 있는 비휘발성(non-volatile)을 갖는다. 따라서 컴퓨터상에 설치된 컴퓨터소프트웨어나 데이터는 평시에는 보조기억장치에 기억되어 있다가 사용자의 실행요청이 발생할 때 주기억장치로 옮겨져 CPU에 의하여 처리되는 것이다.

〈표 10-2〉는 보조기억장치의 유형별 특징들을 나타내고 있다.

〈표 10-2〉 보조기억장치의 유형별 특징

유 형		특 징
중대형 컴퓨터용	자기테이프장치 (Magnetic Tape)	플라스틱 테이프 표면에 자성재료인 산화철 분말을 바른 것으로 전원의 변화와 전자석의 작용에 의해 자성분말에 자장을 만들어 영구적 상태로 저장함.
	자기디스크장치 (Magnetic Disk)	금속원판을 여러 동일 축에 고정시키고 디스크에는 원주를 따라 동심원 트랙이 있고 각각의 트랙은 섹터로 나누어짐
	자기드럼장치 (Magnetic Drum)	알루미늄 합금체 원통형 표면에 자성자료를 바른 기억장치로 트랙들은 각각 자신의 헤드를 가지고 있음
	자기카드장치 (Magnetic Card)	용량이 큰 기억장치로 테이프의 주행장치와 제어회로로 구성되고 순차적으로만 자료를 읽고 쓸 수 있는 기억장치
개인용 컴퓨터용	플로피디스크	보통 디스켓이라고도 하는데 과거에는 많이 이용되었지만 속도와 용량이 다른 보조기억장치에 비하여 떨어지므로 현재에는 잘 이용되지 않음
	하드디스크	가장 많이 쓰이고 있으며 가격대비 성능이 가장 우수함
	CD-ROM	멀티미디어시대의 필수적 저장매체로서 용량/가격비율이 가장 저렴함. 읽을 수만 있으며 1, 2, 4배속 등의 속도로 발전함(1배속＝150K Byte/sec & 200~530RPM)
	DVD-RAM	열을 가함에 따라 물질이 고체, 액체, 기체로 변화하는 원리를 이용하는 디스크를 이용해서 기록하고 재생할 수 있다. 1회만 쓸 수 있는 DVD-R나 여러 번 쓰고 지울 수 있는 DVD-RW에 이어서 차세대 PC용 대용량 미디어로 규격화되었다. 기억용량이 한쪽 2.6GB, 양쪽 면 5.2GB이다.
	USB메모리	하드디스크만큼의 속도와 용량을 지원하고 이동가능한 저장장치로써 많이 이용되고 있다.

6. 속도와 성능

컴퓨터의 처리속도는 CPU의 속도를 기준으로 평가되는 경우가 많다. CPU속도는 보통 Hz나 IPC(Instruction per Cycle) 등으로 나타낼 수 있다. Hz는 클럭속도라고도 하는데 CPU 내에서 상태변화가 이루어지는 속도이다. CPU의 내부적인 처리는 상태(state)변화가 이루어지면서 진행된다. CPU에 들어 온 프로그램명령은 CPU 내에서 순차적인 상태변화를 거치면서 실행된다. 순차적인 상태변화가 연속적으로 일어나서 프로그램명령의 실행이 완성되면 CPU의 한 사이클(Cycle)이 완성되는 것이다. CPU의 상태변화는 CPU 클럭(clock)이 발하여질 때 이루어진다. 따라서 CPU 클럭이 빨리 뛰면 CPU상태변화가 신속하게 이루어지고 결국 CPU의 처리속도는 빨라지게 되는 것이다. Hz는 1초에 몇 번의 CPU 클럭이 발하여지는지를 나타내는 측정단위이다.

IPC는 CPU의 한 사이클에서 몇 개의 명령어가 처리될 수 있는지를 나타내는 측정단위이다. 따라서 CPU의 성능은 클럭속도와 IPC속도를 곱하여 계산될 수 있다. 그러나 정확한 CPU성능은 클럭속도와 IPC 이외에도 다른 요인들에 의하여 영향을 받을 수 있는데 여기서는 논의의 범위를 넘어가는 것으로 간주하여 생략하기로 한다.

〈표 10-3〉 인텔CPU의 역사

연　도	CPU유형	클럭속도	버스폭
1974	8080	2MHz	8bits
1979	8088	최대8MHz	16bits
1982	80286	최대 12MHz	16bits
1985	80386	최대 33MHz	32bits
1989	80486	최대 100MHz	32bits
1993	Pentium	최대 200MHz	64bits
1995	Pentium Pro	200MHz 이상	64bits
1998	Pentium Ⅱ	233MHz 이상	64bits
1999	Pentium Ⅲ	450MHz 이상	64bits
2000	Pentium Ⅳ	1.3GHz	64bits
2001	Pentium Ⅳ	2GHz 이상	64bits

〈표 10-3〉에서 버스폭의 의미는 CPU와 주기억장치 사이에서 한번에 이동할 수 있는 데이터양을 의미한다. 고속도로에서 2차선보다는 4차선 도로가 더 많은 차량통행이 가능하듯이 버스폭도 넓을수록 보다 많은 데이터가 신속하게 이동할 수 있어서 처리속도는 빨라지게 된다. 버스 폭이 32비트인 CPU보다 64 비트인 CPU의 속도가 2배 정도로 더 빠를 것이다. 버스 폭에 따라서 CPU의 내부구조도 달라질 것이다.

버스는 CPU와 주기억장치 사이의 데이터 이동을 담당할 뿐만 아니라 다른 장치요소들 사이의 데이터 이동에도 이용된다. 하드웨어 요소들은 버스로 연결되어 있어서 버스를 통하여 데이터를 서로 주고받는다. 16비트 버스는 16차선 고속도로, 32비트 버스는 32차선 고속도로와 비유될 수 있다. 버스의 유형은 ISA, EISA, VESA, PCI(Peripheral Component Interchange) 등이 있다. 버스폭이 32비트이고 클럭속도가 33MHz인 버스의 데이터전송 속도는 4Byte×33,000,000가 되어 132,000,000Byte/sec가 될 것이다.

7. 입력장치

입력장치는 사용자가 원하는 문자나 그림 등의 데이터를 컴퓨터 내부로 전달하는 장치이다. 입력장치의 유형은 매우 다양하여 키보드, 마우스, 스캐너 등이 있다.

키보드(Keyboard)는 컴퓨터의 가장 대표적인 입력장치로써 글자판의 글쇠를 직접 눌러서 데이터를 입력하는 장치로써 문자키, 숫자키 기능키 등으로 이루어져 있다. 키보드의 키 개수는 86개인 것, 101개인 것, 103개인 것, 106개인 것 등 다양하지만 106키로 이루어진 키보드가 많이 사용되고 있다. 이외에도 타이핑할 때 손과 손목의 부담을 줄여주는 인체공학적 키보드일반적인 키보드, 컴퓨터본체와 무선으로 연결되어 있는 무선 키보드 등도 있다.

　마우스(Mouse)는 그래픽 사용자 환경의 컴퓨터에서 중요하게 이용되는 입력장치 중의 하나이다. 마우스는 마우스포인트를 움직여 그래픽사용자 환경의 메뉴나 아이콘을 쉽게 선택하거나 실행할 수 있도록 하는 입력장치이다. 그 유형으로는 볼마우스, 광마우스 등이 있다. 볼마우스는 마우스 밑 부분에 볼이 들어 있어서 마우스를 움직이면 볼도 따라 움직이면서 마우스의 움직임 정보를 인식한다. 광마우스는 빨간 불빛을 내는 작은 다이오드 LED 부분에서 빛이 바닥으로 쏘아지고, 마우스와 접하고 있는 바닥에서 반사된 빛은 다시 마우스의 광센서에 입력되는 방식으로 움직임 정보를 인식한다.

　스캐너(Scanner)는 텍스트, 그림, 사진 등의 영상자료를 컴퓨터로 읽어들이는 입력장치이다. 스캐너의 품질은 해상도라는 척도로 평가된다. 해상도 척도 중의 하나인 DPI(Dots per Inch)는 영상을 표현하는 단위인 픽셀(pixel)이 1인치 안에 몇 개 포함되어 있는지를 나타내는 것이다. 해상도가 높을수록 선명하게 고화질로 영상 자료를 입력받을 수 있을 것이다.

　기타 특수 입력장치들로서 디지타이저, 조이스틱, 바코드판독기, 라이트펜 등이 있다.

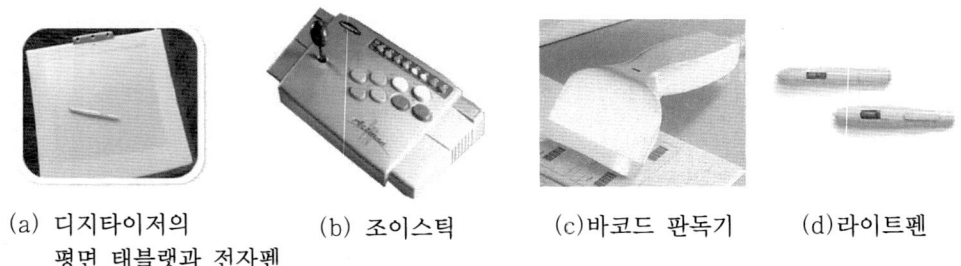

(a) 디지타이저의　　　(b) 조이스틱　　　(c)바코드 판독기　　　(d)라이트펜
　　평면 태블릿과 전자펜

〈그림 10-6〉 특수입력장치들

　디지타이저(Digitizer)는 그림, 설계도면, 필기체 문자등의 아날로그 정보를 디지털정보로 변환하여 입력하는 장치로서 평면 태블릿과 전자펜으로 구성된다. 조이

스틱(joy stick)은 막대를 상하좌우로 움직여서 스크린 내의 커서의 위치를 조정하는 입력장치로서 주로 게임용으로 사용된다. 라이트펜은 모니터장치에 부속된 일종의 수동입력 및 교환장치로서 감광소자를 내장한 펜모양의 도구로 모니터에 지시를 하면 그 내용을 컴퓨터가 인식하게 하는 장치이다. 바코드판독기는 빛을 쏘아 상품에 인쇄된 바코드를 인식하는 장치로서 판매시점자료수집시스템, 즉 POS(Point of Sales)시스템에서 이용한다. 할인매장이나 슈퍼마켓에서 물품을 판매할 때 물품의 종류, 가격 등을 바코드판독기를 이용하여 전자적으로 처리함으로써 신속하게 판매계산을 할 수 있다. 신속한 계산과 동시에 판매된 물품이 전자적으로 신속하게 컴퓨터에 입력되므로 대량의 판매 데이터 수집을 가능하게 한다. 이러한 방식으로 컴퓨터에 입력·축적된 대량의 판매 데이터를 이용하여 다양한 경영분석을 할 수 있으며 판매제품의 추세, 소비자의 취향 등을 파악하여 과학적인 마케팅 활동에 활용할 수 있다.

디지털 카메라도 입력장치 중의 하나라고 할 수 있다. 사진영상을 컴퓨터그래픽 파일 형태로 컴퓨터에 입력시킬 수 있는 기능이 있다. 카메라로 찍은 영상을 필름 대신에 전자촬영 소자에 기록해서 내장된 메모리에 저장하는 방식을 이용한다. 광학마크판독기(Optical Mark Reader)는 OMR카드를 읽어 들이는 입력장치로서 OMR카드의 까만 부분과 나머지 부분의 명암을 구분하여 데이터기록을 판독하는 장치이다. OMR카드는 시험답안 작성용이나 통계조사작성용으로 지금도 사용되고 있다. OMR과 비슷한 장치로써 광학문자판독기(Optical Character Reader, OCR)과 자기잉크문자판독기(Magnetic Ink Character Reader, MICR)가 있다. OCR은 손으로 쓴 글씨나 인쇄된 문자에 빛을 쏘아서 반사되는 정도를 인식하여 문자를 판독하는 장치로써 공공요금청구서나 지로용지 등을 인식하는 입력장치이다. MICR은 자성을 띤 특수잉크로 쓰인 문자를 판독하는 장치로서 은행에서의 수표나 어음을 처리할 때 이용된다.

8. 출력장치

출력장치는 컴퓨터가 처리한 결과를 인간에게 전달해주는 장치로서 모니터, 프린터, 스피커, 그래픽카드, 사운드카드 등이 있다.

모니터(Monitor)는 입력장치로 입력한 내용이나 컴퓨터에서 처리된 결과를 화면을 통해 표시하는 장치로서 음극선관, 액정디스플레이, 플라즈마디스플레이판넬 등이 있다. 음극선관은 CRT(Cathode-ray tube)모니터를 의미하는 것으로 TV브라운관처럼 전자총에서 나오는 전자빔이 화면의 형광면에 부딪치며 발광하여 표시하는 원리를 사용한다. CRT모니터는 과거에 대부분의 컴퓨터에서 이용되었었지만 지금은 액정디스플레이 모니터로 옮겨가고 있는 상황이다. 액정디스플레이(Liquid Crystal Display)는 LCD모니터라고도 하는 것으로서 액정물질이 들어있는 두 장의 유리판에 전압을 가하고 그로 인해 반사되는 빛의 양을 변화시켜 화면에 표시하는 장치이다. 플라즈마 디스플레이 판넬(Plasma Display Panel, PDP)은 두 장의 유리판 사이에 플라즈마라는 혼합가스의 충돌로 일어나는 빛을 이용하여 화면에 표시하는 장치로서 최근 벽걸이 TV에 많이 사용되고 있다.

그래픽카드는 컴퓨터가 처리한 자료를 인간이 볼 수 있도록 모니터에 뿌려주는 역할을 하는 출력장치로서 컴퓨터본체 안에 기본적으로 내장되어 있다.

프린터는 완성된 문서를 종이에 출력하여 인쇄하는 인쇄장치로서 충격식과 비충격식으로 구분된다. 충격식 인쇄장치로서 도트프린터가 있다. 도트프린터(Dot Printer)는 글자를 점으로 나타내는 방식의 프린터로 프린터헤드에 부착된 핀의 조합으로 잉크리본을 두드려 인쇄하는 방식을 사용한다. 도트프린터는 소음이 크고 그림표시능력 등 인쇄품질이 떨어지므로 지금은 많이 이용되고 있지 않다. 비충격식 인쇄장치로는 잉크젯프린터와 레이저프린터가 있다. 잉크젯프린터(Inkjet Printer)는 프린터헤드의 가는 구멍(노즐)을 통해 잉크를 분사하여 인쇄하는 방식으로 적은 비용으로 컬러인쇄까지도 가능하며 가격이 저렴한 편이지만 속도가 느린 편이다. 잉크젯프린터는 현재 개인용 프린터로 많이 이용되고 있다. 레이저프린터(Laser Printer)는 감광드럼에 빛을 쏘아 토너를 묻혀 인쇄하는 방식의 프린터로서 속도가 빠르고 인쇄품질도 좋아 현재 많이 이용되고 있다. 레이저프린터는 잉크젯프린터에 비하여 인쇄품질이 좋으므로 가격은 비싼 편이다.

출력장치의 또 다른 유형으로 플로터, 마이크로필름 출력장치, 사운드카드, 스피커 등이 있다. 플로터는 그림이나 설계도면을 인쇄하는 장치로서 주로 CAD(Computer Aided Design)의 출력장치로 많이 이용되며 출력하고자 하는 용지의 크기에 제한받지 않고 출력할 수 있으므로 주로 디자인 회사, 광고 회사 등에서 많이 이용하는 출력장치이다. 마이크로필름 출력장치는 컴퓨터에서 처리한 자료를 종이나 화면에 나타내지 않고 마이크로필름에 수록하는 출력장치이다. 사운드카드는 컴퓨터에 저장된 소리와 음악 등의 디지털 데이터를 아날로그 형태로 변환하여 스피커로 보내주는 장치이다. 스피커는 아날로그형태의 소리데이터를 실제 소리로 출력하는 장치로서 멀티미디어 시대를 맞아 그 기능이 점차 향상되고 있다.

【요 약】

경영정보시스템을 이해하기 위해서는 비즈니스마인드와 더불어 정보기술에 대한 지식을 습득하여야 한다. 경영정보시스템과 관련한 정보기술 분야는 크게 컴퓨터시스템기술과 정보통신기술 분야로 나눌 수 있다. 컴퓨터시스템 기술 분야는 컴퓨터 하드웨어 분야와 컴퓨터 소프트웨어 분야로 구분할 수 있다.

컴퓨터 하드웨어 구성요소들은 CPU, 주기억장치, 보조기억장치, 입출력장치 등으로 이루어진다. CPU는 주기억장치에 저장되어 있는 프로그램명령들을 처리하는 역할을 한다. 주기억장치는 실행요청이 발하여진 프로그램들을 일시적으로 기억하는 역할을 하고 또 CPU가 처리한 프로그램명령의 결과 데이터를 일시적으로 기억하는 역할을 한다. 보조기억장치는 컴퓨터프로그램들이나 데이터들을 영구적으로 저장하는 역할을 한다.

입력장치는 사용자가 원하는 문자나 그림 등의 데이터를 컴퓨터내부로 전달하는 장치이다. 입력장치의 유형은 매우 다양하여 키보드, 마우스, 스캐너 등이 있다. 출력장치는 컴퓨터가 처리한 결과를 인간에게 전달해주는 장치로서 모니터, 프린터, 스피커, 그래픽카드, 사운드카드 등이 있다.

【연습문제】

※정오식문제

1. 컴퓨터구조 상 캐쉬용량은 주기억장치 용량보다 클 수 없다.( )

2. 한글2002나 MS워드 등과 같은 워드프로세서 소프트웨어를 실행시켜서 문자데이터들을 입력시키면 그 입력된 문자데이터들은 일차적으로는 보조기억장치에 저장된다.( )

3. LCD는 두 장의 유리판 사이에 플라즈마라는 혼합가스의 충돌로 일어나는 빛을 이용하여 화면에 표시하는 장치로 최근 노트북 등에 많이 이용되고 있다.( )

4. 소프트웨어의 프로그램명령을 해석하는 장치는 CPU의 연산장치이다.( )

5. 하드디스크에 저장되어 있는 데이터베이스는 하드웨어라고 할 수 있다.( )

6. CPU와 보조기억장치 사이에는 명령신호만 흐를 수 있고 데이터는 흐를 수 없다.( )

※단답식문제

7. 비용 대 효용 효과를 최대화하기 위한 컴퓨터조직 기술 중의 하나가 (   )에 의한 기억장치 구성이다.

8. (   )는 컴퓨터의 전원을 켜면 맨 처음 컴퓨터의 제어를 맡아 가장 기본적인 기능을 처리해 주는 프로그램이다.

【참고문헌】

[1] 김대수, 컴퓨터개론, 생능출판사, 2005..

[2] 이현의·김인환·은종민, 전자계산기구조, 기전연구사, 2003.

[3] 조경산, 컴퓨터구조론, 이한출판사, 1998.

[4] 조연완, 컴퓨터구조학, 정익사, 1994.

[5] 한금희, 함미옥, 컴퓨터과학개론, 한빛미디어, 2005.

제11장

컴퓨터소프트웨어와 운영체제

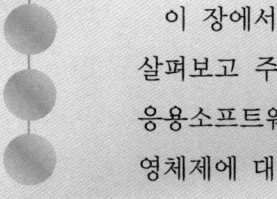

이 장에서는 정보시스템의 중요한 구성요소인 컴퓨터의 조직구조를 살펴보고 주요 소프트웨어 구성요소를 고찰한다. 시스템소프트웨어와 응용소프트웨어의 차이를 알아보고 대표적인 시스템소프트웨어인 운영체제에 대하여 고찰한다.

1. 컴퓨터시스템 조직구조

컴퓨터 시스템은 크게 소프트웨어와 하드웨어로 구성된다. 소프트웨어는 컴퓨터 프로그램들로서 하드웨어의 기능을 이용하여 자신의 역할을 수행한다. 사람들은 소프트웨어의 다양한 기능을 이용하면서 자신의 문제를 해결하거나 편리한 일상생활을 영위한다. 물론 어떤 소프트웨어는 다른 소프트웨어에 의하여 이용되기도 한다. 〈그림 11-1〉은 컴퓨터시스템 조직구조를 나타내고 있다.

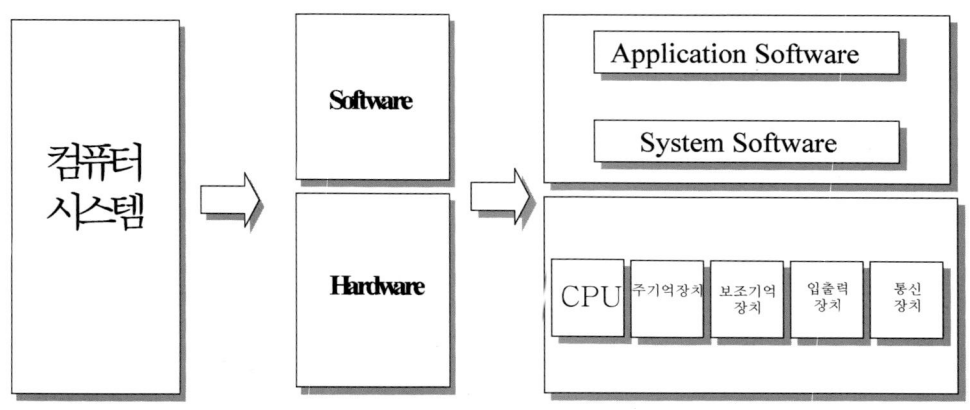

〈그림 11-1〉 컴퓨터시스템 조직구조

컴퓨터하드웨어 구성요소는 CPU, 주기억장치, 보조기억 장치, 입출력장치, 통신장치 등이다. 이런 하드웨어 요소들은 소프트웨어가 자신의 기능을 수행하기 위하여 이용되는 것들이다. 하드웨어의 도움을 받으면서 소프트웨어가 자신의 역할을 수행할 수 있는 것이다. 소프트웨어는 크게 시스템소프트웨어(System Software)와 응용소프트웨어(Application Software)로 구분할 수 있다.

〈그림 11-2〉는 컴퓨터시스템을 계층적 개념으로 보다 단순화시켜서 나타내고 있다. 컴퓨터사용자는 컴퓨터시스템에서 소프트웨어를 사용하지만 소프트웨어는 하

드웨어의 기능을 이용해서 자신의 역할을 수행하기 때문에 사용자는 결국 컴퓨터
하드웨어를 이용하고 있다고 말할 수 있다. 컴퓨터사용자는 소프트웨어라는 매개
체를 이용하여 컴퓨터하드웨어를 이용하는 것이다.

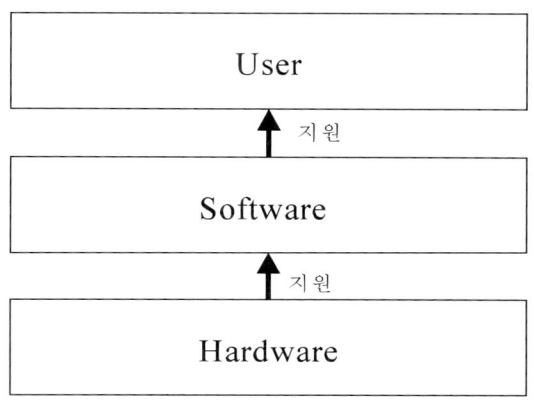

〈그림 11-2〉 컴퓨터시스템구조의 계층적 개념

　과거에 컴퓨터 기술이 발전되지 않았을 때에는 컴퓨터사용자가 직접 컴퓨터하드
웨어를 조작하면서 컴퓨터를 이용했었던 시절이 있었다. 컴퓨터하드웨어를 직접
조작하려면 컴퓨터에 대한 깊은 지식이 필요하고 컴퓨터에 대한 전문지식이 없는
일반인들은 컴퓨터를 이용할 기회가 없어져 버린다. 따라서 하드웨어의 조작을 보
다 쉽게 할 수 있는 자동화 기술이 필요하게 되었고 그 기술이 바로 컴퓨터프로그
래밍 기술인 것이다. 운영체제(Operating System)나 컴파일러(Compiler) 등과 같
은 시스템소프트웨어 개발로 인하여 하드웨어조작의 자동화가 시작되었으며 시스
템소프트웨어의 기능을 이용한 응용소프트웨어의 개발로 인하여 컴퓨터 사용자들
이 보다 쉽게 컴퓨터를 사용할 수 있는 기틀이 마련되었다고 할 수 있다.
　〈그림 11-3〉은 소프트웨어가 하드웨어상에서 어떻게 실행되는지를 나타내는 그
림이다.

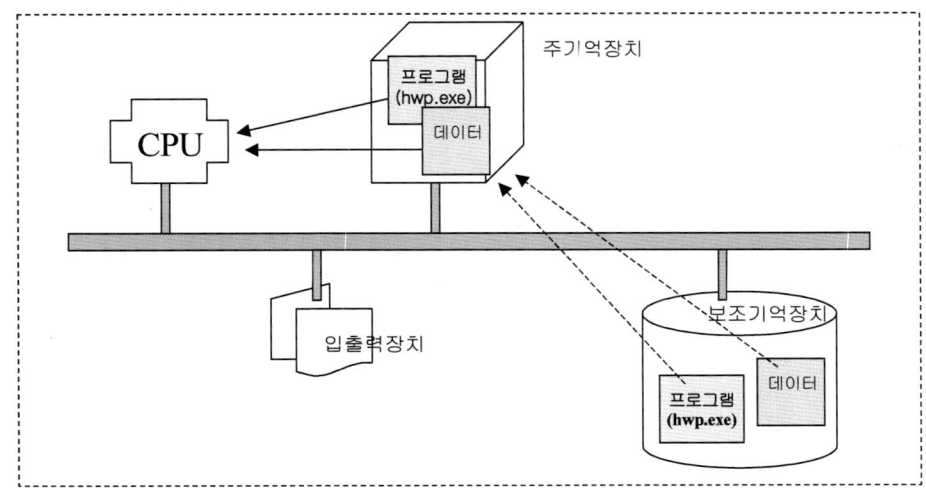

〈그림 11-3〉 소프트웨어의 실행과정

〈그림 11-3〉에서 하드웨어 구성요소들인 CPU, 주기억장치, 보조기억장치, 입출력장치 등이 있고 버스 등으로 서로 연결되어 있다. 소프트웨어를 설치하면 그 소프트웨어를 구성하는 컴퓨터프로그램들과 데이터들은 보조기억장치에 기억·저장된다. 그림에서 프로그램과 데이터가 소프트웨어에 해당된다. 많은 컴퓨터프로그램 파일들과 데이터 파일들이 보조기억장치상에 저장 보관되어 있을 것이다. 예를 들어 워드프로세서 소프트웨어인 한글2002를 설치하면 hwp.exe 등과 같은 컴퓨터프로그램들이 보조기억장치상에 저장된다. 스프레드쉬트 소프트웨어인 엑셀2000을 설치하면 excel.exe 등과 같은 컴퓨터프로그램들이 보조기억장치에 저장된다. 기타 많은 컴퓨터프로그램들과 데이터들이 보조기억장치상에 있을 것이다. 이 중에서 사용자가 이용하려는 소프트웨어, 예를 들면 한글2002 워드프로세서에 대한 실행 요청을 윈도XP와 같은 운영체제 소프트웨어에게 부탁하면(마우스 클릭등의 방법을 사용), 윈도XP는 해당 프로그램, 즉 hwp.exe 파일을 보조기억장치에서 찾아서 주기억장치로 옮겨 저장한 후 그 시작위치(주소)를 CPU에게 알려주면 CPU가 hwp.exe 프로그램의 명령들을 실행한다. CPU가 hwp.exe 프로그램의 명령들을 실

행한 결과로써 한글2002 편집기 창이 모니터에 보이고 문서작성을 위한 데이터입력을 할 수 있고 입력한 데이터를 보조기억장치에 저장하는 등의 기능을 이용할 수 있는 것이다.

여기서 윈도XP와 같은 운영체제 소프트웨어의 역할은 한글2002와 같은 소프트웨어가 CPU에 의하여 실행될 수 있도록 도와주고 한글2002와 같은 소프트웨어는 문서편집 기능을 사용자에게 제공한다.

2. 소프트웨어의 유형

소프트웨어는 크게 시스템소프트웨어(System Software)와 응용소프트웨어(Application Software)로 구분할 수 있다. 시스템소프트웨어는 앞에서 언급했던 윈도XP처럼 하드웨어와 밀접하게 관련되면서 응용소프트웨어가 실행되는 것을 도와주는 역할을 하는 소프트웨어이다. 한글2002와 같은 응용소프트웨어는 컴퓨터 사용자의 문제해결이나 편의제공 등을 위한 기능을 제공한다. 한글2002는 컴퓨터사용자가 멋있는 문서를 작성하는 것과 같은 문제의 해결을 도와주기 위한 문서편집기능을 제공한다. 즉 응용소프트웨어는 컴퓨터 사용자가 원하는 기능을 제공하는 것이 최대의 목적인 반면 시스템소프트웨어는 응용소프트웨어를 도와주는 것을 최대의 목적으로 한다.

또한 시스템소프트웨어의 프로그램명령들은 하드웨어와 밀접하게 관련되어 하드웨어를 제어하는 부분들이 있는 반면 응용소프트웨어의 프로그램명령들은 하드웨어를 제어하는 부분은 별로 없고 대신 시스템소프트웨어가 지원하는 명령들을 이용하는 형태로 되어 있다. 〈그림 11-4〉는 이러한 개념을 나타내고 있는 그림이다.

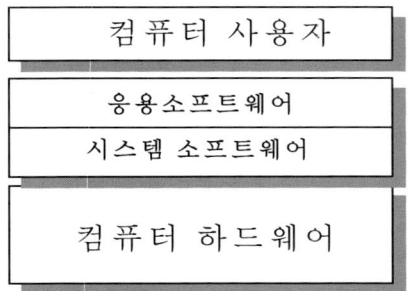

〈그림 11-4〉 응용소프트웨어와 시스템소프트웨어의 차이

2.1 시스템소프트웨어

시스템소프트웨어는 응용소프트웨어를 지원하는 목적으로 하드웨어와 응용소프트웨어 사이를 중개하는 역할을 한다.

운영체제(Operating System)은 대표적인 시스템소프트웨어로서 컴퓨터시스템의 중요한 구성요소이다. 상용화된 운영체제는 윈도XP, 유닉스(UNIX), 리눅스(LINUX) 등이 있다. 운영체제 소프트웨어는 CPU나 메모리, 보조기억장치 등 컴퓨터하드웨어 자원을 잘 관리해서 실행 중인 응용소프트웨어들이 하드웨어자원들을 공평하게 이용할 수 있도록 관리하고 중재하는 역할을 한다. 예를 들어 컴퓨터시스템에 CPU는 하나인데 현재 한글2002 프로그램과 엑셀 프로그램, 인터넷 브라우저가 실행되고 있다면 하나의 CPU를 3개의 응용프로그램이 공평하게 이용할 수 있도록 중재해주는 역할이 필요할 것이고 이러한 역할을 운영체제가 한다는 것이다.

운영체제는 또한 사용자가 컴퓨터를 쉽게 이용할 수 있도록 하는 기능을 제공한다. 사용자가 한글2002나 엑셀 같은 컴퓨터 프로그램을 실행시키고자 할 때 사용자는 윈도XP의 시작메뉴를 이용하여 이러한 프로그램을 선택만 하면 된다. 메뉴 선택 후 짧은 시간 동안 운영체제는 선택한 프로그램을 보조기억장치에서 찾아 주기억장치로 옮기고 CPU가 그 프로그램을 처리할 수 있도록 준비를 하며 실제 실행할 수 있도록 조치한다. 한글2002가 실행되는 동안 다른 응용프로그램에 대한 실행요청이 발생하면 운영체제는 다시 그 실행요청 한 프로그램을 보조기억장치에서 찾아 주기억장치의 임의의 영역으로 옮기고 CPU처리가 이루어질 수 있게 조치한다. 이 때 용량이 한정된 주기억장치에는 여러 응용프로그램들이 상주하여 이용하게 되므로 주기억장치를 효율적으로 사용하기 위한 주기억장치 관리기능이 필요한데 운용체제가 이러한 역할을 한다. 또한 하나의 CPU를 여러 응용프로그램 모듈들과 시스템소프트웨어 모듈들이 나누어서 공평하게 이용할 수 있도록 하기 위한 CPU 스케쥴링 기능도 필요한데 운영체제가 이러한 역할을 한다. 보조기억장치의 용량도 한정되어 있으므로 보다 많은 소프트웨어들이 보관될 수 있도록 하기 위한 보조기억장치 관리기능도 필요한데 운영체제가 이러한 역할을 한다.

데이터베이스관리시스템(DataBase Management System, DBMS) 또한 시스템소프트웨어에 속한다고 할 수 있다. DBMS는 경영정보시스템을 구성하는 중요한 요소 중의 하나로서 하드웨어와 밀접하게 연관되어 있다는 측면도 있지만 응용소프트웨어를 지원한다는 측면에서 시스템소프트웨어의 범주로 분류할 수 있다. 경영정보시스템의 기능은 정보처리를 주요기능으로 하는 응용소프트웨어의 형태로 보이는데 그 응용소프트웨어에서는 정보처리를 위하여 보조기억장치로부터 원하는 데이터를 찾고 수정하는 등의 체계적인 데이터관리기능이 필요할 것이다. 즉 경영정보시스템을 구성하는 응용소프트웨어들은 DBMS의 기능을 필수적으로 필요로 한다는 것이다.

DBMS는 보조기억장치상에 데이터 파일들을 생성하고, 검색하고, 수정하는 등의 역할을 수행한다. 정보처리를 주 목적으로 하는 여러 응용소프트웨어들에서 정보처리를 위한 데이터생성, 검색, 수정 등의 요구를 DBMS에게 요청하면 DBMS는 대신해서 그러한 데이터관리 명령들을 수행한다. DBMS는 보조기억장치상에 정형화된 데이터파일들을 생성하고 또는 데이터의 삽입과 삭제, 데이터의 수정, 데이터의 검색 등의 기능을 통하여 보조기억장치상의 데이터파일들을 체계적으로 관리한다. 정형화된 데이터파일이라는 의미는 데이터파일의 구조가 특정 형식으로 정의되었다는 말이다. 예를 들어 관계형 데이터파일 구조는 파일 구조가 테이블 형태로 되어 있는 경우이다.

DBMS가 시스템소프트웨어로 분류되지만 DBMS의 어떤 기능은 운영체제의 도움을 받으면서 실행되기도 한다. 계층적 관점에서 보면 DBMS가 운영체제보다 상위계층에 위치한다고 볼 수 있다. 〈그림 11-5〉는 하드웨어, 운영체제, DBMS, 응용소프트웨어를 계층적으로 나열하여 경영정보시스템을 표현하고 있다.

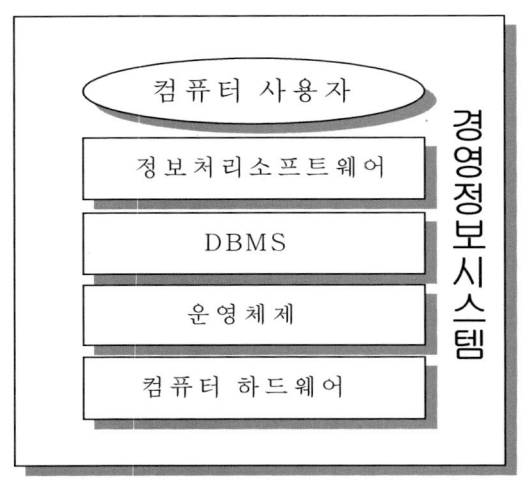

〈그림 11-5〉 경영정보시스템

또 다른 시스템소프트웨어의 유형으로서 컴파일러(Compiler)가 있다. 컴파일러는 응용소프트웨어를 개발할 때 이용되고 또한 하드웨어와 밀접한 관련이 있는 소프트웨어라는 측면에서 시스템소프트웨어로 분류된다. 컴파일러의 주요기능은 고급프로그래밍언어를 기계어로 변환해주는 역할을 한다. 고급프로그래밍언어들이라 할 수 있는 C언어, 자바언어 등으로 만들어진 컴퓨터프로그램을 CPU가 이해할 수 있는 0이나 1로 이루어진 기계어코드로 바꾸어주는 기능을 한다. C언어를 기계어로 변환해주는 컴파일러를 C컴파일러라 한다. 현대의 컴파일러는 기계어로 바꾸어주는 컴파일기능뿐만 아니라 프로그램을 보다 쉽게 작성할 수 있게 지원하는 문서편집기능, 에러수정기능 등을 통합적으로 지원하는 통합환경으로 되어 있는 것이 일반적이다.

통신소프트웨어도 시스템소프트웨어로 분류될 수 있다. 통신소프트웨어는 응용소프트웨어 또는 시스템소프트웨어에서 생성된 데이터를 원거리에 있는 상대편 컴퓨터로 전송하거나 수신하는 기능을 제공한다. 응용소프트웨어에서 통신소프트웨어에게 데이터의 통신처리를 요구하면 통신소프트웨어가 대신하여 그 명령을 처리할 것이다. 통신소프트웨어는 보통 운영체제 안에 포함되어 있기도 한다.

2.2 응용소프트웨어

응용소프트웨어는 컴퓨터사용자의 다양한 요구사항을 지원하는 것을 최대의 목적으로 한다. 시스템소프트웨어가 응용소프트웨어를 지원하고 도와주는 목적을 갖는 데 비하여 응용소프트웨어는 시스템소프트웨어의 도움을 받으면서 결과적으로 사용자의 다양한 문제를 해결해주는 목적을 갖는다. 사람들이 컴퓨터를 이용한다고 할 때 일반적으로 응용소프트웨어를 실행시키면서 응용소프트웨어의 기능을 이용하는 것이다. 응용소프트웨어가 실행될 때 우리 눈에는 보이지 않지만 밑의 계층에서 시스템소프트웨어가 실행되고 하드웨어가 작동되는 등의 일들이 벌어지고 있는 것이다. 마치 백조가 호수에서 유유히 헤엄치고 있지만 물밑에서는 물갈퀴가 바쁘게 움직이는 것에 비유할 수 있겠다.

응용소프트웨어의 유형들은 매우 많다. 컴퓨터의 최종사용자들이 이용하는 소프트웨어들은 대부분 응용소프트웨어라고 생각해도 된다. 한글2002나 MS오피스와 같은 사무자동화시스템은 대표적인 응용소프트웨어이다. 사무업무의 효율화를 목적으로 하는 응용소프트웨어일 것이다. 드림액트2000과 같은 회계처리 소프트웨어, 포토샵과 같은 그래픽편집기, 인터넷사용을 도와주는 익스플로러와 같은 웹브라우저, 스타크래프트 같은 게임소프트웨어 등은 전부 용용소프트웨어의 범주에 속한다. 각 기관의 홈페이지나 인터넷쇼핑몰 등도 응용소프트웨어의 범주에 속한다.

소프트웨어를 말할 때 패키지(Package)소프트웨어인지 아닌지를 구분하는 경우가 있다. 패키지소프트웨어는 대량판매를 목적으로 미리 만들어 놓은 소프트웨어를 말한다. 기업에서 특정업무의 자동화를 위하여 소프트웨어가 필요할 때 그 기업의 해당 IT부서에서 자체적으로 개발할 수도 있지만 원하는 기능을 지원하는 패키지 소프트웨어를 구매하여 구축할 수도 있다. MS오피스, 한글2002, 드림액트2000, 포토샵, 익스플로러, 스타크래프트 등은 패키지소프트웨어에 속한다. 반면 각 기관의 홈페이지는 그 기관만의 특성이 반영되어야 할 것이기 때문에 자체적으로 개발하여야 할 것이다. 따라서 홈페이지는 패키지소프트웨어라고 할 수 없다. 인터넷쇼핑몰도 쇼핑몰 특성에 맞게 만들어져야 하므로 패키지형태로 구축하는 것보다는 직접 개발하는 것이 더 바람직할 수 있다. 패키지는 기성복처럼 미리 만들어진 옷에 대응되는 개념인 반면 자체개발이나 직접개발은 자신의 신체치수와 디자인 취향에 맞게 옷을 만드는 개념과 대응할 수 있다.

3. 컴퓨터시스템의 계층적 표현

〈그림 11-6〉은 시스템소프트웨어와 응용소프트웨어의 개념을 이용하여 다양한 컴퓨터시스템을 계층적으로 나타낸 경우이다.

사용자	문서편집사용자	홈페이지 사용자	사용자
응용소프트웨어	한글2002	경영정보학과 홈페이지	**ERP**
데이터베이스관리시스템		**SQL서버**	**Oracle DBMS**
운영체제	윈도XP	윈도2000	**UNIX**
CPU, 메모리, 보조기억장치, 입출력장치	**Pentium 등**	**Pentium 등**	**Pentium 등**

(a) 일반구조   (b) DBMS가 없는 경우   (c) 정보시스템의 경우

〈그림 11-6〉 컴퓨터시스템의 계층적 표현

〈그림 11-6〉에서 (a)는 컴퓨터시스템의 일반적인 계층구조를 나타내고 있다. 컴퓨터시스템에는 기본적으로 컴퓨터하드웨어 구성요소들인 CPU, 주기억장치, 보조기억장치, 입출력장치 등이 있어야 한다. 또한 그러한 하드웨어 구성요소들을 관리할 뿐만 아니라 응용프로그램들이 하드웨어를 사용하는 것을 도와주는 역할을 하는 운영체제소프트웨어가 설치되어야 한다. 즉 운영체제 소프트웨어는 하드웨어 구성요소들이 존재하여야 그 의미가 있는 것으로서 하드웨어 구성요소 계층의 상위계층에 존재하는 개념으로 이해할 수 있다. 데이터베이스관리시스템, 즉 DBMS는 운영체제의 도움을 받으면서 하드웨어 구성요소를 사용하고 또한 응용소프트웨어를 도와주는 역할을 한다. DBMS가 운영체제의 도움을 받으면서 실행된다는 측면에서 응용소프트웨어로 분류하는 경우도 있지만 정보처리용 응용소프트웨어를 지원하는 기능이 크므로 일반적으로는 시스템소프트웨어로 분류된다. DBMS는 운영체제의 도움을 받으면서 실행되므로 운영체제 계층의 상위계층에 존재하게 된다. DBMS 계층위의 응용소프트웨어는 사용자의 문제해결을 도와주는 기능을 갖는다. 물론 그 응용소프트웨어는 운영체제의 도움을 받으면서 실행되고 또한 운영체제의 지원 하에 하드웨어 구성요소들을 사용할 수 있다. 그리고 그 응용소프트웨어는 정보처리를 쉽게 하기 위하여 DBMS의 데이터관리 기능을 이용하기도 한다.

〈그림 11-6〉의 (b)는 DBMS가 없이 계층적으로 구성된 컴퓨터시스템의 예를 나타내고 있다. 펜티엄CPU를 비롯한 하드웨어 구성요소 위에 윈도XP라는 운영체제가 설치되어 있고 한글2002라는 문서편집용 패키지인 응용소프트웨어가 설치되어 있다. 한글2002는 윈도XP의 도움으로 실행되고 또한 하드웨어구성요소들을 이용한다. 한글2002라는 응용소프트웨어는 문서편집 기능만 있을 뿐 정보처리 기능이 없으므로 DBMS와 같은 시스템소프트웨어를 필요로 하지 않는다. 컴퓨터시스템에는 하드웨어 요소와 운영체제는 필수적으로 있어야 하지만 DBMS나 기타 응용소프트웨어들은 필요에 따라 설치될 수 있다.

〈그림 11-6〉의 (c)는 DBMS와 함께 계층적으로 구성된 컴퓨터시스템의 예를 나타내고 있다. 펜티엄CPU를 비롯한 하드웨어 구성요소 위에 윈도2000이라는 운영

체제가 설치되어 있고 응용소프트웨어로서는 자체개발 형태의 홈페이지가 탑재되어 있다. 홈페이지에는 게시판이나 방명록 등의 기능에서 새로운 데이터를 생성하고 기존 데이터를 검색, 수정하는 등의 정보처리 기능이 있으므로 DBMS라는 시스템소프트웨어가 설치되는 것이 바람직하다. 물론 게시판이나 방명록 등의 정보처리 기능 없이 단순히 HTML문서를 보여주는 기능만 있을 경우는 DBMS가 굳이 필요 없고 따라서 DBMS는 설치되지 않아도 된다.

ERP도 일종의 응용소프트웨어이다. 〈그림 11-6〉의 (c)에서 ERP가 응용소프트웨어인 경우의 계층적인 컴퓨터시스템 구조를 나타내고 있다. ERP는 대표적인 정보처리시스템이므로 DBMS가 거의 필수적이다. 물론 DBMS 없이 운영체제의 기능만으로 데이터처리를 하는 ERP가 있지만 소규모 ERP일 것이며 성능 또한 좋지 않을 것이다.

4. 협의의 정보시스템

앞에서 언급하였듯이 정보시스템은 컴퓨터시스템뿐만 아니라 추가적으로 사람과 비즈니스절차 등을 포함하는 광의의 개념으로 정의하였다.

그러나 정보시스템을 협의의 의미로 생각해보면 그 응용소프트웨어가 정보처리 기능을 제공하는 형태로 되어있는 일종의 컴퓨터시스템으로 정의할 수 있다. 따라서 협의의 정보시스템은 컴퓨터하드웨어 구성요소들과 시스템소프트웨어, 응용소프트웨어 등으로 구성된다. 〈그림 11-7〉은 협의의 정보시스템의 예를 나타내고 있다.

〈그림 11-7〉에서 (a)의 경우는 응용소프트웨어의 기능이 문서편집과 게임 등의 기능을 제공하는 경우로 정보처리의 기능이 아니므로 정보시스템이라고 볼 수 없다. 반면 (b)의 경우는 응용소프트웨어인 재무관리프로그램이나 ERP, CRM 등의 기능이 기업의 비즈니스프로세스를 지원하면서 다양한 정보처리를 하는 것이므로 정보시스템이라 할 수 있다.

〈그림 11-6〉의 (b)의 그림은 앞에서 살펴본 계층적 컴퓨터시스템 구조를 따른다. 하위계층에 하드웨어와 운영체제가 있고 그 위에 DBMS라는 데이터처리를 주목적으로 하는 시스템소프트웨어가 있다. DBMS 위에는 기업의 경영활동을 지원하는 다양한 응용소프트웨어들, 즉 CRM, ERP, KMS(Knowledge Management System) 등이 있다. KMS는 기업 구성원들의 지식들을 서로 공유하여 업무처리의 효율성과 효과성을 달성하고 기업성과를 높여보자는 목적의 응용소프트웨어이다.

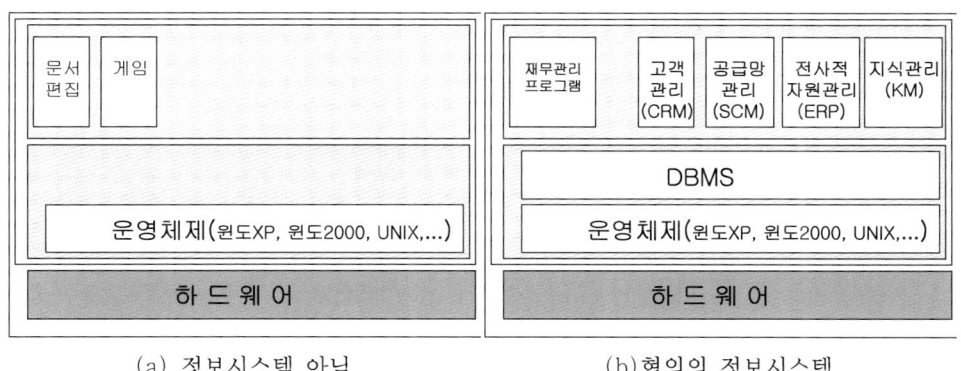

(a) 정보시스템 아님   (b) 협의의 정보시스템

〈그림 11-7〉 협의의 정보시스템 예

정보시스템에서 DBMS의 역할은 매우 중요하다. 정보시스템의 응용프로그램들은 정보처리를 하는 것이 주요 기능이기 때문에 그 응용프로그램 안에는 정보처리를 위한 데이터관리기능들이 자주 필요할 것이고 이러한 데이터관리 기능을 체계적이고 효율적으로 제공하는 DBMS의 도움은 중요하다 할 수 있다. DBMS 없이 응용프로그램이 직접 데이터관리기능을 위한 명령들을 포함할 수도 있지만 그렇게 하면 응용프로그램이 더 복잡해질 뿐만 아니라 DBMS의 체계적인 데이터관리기능에 비하면 비효율적이라 할 수 있다. 따라서 응용프로그램에서는 정보처리를 위한 데이터관리기능은 DBMS에게 부탁을 하고 응용프로그램은 정보처리기능만 충실하게 수행할 수 있게 하면 보다 효율적인 응용소프트웨어가 될 수 있을 것이다.

정보시스템에서 DBMS의 역할은 중요하지만 더욱 중요한 것은 응용소프트웨어이다. 정보시스템을 사용하는 사람들의 요구사항을 정확히 파악하여 좋은 정보처리 기능을 제공할 수 있어야 성공적인 정보시스템이 되는 것이다. 정보시스템을 도입하고 구축하는 전문가 입장에서는 컴퓨터시스템에 대한 기술적인 지식뿐만 아니라 기업의 비즈니스프로세스에 대한 깊은 이해가 필요하고 또한 사용자들의 요구사항을 정확히 도출하기 위한 커뮤니케이션 스킬 등이 있어야 할 것이다.

5. 운영체제

운영체제(Operating System)는 줄여서 OS라고도 많이 부르는데 컴퓨터시스템에서 매우 중요한 역할을 하는 시스템소프트웨어이다. 컴퓨터시스템에서 운영체제가 없다면 다른 응용프로그램들을 작동할 수 없고 컴퓨터는 그야말로 고철에 불과하게 될 것이다. 여기서 우리는 경영학에서의 운영시스템(Operation System)과의 용어상 혼돈을 주의하여야 한다. 경영학에서의 운영시스템은 정보시스템의 일종으로써 비즈니스운영을 지원하는 거래처리시스템과 동일한 의미로 사용되기도 한다. 그러나 전산학에서의 운영체제(Operating System)는 컴퓨터시스템을 구성하는 시스템소프트웨어 중의 하나로서 하드웨어를 관리하고 응용프로그램을 지원하는 역할을 한다. 운영시스템과의 혼돈을 피하기 위하여 운영체제 소프트웨어를 OS라고 부르기로 한다.

5.1 OS의 기능

OS는 컴퓨터하드웨어 자원인 CPU, RAM, 하드디스크, 입출력장치, 통신장치 등을 효율적으로 관리하고 운영함으로써 사용자 및 응용프로그램과 컴퓨터 하드웨어

간의 중간자 역할을 한다. 사용자가 컴퓨터를 사용한다는 것은 일반적으로 응용소프트웨어의 기능을 이용하는 것이지만 그 응용소프트웨어는 OS의 도움에 의하여 하드웨어자원을 이용하면서 자신의 기능을 수행하는 것이다. 사용자는 OS를 직접 이용할 수도 있다. 컴퓨터가 부팅되면 처음에 OS의 사용자인터페이스 부분인 윈도 화면이 사용자에게 보이고 마우스를 이용하여 적절한 응용프로그램의 실행요청을 할 수 있다. 그러나 OS의 도움은 눈에 안 보이는 형태로 더 많이 일어난다. 예를 들어 문서편집기인 한글2002를 실행하여 그 기능 중의 인쇄기능을 이용하였을 경우 실질적인 프린터출력 기능은 OS의 입출력 지원기능에 의하여 수행되는 것이다.

OS의 주요기능을 보면 첫째 컴퓨터 내의 하드웨어와 소프트웨어 자원을 관리하는 역할을 한다. 여러 응용프로그램들이 CPU 등의 하드웨어 자원이나 공용 데이터 및 특별 프로그램 등의 소프트웨어 자원을 공평하게 이용할 수 있도록 관리하는 역할을 한다.

둘째, 컴퓨터사용자가 보다 쉽게 컴퓨터를 이용할 수 있도록 하는 인터페이스를 제공한다. 윈도XP가 부팅되면 바탕화면에 응용프로그램들이나 시스템소프트웨어들에 대응하는 아이콘들을 보여주고 마우스로 선택할 수 있게 하는 화면이 바로 사용자 인터페이스 화면이다. 마우스를 이용하여 원하는 아이콘이나 메뉴를 선택하면 대응하는 프로그램을 실행시켜준다. 프로그램실행을 하기 위하여 OS가 내부적으로 하는 일은 복잡하다. 요청한 프로그램을 보조기억장치에서 찾아서 주기억장치로 옮기고 이 프로그램이 CPU에 의하여 처리될 수 있도록 여러 가지 조치를 취한다. 또한 사용자가 보조기억장치에 저장된 소프트웨어 목록이라든가 남아있는 용량 등을 알고 싶다는 요청을 할 경우 그에 대한 정보를 보여준다. 윈도XP에서는 윈도탐색기가 이러한 역할을 한다.

OS의 세 번째 기능은 실행중인 프로그램들의 효율적 운영을 도와준다. 주기억장치상에는 실행중인 프로그램들이 많이 존재한다. 이러한 많은 실행중인 프로그램들이 제한된 하드웨어자원을 이용하여 보다 신속하고 원활하게 실행될 수 있도록 OS가 많은 역할을 한다.

OS의 넷째 기능은 응용프로그램들의 입출력기능을 지원하는 것이다. 응용프로그램인 한글2002 문서편집기의 기능 중 프린터출력 메뉴를 선택을 했을 때 한글2002가 모든 출력처리를 하는 것이 아니다. 한글2002는 단지 OS에게 출력할 데이터를 넘겨주면서 출력요청을 할 뿐이고 실질적인 출력처리는 OS가 한다.

다섯째 응용프로그램이 실행되다가 오류가 발생한다든가 하드웨어 구성요소가 고장나거나 하면 OS가 이를 발견하고 적절한 조치를 취한다. 물론 그 조치라는 것이 에러메시지를 화면에 보여주고 사용자에게 적절한 조치를 요청하는 것이다.

5.2 OS의 자원관리 기능

OS의 기능 중 하드웨어자원이나 소프트웨어자원을 관리하는 기능을 좀 더 구체적으로 살펴보자.

OS는 프로세스(process)를 관리하는 중요한 역할을 한다. 프로세스란 실행 중인 프로그램을 의미한다. 예를 들어 한글2002라는 응용프로그램을 실행시키면 그 프로그램이 보조기억장치상에서 주기억장치로 옮겨져서 CPU에 의하여 실행이 된다. 이처럼 보조기억장치에 있던 프로그램이 CPU에 의하여 실행 중인 상태로 바뀔 때 이 프로그램을 프로세스라고 한다. 따라서 OS가 프로세스를 생성한다는 의미는 사용자가 실행 요청한 프로그램을 실행한다는 의미와 동일한 것이다. 그리고 그 프로그램의 실행이 완료되어 종료되면 그 프로세스는 소멸하게 된다. 주기억장치상에는 많은 프로세스들이 상주하여 있고 이 프로세스들은 CPU와 입출력장치, 통신장치, 보조기억장치 등을 사용하려고 경쟁할 것이다. 이때 OS가 중간자적 역할을 하면서 모든 프로세스들이 합당하게 하드웨어자원을 사용할 수 있도록 한다. 특히 여러 프로세스들은 CPU서비스를 받아야 하는데 하나의 CPU로 많은 프로세스들을 공평하게 서비스하기 위한 방법이 필요하다. 라운드로빈(Round Robin) 방법은 각 프로세스들이 돌아가면서 동일 시간만큼씩 CPU를 사용할 수 있게 하는 CPU스케쥴링(CPU Scheduling) 방법이다. 이 방법은 어떤 프로세스가 CPU에 의하여 처리되기 시작하여 할당된 시간이 지나면 그 처리가 완료되지 않아도 다음 프로세스에게 CPU사용권을 넘겨준다. 완료되지 않은 프로세스의 처리상태와 중간 결과 데이터는 따로 저장되었다가 이 프로세스가 나중에 다시 CPU사용권을 획득할 때 그 데이터를 이용하여 이전의 처리상태를 복원하고 그 다음부터 CPU처리가 이루어지게 된다. 우선순위(Priority)에 의한 CPU스케줄링 방법은 우선순위가 높은 중요한 프로세스가 먼저 CPU서비스를 받도록 하는 방법이다.

프로세스들은 하드웨어자원 이외에 소프트웨어 자원도 이용한다. 소프트웨어자원 중 공유데이터를 여러 프로세스가 이용하면서 데이터변경을 시도할 때 적절한 규칙을 적용하지 않으면 잘못된 결과가 초래될 수 있다. OS는 동기화(Synchroniza-tion)기법을 적용하여 공유데이터의 변경을 관리한다. 동기화는 무절제의 상대 개념으로서 적절한 규칙에 따라 시간과 순서를 지키면서 행동한다는 개념이다.

OS는 하드웨어 요소인 주기억장치 자원을 관리한다. 주기억장치의 용량은 한정되어 있지만 사용자들은 동시에 많은 프로그램들을 실행시키기를 원하기 때문에 동시에 보다 많은 프로그램들이 주기억장치에 상주할 수 있게 효율적으로 주기억장치를 관리할 필요가 있다. 주기억장치 관리기법 중 대표적인 것이 가상메모리(Virtual Memory) 기법이다. 가상메모리 기법은 실제의 주기억장치가 수용 가능한 프로그램들의 수보다 더 많은 프로그램들을 수용할 수 있도록 프로그램 명령들 중 일부만을 주기억장치에 상주시키는 방법이다. 프로그램의 전체명령이 한꺼번에 CPU에 의해서 처리되는 것은 아니기 때문에 당장 필요한 일부명령들만을 주기억장치로 옮겨서 CPU가 처리할 수 있게 하는 것은 가능하다. 그러나 가상메모리 기법은 프로그램 실행 도중 해당 프로그램의 필요한 모듈들을 가져오기 위하여 보조기억장치에 자주 접근하여야 하기 때문에 프로그램 실행속도가 느려지는 단점이 있다.

OS는 하드웨어 요소인 보조기억장치 자원을 관리한다. 보조기억장치의 용량은 한정되어 있지만 보다 많은 소프트웨어들이 보관될 수 있도록 하기 위한 효율적인 방법이 필요하다. 또한 보조기억장치상에 파일을 생성하고 삭제하고 수정하는 등의 파일관리 기능도 OS가 제공한다. 파일을 생성하기 위하여 보조기억장치의 빈 공간을 할당하고 삭제된 파일이 점유했던 공간을 회수하여 다른 파일생성이나 확장에 이용한다. 또한 읽거나 쓰기요청이 발생한 파일에 보다 신속히 접근하기 위한 디스크스케쥴링(Disk Scheduling)을 하기도 한다. 사용자가 한글2002 응용프로그램을 이용하면서 새로운 한글파일의 생성을 요구했을 때 한글2002 프로그램 내의 파일생성명령이 수행되겠지만 그 파일생성 명령은 다시 OS의 파일관리기능을 이용하면서 파일생성을 하게 되는 것이다. 또는 사용자가 직접 윈도탐색기 등을 이용하여 파일을 생성하거나 삭제할 수도 있다.

5.3 OS관련 용어들

OS의 작동 개념과 관련한 전문용어들이 있다. 이러한 용어들을 이해하면 OS에 대한 개념을 더욱 확고히 파악할 수 있다.

일괄처리시스템(Batch Processing System)는 처리해야 할 프로그램과 데이터를 모아두었다가 한꺼번에 처리하는 방식의 OS이다. 과거에 컴퓨터프로그램을 펀치카드로 작성하였었던 시절의 OS의 시스템운영방식이다. 수백 또는 수천 장의 펀치카드로 구성된 컴퓨터프로그램을 실행시키기 위해서는 그 펀치카드들을 전자계소 운영자에게 제출하여 기다려야 하다. 전자계산소 운영자는 하루 동안 들어 온 모든 펀치카드 컴퓨터프로그램들을 수합하여 저녁에 한꺼번에 컴퓨터에 입력시켜 그 프로그램들을 한꺼번에 실행한다. 지금은 일괄처리방식의 OS가 존재하지 않는다.

일괄처리방식과 대비되는 개념으로 대화처리(Interactive)방식의 OS가 있다. 대화처리방식은 말 그대로 컴퓨터와 대화식으로 프로그램을 실행시키는 방법이다. 프로그래머가 프로그램을 완성하고 OS에게 실행요청을 하면 OS는 즉시 프로그램을 실행하여 그 결과를 컴퓨터 모니터를 통하여 알려준다. 프로그래머나 최종사용자는 그 결과를 보고 적절한 반응을 한다. 오늘날의 OS는 대부분 대화방식이라고 할 수 있다. 한글2002 응용프로그램을 실행시키면 즉시 실행하여 한글윈도우 화면을 모니터에 보여주고 사용자는 한글윈도우 화면을 보면서 데이터를 입력시키든지 또는 다른 기능을 이용하든지 하는 방식으로 적절한 반응을 하면서 컴퓨터프로그램을 사용하게 되는 것이다.

다중처리시스템(Multi Processing System)은 두 개 이상의 CPU의 관리를 지원하는 OS이다. 오늘날의 OS 중에서 듀얼 CPU(dual CPU, 2개의 CPU)를 지원하는 OS들이 많이 있다.

다중프로그래밍(Multi Programming)을 지원하는 OS는 CPU의 사용률을 높이기 위하여 동시에 여러 개의 프로그램을 주기억장치에 적재하여 CPU를 효율적으로 이용한다. 주기억장치에 여러 개의 프로그램들이 상주하여 하나의 CPU 또는 제한된 CPU를 번갈아 이용하면서 공용한다. 오늘날의 OS는 대부분 다중프로그래밍을 지원한다. 한글2002 프로그램을 이용하면서 인터넷 다운로드작업을 동시에 할 수 있는 것은 OS가 다중프로그래밍을 지원하기 때문이다.

시분할시스템(Time Sharing)시스템은 여러 응용프로그램들이 그 수가 제한된 CPU 또는 다른 제한된 하드웨어자원을 시간적으로 분할하여 공동 이용하는 방식의 OS를 의미한다. 시분할시스템은 대화처리방식과 다중프로그래밍 기술에 의하여 가능하게 된 것이다. 시분할 기능을 지원하는 서버컴퓨터에 여러 사람이 접속하여 각각 필요한 프로그램들을 실행시켰을 경우 서버입장에서는 각 사용자들이 요청한 많은 프로그램들을 동시에 실행시켜야 하지만, 각 사용자 입장에서는 자신만이 서버컴퓨터를 이용하는 느낌이 들도록 대화적인 프로그램실행이 가능하다. 이것은 서버컴퓨터의 OS가 제한된 하드웨어 자원의 사용을 시간적으로 조금씩 배분하여 실행 요청한 프로그램들을 공평하게 실행시키기 때문이다.

실시간시스템(Real Time System)은 제한된 시간 내에 프로그램실행이 되어 응답할 수 있게 하는 OS유형이다. 일반적인 OS는 프로그램실행에 대한 시간제약이 크지 않음에 비하여 실시간 OS는 시간제약이 매우 강하여 기존의 OS기술과 조금 다른 양상을 띤다. 미사일시스템처럼 군사무기를 다루는 컴퓨터의 OS는 실시간시스템의 개념을 가져야 할 것이다.

분산시스템(Distributed System)은 물리적 또는 논리적으로 분산된 컴퓨터하드웨어 자원이나 소프트웨어 자원을 이용·관리하면서 프로그램을 실행하는 OS이다.

결함허용시스템(Fault-tolerant System)은 컴퓨터시스템의 일부기능에 오류가 발생하더라도 스스로 복구하는 능력이 있는 OS이다. 이는 컴퓨터자원을 중복, 저장하여 장애가 일어나더라도 OS가 자동으로 이러한 결함을 복구하게 되는 것이다. 물론 컴퓨터자원이 충분히 중복되지 않으면 완벽한 복구는 어려울 수 있다.

5.4 상용화된 OS종류들

앞에서 언급한 OS 기능들을 지원하는 상용화된 OS제품들이 많이 나와 있다. 각 제품마다 기능들이 조금씩 다르고 나름대로의 특징들이 있다. 이들 제품 중에는 과거에 출시되어 현재는 거의 사용되지 않는 제품들이 있는 반면 비교적 근래에 출시되어 현재 많이 이용되는 제품들도 있다. DOS는 80년대에 출시되어 개인용 마이크로컴퓨터의 OS로 많이 사용되었지만 GUI(Graphic User Interface) 인터페이스 방식의 윈도계열 OS에 자리를 내주면서 현재는 거의 사용되지 않는다. 윈도계열의 OS는 윈도3.1부터 시작하여 윈도95, 98, 2000, XP, 비스타 등이 출시되었다. 비윈도계열의 OS로는 UNIX, LINUX, MacOS 등이 있다.

(1) DOS

DOS(Disk Operating System)는 말 그대로 디스크관리를 주된 기능으로 하는 단일태스킹(Single Tasking) 운영체제이다. 단일태스킹이란 한번에 하나의 프로그램만을 실행시킬 수 있어서 한 사람만을 서비스할 수 있다는 말이다. 예를 들어 문서편집 프로그램을 실행시킨 후 스프레드쉬트 프로그램을 실행시키려면 문서편집 프로그램을 종료시켜야 한다. 왜냐하면 한번에 하나의 프로그램만을 실행시킬 수 있기 때문이다. 단일태스킹의 상대적인 의미로 멀티태스킹(Multi Tasking)이 있다.

멀티태스킹이란 동시에 여러 개의 프로그램을 실행시킬 수 있어서 다중작업이 가능한 것을 말한다. 멀티태스킹 OS하에서는 한글2002 응용프로그램을 실행시킨 후 엑셀 응용프로그램을 실행시켜서 동시에 2개의 응용프로그램의 실행이 가능하다.

DOS는 IBM에서 IBM-PC에 탑재할 OS의 개발을 마이크로소프트에 발주 요청하여 개발되었다. 1981년에 처음 개발되었고 1994년까지 계속 업그레이드하면서 새로운 제품을 발표했는데 DOS 6.2가 마지막 버전이다.

DOS는 개인용컴퓨터(Personal Computer, PC)를 위한 OS로서 명령어입력방식의 인터페이스를 제공한다. 컴퓨터사용자가 OS의 명령어들을 암기하였다가 키보드를 이용하여 직접 입력하여야 하므로 초보자가 이용하기에는 수월치 않은 측면이 있다. 그러나 저용량 PC를 기준으로 만들어졌기 때문에 그 속도가 다른 OS에 비하여 빠른 장점이 있다. DOS가 지원할 수 있는 메모리와 디스크 용량은 각각 640KB와 2GB로서 저용량 컴퓨터의 관리에 적합하다. 또한 단일 사용자와 단일태스킹 OS이기 때문에 단지 한 사람이 하나의 작업만을 수행할 수 있다.

(2) 윈도 98/ME/XP

윈도(Windows)는 마이크로소프트사에서 만든 OS이름으로서 GUI(Graphic User Interface) 방식의 사용자 인터페이스를 제공하는 특징이 있다. 현재의 대부분 OS는 GUI방식의 인터페이스를 지원하지만 윈도OS가 처음 출시되었을 당시에는 새로운 기술로 각광받았다. GUI방식의 인터페이스는 컴퓨터사용자가 컴퓨터를 사용할 때 직접 명령어를 입력시키지 않고 그래픽 메뉴를 선택하여 명령을 내리는 방식이므로 사용자로 하여금 매우 편리하게 컴퓨터를 이용할 수 있게 한다.

윈도OS는 1985년도에 처음 발표가 되었고 1990년대에 윈도 3.0까지 개발 되었다. 윈도3.0은 DOS가 먼저 탑재되어 있어야 설치가 가능하였다. 즉 PC운영을 위한 OS의 핵심기능은 DOS가 담당하고 윈도3.0은 GUI방식으로 인터페이스를 제공하는 역할이 전부라 해도 과언이 아니었다. 윈도3.0은 OS라기보다는 GUI기능을 제공하는 응용프로그램으로서의 특징이 있었던 것이다. 그런데 1995년 발표된 윈도95는 GUI 인터페이스뿐만 아니라 DOS없이 하드웨어 자원관리, 응용프로그램 지원 등과 같은 OS의 핵심기능을 제공하였다. 윈도95는 DOS의 지원 없이 자체적으로 PC 운영 역할을 할 수 있다는 점에서 기존의 윈도3.0 이하의 제품과는 판이하게 달랐던 것이다. 1998년도에는 윈도95를 개선한 윈도98이 출시되었는데 윈도98은 윈도95보다 인터넷 기능을 더 강화시킨 형태로 나타났다. 윈도98 내에 웹브라우저인 익스플로러가 포함되어 있었던 것이다. 2000년에는 윈도ME(Millenium Edition)가 발표되었고 2001년도에는 윈도XP(new eXPerience)가 발표되었으며 2007년에는 윈도 비스타가 발표되었다.

윈도98의 특징은 인터넷과의 연계성을 높이기 위하여 인터넷 익스플로러라는 웹브라우저를 기본으로 제공한다는 것이다. 그리고 보조기억장치와 파일관리 기능이 강화되어 최대 2000GB 용량의 하드디스크 관리가 가능하며 2GB 크기까지의 파일 생성도 가능하다. 윈도ME는 윈도98을 개선한 OS로서 OS가 손상되었을 경우 자동적으로 복구해주는 기능 등이 있다.

윈도XP는 윈도ME와 윈도2000의 장점들을 통합하여 개발한 OS이다. 윈도2000은 뒤에서 살펴보겠지만 개인용 컴퓨터보다 고용량인 서버급 컴퓨터의 운영을 위한 OS이기 때문에 안정성이 탁월한 장점이 있다. 윈도XP는 윈도ME를 더 안정화시킨 OS라고도 할 수 있다. 윈도XP의 주요 특징은 기업용이나 전문가용으로 쓰이던 윈도2000을 기반으로 설계되었기 때문에 안정성이 뛰어나다는 것이다. 윈도XP는 기존의 윈도 시리즈보다 사용자 인터페이스가 화려해졌지만 그만큼 높은 사양의 컴퓨터를 필요로 한다. 윈도XP는 인터넷을 기반으로 설계되었기 때문에 구입 후 서비스지원이나 업그레이드 등이 인터넷상에서 이루어진다. 이는 윈도XP가 탑재된 컴퓨터가 인터넷에 연결되어 있다면 매우 편리한 환경이 되는 것이고 인터넷에 연결되어 있지 않다면 오히려 단점이 될 수도 있다. 윈도XP는 가정용버전(Home Edition), 전문가용버전(Professional) 등이 있다. 가정용 버전은 가정의 PC에 탑재될 목적이므로 비교적 저용량의 컴퓨터를 운영할 수 있는 기능이 있다. 전문가용 버전은 업무용 컴퓨터를 운영할 목적이므로 비교적 고용량의 컴퓨터를 운용하는 데 적합할 것이다.

(3) 윈도NT/2000/비스타

윈도NT(New Technology)는 개인용컴퓨터가 아니라 서버급의 고성능 컴퓨터를 운영하기 위한 목적으로 1997년 마이크로소프트사에서 개발한 OS이다. 윈도NT는 NT워크스테이션과 마이크로소프트 NT서버의 2가지 제품을 한꺼번에 일컫는 말로, 워크스테이션은 빠른 성능을 필요로 하는 비즈니스 사용자들을 위해 설계되었고, 서버는 랜(LAN)에 접속된 컴퓨터들에게 서비스를 제공하기 위해 설계된 것으로 윈도95와 윈도98보다 다소 안정적이다. 윈도95나 98은 DOS와 윈도3.0의 일부기능에 의존하므로 16비트와 32비트가 혼합된 구조이기 때문에 불안정한 측면이 있는 반면 윈도NT는 처음부터 32비트로 설계되었기 때문에 안정성이 있다는 말이다. 인터페이스와 사용법은 윈도95와 비슷하지만 커널(kernel)이라 불리는 내부핵심은 차이가 있다. 커널은 하드웨어를 관리하고 응용 소프트웨어들을 여러 가지 방법으로 지원하는 기능들이 있는데 프로세스관리, 가상메모리, I/O장치관리, 보안관리 등의 기능을 지원한다.

윈도2000은 윈도NT와 윈도98의 인터페이스를 결합하여 한 단계 진보시킨 제품으로서 더 큰 비즈니스 시장은 물론 소규모 비즈니스와 전문가들로부터 호감을 가질 수 있게 설계되었다. 윈도2000은 윈도2000 프로페셔널(Professional), 윈도2000서버(Server), 윈도2000 어드밴스(Advance), 윈도2000 데이터센터서버(Data Center Server)등이 있다. 이 가운데 윈도2000 프로페셔널은 개인과 비즈니스용으로 만든 것으로서 보안과 이동성이 향상되어 가장 경제적이다. 윈도2000 서버는 중소규모의 비즈니스용으로 만든 것으로 웹서버와 워크그룹(Work Group) 서버용으로 쓰일 수 있다. 윈도2000 어드밴스 서버는 네트워크 운영시스템서버나 대규모 데이터베이스가 관련된 응용프로그램 서버용으로 제작되었다. 윈도2000 데이터센터서버는 대규모 데이터웨어하우스와 OLTP, 경제분석, 기타 고속계산이나 대규모 데이터베이스가 필요한 응용프로그램 지원용으로 개발되었다.

윈도비스타(Vista)는 2007년 발표되었는데 가정용인 윈도 비스타 홈베이직, 윈도 비스타 홈프리미엄, 윈도 비스타 얼티미트 3종과 기업용인 윈도 비스타 비즈니스, 윈도 비스타 엔터프라이즈 2종 등 총 5종류의 제품이 있다.

윈도 비스타의 가장 큰 특징은 PC를 TV와 라디오로 변신시키는 홈엔터테인먼트 기능이다. PC 작업 도중 리모콘을 이용해 지상파 TV 등 방송 내용을 실시간으로 시청할 수 있고, 자리를 비울 때에는 일시 정지버튼을 누르면 PC에 생방송이 녹화된다. 부재 시에도 방송을 놓치지 않고 이어서 볼 수 있는 셈이다. 또 PC 화면에서 음악 감상 및 라디오 청취, 사진 편집 등을 마우스가 아닌 리모콘으로 간단하게 조작할 수 있어 PC를 가전제품처럼 활용할 수 있다. 특히 홈쇼핑 등을 PC 화면에서 리모콘으로 이용할 수 있다는 점이 돋보인다. 검색 기능도 한결 편리해졌다. 시작 메뉴에서 '찾기'를 실행하고 원하는 단어를 입력하면 인터넷 검색용 소프트웨어인 웹브라우저를 실행하지 않아도 인터넷과 PC에 수록된 사진, 동영상, 파일 등 관련 정보를 모두 찾아서 보여준다. 그만큼 검색 시간이 단축되고 방법도 편리해진 게 장점이다. 윈도XP에 비해 자녀 보호 기능도 강화됐다. 부모가 설정 기능을 통해 자녀의 PC 사용시간 및 요일 등을 정할 수 있고, 유해사이트 및 게임도 차단할 수 있다. '작업보고서 보기'를 실행하면 자녀가 방문한 사이트 및 방문 시도 사이트, 실행 게임 등을 일목요연하게 확인할 수 있어 자녀들의 PC 활용 실태를 파악할 수 있다.

(4) 유닉스

유닉스(UNXI)는 겐톰슨과 데니스에 의하여 AT&T 벨연구소에서 1969년 처음 개발되었다.

중요한 특징은 C언어로 만들어진 OS라는 것이다. 일반적으로 OS는 시스템소프트웨어로서 하드웨어와 밀접한 연관성을 갖고 있고 또한 하드웨어를 관리하는 역할이 중요하므로 하드웨어 제어에 유리한 어셈블리언어와 같은 저수준언어로 개발되는데 UNIX는 C라는 고수준언어로 만들어졌다. OS가 고수준언어로 만들어졌을 경우의 장점은 다양한 유형의 컴퓨터에서 수행될 수 있다는 것이다. 수행될 컴퓨터의 CPU 하드웨어 구조가 틀리더라도 컴파일만 CPU에 맞게 잘 시키면 문제없이 잘 수행될 수 있다는 것이다. 어셈블리언어로 OS를 개발하면 A라는 컴퓨터유형에서만 수행되는 OS가 될 수 있지만 C언어와 같은 고수준언어로 만들면 A뿐만 아니라 B, C, D 와 같은 다양한 유형의 컴퓨터에서도 수행될 수 있다는 말이다. 물론 이때 OS를 개발하기 위한 고수준언어는 하드웨어를 제어할 수 있는 기능이 있어야 할 것이다. C언어가 유명하게 된 것도 UNIX를 개발할 수 있을 만큼 정교하면서도 사용하기 쉬운 고수준언어라는 사실 때문이다.

유닉스는 2가지 버전(Version)이 있다. 하나는 버클리 대학에서 추가기능들을 개발해서 비상업적으로 사용하던 BSD버전(Berkeley Software Distribution)이 있고 다른 하나는 AT&T에서 상업용으로 개발한 System V 버전이 있다. SUN의 솔라리스(Solaris), HP의 HPUX, IBM의 AIX 등은 System V의 기능을 개선한 대표적인 상용 UNIX이다.

UNIX의 특징은 C언어로 만들어졌기 때문에 이식성(Portability)이 좋아 다양한 컴퓨터 유형에서 실행될 수 있다는 것이다. 또한 인터넷이 활성화되지 않았던 시기였음에도 불구하고 TCP/IP프로토콜을 포함하여 강력한 네트워킹 기능이 있었으며 시스템이 매우 안정적이라는 평이다.

(5) 리눅스

리눅스(Linux)는 핀란드 헬싱키대학의 학생이었던 리누스토발즈가 1991년 개발한 OS이다. 유닉스를 변형하여 PC에서 작동할 수 있게 만든 OS로서 인터넷을 통하여 무료로 배포되고 있고 OS의 소스코드(Source Code)도 공개되었다. OS를 구성하는 프로그램명령들이 공개되어 있기 때문에 관심 있는 프로그래머는 그 프로그램을 분석하여 프로그램 노하우를 파악할 수 있을 뿐만 아니라 새로운 기능을 추가하여 더 좋은 OS로 개선할 수 도 있다.

리눅스를 GNU(GNU is Not UNIX)시스템이라고도 하는데 말 그대로 리눅스는 유닉스와는 차별화된 OS로서 대가를 바라지 않는 많은 사람들이 자유라는 기치아래 자유롭게 개발하고 업그레이드하는 시스템이라는 의미이다.

리눅스의 특징은 첫째, 강력한 성능을 제공하는 완전 공개 OS라는 것이다. 리눅스는 윈도98의 성능보다 우수하다는 평에도 불구하고 무료로 제공되기 때문에 비용-효과가 우수한 시스템을 개발하려는 중소규모의 업체에서 많이 이용하고 있는 실정이다. 두 번째 특징은 유닉스와 유사한 형태를 가지고 있기 때문에 배우기가 쉽고 유닉스를 접하기 어려운 사람들이 유닉스를 익히는 데 도움이 될 수 있다. 세 번째 특징은 책임지고 개발하는 사람이 적다는 것이다. 리눅스는 전 세계 개발자들이 스스로 좋아서 개발에 참여하는 방식이기 때문에 필요한 응용프로그램을 누군가 만들어서 제공해주지 않는다면 본인이 직접 만드는 수밖에 없다. 즉 다양한 응용프로그램들이 많지 않은 단점이 있다. 넷째 특징은 책임지고 개발하는 기업이 없기 때문에 업그레이드(upgrade), 운영교육 및 사후관리 등이 어려운 측면이 있다.

(6) Mac OS

Mac OS는 애플컴퓨터 회사에서 만든 모토콜라 68000계열의 CPU가 장착된 32비트 개인용 컴퓨터인 매킨토시를 운영하기 위한 목적으로 1984년에 개발되었다. GUI방식의 사용자 인터페이스를 최초로 도입한 OS로서 당시에는 기술적으로 마이크로소프트의 DOS보다 앞섰다고 볼 수 있다. 윈도95 개념의 OS를 마이크로소프트보다 10년 앞서 개발한 셈이었다. 앞선 기술력에도 불구하고 비즈니스의 실패로 마이크로소프트에 추월당한 것으로 평가할 수 있다.

5.5 최근 OS의 특징

최근의 상용화된 OS제품들의 특징을 살펴보면 첫째 멀티미디어 자원을 관리하는 기능이 탁월하다는 것을 들 수 있다. 기존의 텍스트 위주의 자원뿐만 아니라 동영상, 사운드, 에니메이션 등 여러 형태의 미디어 파일을 관리하고 처리하는 기능들이 강조되고 있다는 것이다. 둘째 특징은 사용자인터페이스로 대부분 GUI방식을 채택하고 있다는 것이다. 셋째는 보안성이 매우 강화되었다는 것이다. 접근제어기술과 보안기술이 OS 내에 포함되어 인터넷 등 발전된 통신망하에서 안전한 정보보관과 처리가 가능할 수 있도록 한다는 것이다. 넷째는 객체지향기술을 사용하여 다양한 기능제공과 효율적인 자원관리를 한다는 것이다. GUI방식의 인터페이스 제공도 객체지향 기술에 의해서 가능하게 되는 것이고 효율적인 자원사용 방법인 OLE(Object Linking and Embedding)기법도 객체지향기술에 의하여 가능한 것이다. OLE기능은 데이터와 데이터를 연결하는 방법으로서 연결된 데이터는 수정될 때 함께 수정되어 저장된다. 예를 들어, OLE가 지원되는 그래픽 프로그램에서 그림을 그린 후 문서편집기와 연결시키면 나중에 그림이 바뀔 경우 문서편집기의 그림도 같이 바뀐다. 동영상 등과 같은 멀티미디어 데이터를 관리하는 것도 객체지향 기술에 의해서 가능한 것이기 때문에 현대의 OS는 객체지향 기술을 많이 이용하여 만들어졌다고 할 수 있다.

【요 약】

컴퓨터시스템은 크게 하드웨어와 소프트웨어로 이루어진다. 소프트웨어는 다시 응용소프트웨어와 시스템소프트웨어로 구분된다. 응용소프트웨어는 컴퓨터사용자의 다양한 요구사항을 지원하는 기능들을 주로 포함하고 있는 반면 시스템소프트웨어는 컴퓨터사용자보다는 응용소프트웨어의 요구사항을 지원하며 또한 하드웨어 자원과 밀접하게 관련된 프로그램명령들을 많이 포함하고 있다는 특징이 있다. 응용소프트웨어의 예로는 한글워드프로세서, 엑셀, 게임, 회계처리프로그램 등이 있다. 시스템소프트웨어의 예로는 운영체제, 컴파일러, DBMS 등이 있다.

운영체제는 사용자가 실행 요청한 응용프로그램의 실행을 도와주며 응용프로그램의 다양한 요구사항을 처리한다. 또한 운영체제는 컴퓨터 하드웨어 자원을 관리하는 역할도 한다. 제한된 주기억장치를 관리하여 보다 많은 응용프로그램들이 이용할 수 있게 하며 제한된 CPU를 여러 응용프로그램들이 공평하게 이용할 수 있도록 스케줄링 하는 역할도 한다. 뿐만 아니라 보조기억장치 상의 파일을 관리하면서 보다 많은 프로그램과 데이터들이 저장될 수 있게 한다.

상용화된 운영체제는 DOS, 윈도계열, 유닉스, 리눅스, Mac OS 등이 있다.

【연습문제】

※정오식문제

1. ROMBIOS의 역할은 컴퓨터의 전원을 켰을 때 여러 컴퓨터 요소들의 이상유무를 체크하고 이상이 없으면 보조기억장치상의 운영체제프로그램을 주기억장치로 로딩시켜서 실행시켜주는 것이다.(   )

2. 응용소프트웨어는 주기억장치에 로딩이 된 후에 운영체제에 의하여 수행된다.(   )

3. DBMS는 시스템소프트웨어라고 할 수 있지만 자신의 기능을 수행하기 위하여 운영체제의 기능을 이용하기도 한다.(   )

4. 컴파일러가 시스템소프트웨어로 분류되는 이유는 하드웨어와 밀접하게 연관되어서 수행이 되어야 하는 측면이 있기 때문이다.(   )

5. 한글 워드프로세서에서의 프린터 출력명령의 수행은 결과적으로 운영체제가 수행하는 것이다.(   )

6. 윈도우즈XP는 윈도우즈2000을 기반으로 설계되었기 때문에 뛰어난 안정성을 보장한다는 특징이 있다.(   )

※단답식문제

7. (   )을 지원하는 OS는 CPU의 사용률을 높이기 위하여 동시에 여러 개의 프로그램을 주기억장치에 적재하여 CPU를 효율적으로 이용한다.

8. (   )은 두 개 이상의 CPU의 관리를 지원하는 OS이다.

9. (   )이란 한 번에 하나의 프로그램만을 실행시킬 수 있어서 한 사람만을 서비스할 수 있다는 말이다.

【참고문헌】

[1] 김길창, 운영체제론, 정익사, 2002.

[2] 김대수, 컴퓨터개론, 생능출판사, 2005.

[3] 이강수, 박성순, 운영체제 개념과 원리, 1998.

[4] 한금희, 함미옥, 컴퓨터과학개론, 한빛미디오, 2005.

[5] James L. Petersson, Abraham Silbesschatz, Operating System Concepts, Addison Wesley, 1985.

제12장

정보통신

 이 장에서는 정보시스템의 중요한 구성 요소인 정보통신에 대하여 살펴본다. 통신과 프로토콜, 통신망의 개념, 통신기초기술, 통신망의 유형과 발전과정, 최신통신기술 등을 살펴본다. 또한, 인터넷의 개념과 역사, 인터넷주소체계, 인터넷기초 서비스, 웹의 개념과 웹서비스 등을 살펴본다.

1. 정보시스템과 통신

정보통신에 대하여 살펴보기 전에 정보시스템에서 통신기능이 필요한 이유를 잠시 언급할 필요가 있다. 〈그림 12-1〉은 정보시스템에서 통신기능이 필요한 이유를 보여주고 있다.

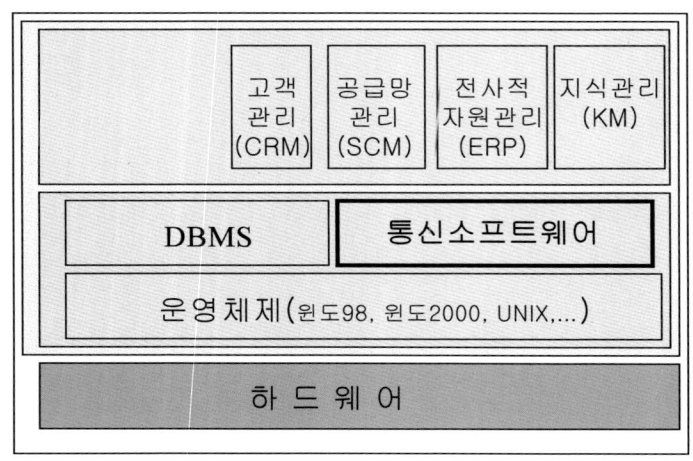

〈그림 12-1〉 정보시스템에서 통신의 필요성

제일 하위계층에 하드웨어가 있고 그 위에 시스템소프트웨어로서 운영체제와 DBMS, 통신소프트웨어가 있다. 시스템소프트웨어의 지원을 받으면서 다양한 응용소프트웨어들이 존재하게 된다. 응용소프트웨어들은 각종 응용에 맞는 요구기능을 수행하기 위하여 일반적으로 통신기능을 필요로 한다. SCM과 같은 응용소프트웨어의 경우 공급업체와 데이터를 교환 하면서 공급망관리를 할 것이기 때문에 원거리에 있는 공급업체의 정보시스템과 데이터를 주고받기 위한 통신기능은 필수적이다. 응용소프트웨어가 통신기능이 필요하면 시스템소프트웨어인 통신소프트웨어에게 통신요청을 하게 되고 통신소프트웨어는 운영체제와 CPU 및 통신하드웨어 등을 이용하면서 응용소프트웨어에게 통신서비스를 제공한다. 통신망과 통신기술이 발달한 현대의 정보시스템에 통신기능이 없다면 날개 없는 독수리에 비유할 수 있을 것이다. 정보시스템 전문가가 되기 위한 지식을 습득하는 과정에서 정보통신에 대한 지식은 매우 중요하다 할 수 있다.

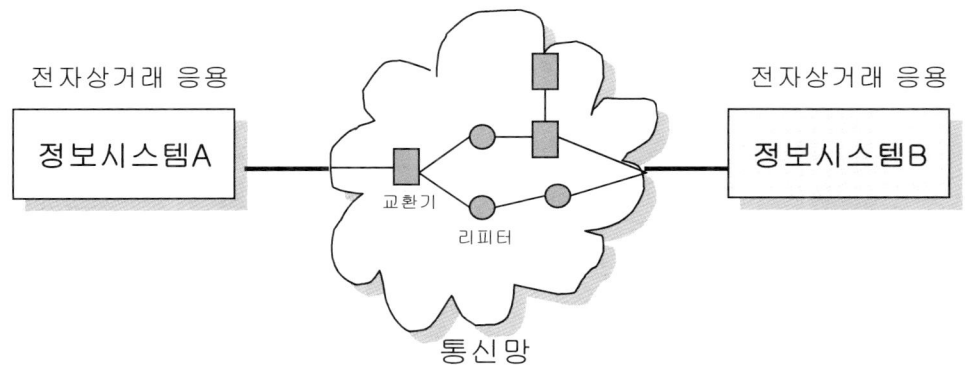

전자상거래 응용

정보시스템A

교환기

리피터

통신망

전자상거래 응용

정보시스템B

〈그림 12-2〉 정보시스템과 통신망

〈그림 12-2〉는 정보시스템A와 정보시스템B가 통신망으로 연결된 상황을 나타내고 있다. 통신망(network)은 통신회선들과 통신장비들로 구성된 통신시스템으로서 통신망에 연결된 단말기(Terminal), 즉 정보시스템들 사이의 정보교환을 가능하게 하는 연결자 역할을 한다. 통신망은 최소한의 통신회선들로 보다 많은 단말기들을 연결시키기 위하여 데이터 전송경로를 변환시켜주는 교환기라든가 데이터신호를 강화시켜주는 증폭기나 리피터 등과 같은 통신장비들을 이용하여 구성된다.

정보시스템A와 정보시스템B가 전자상거래 기능을 제공할 경우 정보통신망을 통하여 데이터를 주고받으면서 전자상거래를 하게 될 것이다.

2. 통신 개요

통신은 한 지점에서 다른 지점까지 의미있는 정보를 보다 빠르고 적절하게 상대방이 이해할 수 있도록 전송하는 것을 의미한다.

시초의 통신수단은 봉화였다. 봉화는 불빛이나 연기로 멀리 떨어진 지역에 정보를 전송하는 방식이었다. 봉화보다 좀 더 발전된 통신 수단으로써 모스(Morse)부호를 이용하였다. 모스부호는 멀리 떨어져 있는 상대방에게 전기 신호의 길고 짧음, 끊김 등의 메시지로 정보를 전송하는 방식이었다. 이 후 통신기술은 더 발전되어 현대에 와서는 컴퓨터에 의해서 통신을 하게 되었다. 컴퓨터 통신은 통신회선에 연결된 하나 또는 그 이상의 컴퓨터나 단말기(terminal)를 이용하여 데이터와 정보를 주고받는 것을 말한다.

통신에 관련된 용어를 간략히 살펴보자. 프로토콜(Protocol)은 신속하고 정확한 통신을 위하여 쌍방이 서로 약속해 놓은 절차라고 할 수 있다. 예를 들어 한국어로 '안녕하십니까?'라고 말했는데 상대편에서는 'Hello?'라고 응답하면 프로토콜이 맞지 않아서 서로 간에 의견교환이 어려울 수 있다. 이 때는 먼저 대화하려는 당사자들끼리 먼저 한국어로 의사소통을 할지, 영어로 의사소통을 할지 결정한 후 대화를 시작하여야 할 것이다. 공통 언어를 결정하고 대화가 시작된 후에도 상대편의 의견을 잘 들어주며 정확하게 이해했는지를 알려주면서 진행되어야 할 것이다. 이런 것들이 매끄러운 의사교환을 위한 프로토콜이라고 할 수 있다. 또 다른 예로 상대에게 데이터를 정확하게 잘 보내기 위해서는 우선 상대편이 데이터를 받을 준비가 되어있는지를 확인하고 받을 준비가 되어 있으면 첫 번째 데이터를 보낸다. 계속해서 두 번째 데이터를 보내기 전에 상대편으로부터 잘 받았다는 메시지를 확인한 후 두 번째 데이터를 전송하는 것이 바람직할 것이다. 즉 상대편은 데이터를 수신하면 잘 받았다는 메시지를 전송해 주어야 한다. 데이터수신이 잘못되었을 경우 재전송을 요청해야 할 것이다. 이러한 일련의 통신절차가 통신프로토콜이다. TCP/IP는 인터넷에서 데이터를 정확하고 신속하게 주고받기 위한 복잡한 통신프로토콜이다.

대역폭(bandwidth)은 한 회선을 통해 1초에 전달될 수 있는 되는 데이터의 양이다. 단위는 일반적으로 bps(bits per second)이며 100bps이면 초당 100비트의 데이터를 전송한다. 구리선을 이용할 경우 초당 수십 Mbps 까지 전송할 수 있다.

모뎀(MODEM)은 디지털데이터를 아날로그형태로 또는 아날로그신호를 디지털신호로 변환시켜주는 통신장비이다. 컴퓨터는 디지털데이터를 생성하고 전화선은 아날로그 신호만을 전송할 수 있기 때문에 그 중간에서 필요에 따라 디지털 또는 아날로그로 변환시켜주는 장치가 필요한 것이다.

DTE(Data Terminal Equipment)는 통신망에서 네트워크의 끝에 붙는 장비들을 총칭하는 의미이다. 일반적으로 컴퓨터를 지칭하지만 컴퓨터외에 프린터, 중계기, 단말기 등을 통틀어 DTE라고 부른다.

3. 통신망의 발전과정

통신망이라는 것은 통신장비들을 통신 회선들로 연결하여 최소한의 통신회선으로 보다 많은 단말기들끼리 통신이 가능하도록 구성한 시스템을 의미한다. 〈그림 12-3〉은 효율적인 통신망의 의미를 보여주는 그림이다.

〈그림 12-3〉의 (a)는 4개의 컴퓨터 A, B, C, D를 회선으로만 연결한 상황이다. 전체적으로 6개의 회선이 필요하고 추가적으로 E라는 컴퓨터를 연결시키고자 하면 4개의 회선이 더 필요하다. 〈그림 12-3〉의 (b)는 4개의 컴퓨터 A, B, C, D를 연결하기 위하여 회선뿐만 아니라 통신장비인 교환기도 이용한 경우이다. 교환기가 추가되긴 했지만 전체적으로 필요한 회선은 4개에 불과하고 E라는 컴퓨터의 연결을 추가하고자 할 때 1개의 회선으로 교환기와 연결시키면 된다. 교환기의 역할은 전송목적지를 적절하게 찾아주는 것이다. 컴퓨터A가 목적지인 컴퓨터B의 주소와 함

께 전송데이터를 교환기로 보내면 교환기는 그 전송데이터를 컴퓨터B의 방향으로 보낸다. 일반적인 통신망은 〈그림 12-3〉의 (b)와 같은 개념으로 구성되어 있다.

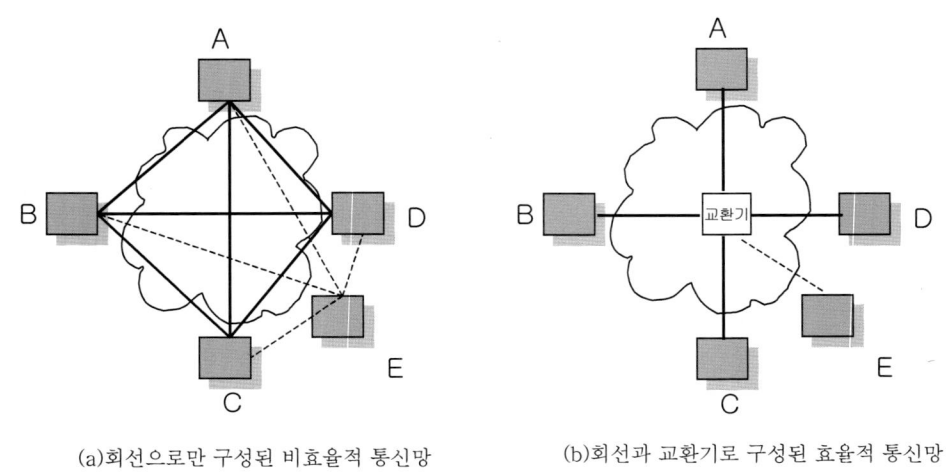

(a)회선으로만 구성된 비효율적 통신망   (b)회선과 교환기로 구성된 효율적 통신망

〈그림 12-3〉 효율적인 통신망

통신망은 연결해야 할 거리를 기준으로 근거리통신망(Local Area Network, LAN)과 원거리통신망(Wide Area Network, WAN)으로 분류할 수 있다. LAN은 비교적 가까운 거리에 있는 컴퓨터들을 연결하기 위한 목적이 있고 WAN은 원거리에 있는 컴퓨터들을 연결하고자 하는 목적이 있다. 통신망의 소유자에 따라 사설통신망(Private Network)과 공중통신망(Public Network)으로 나눌 수도 있다. 사설통신망은 특정 소유자가 있어서 그 소유자가 주로 이용하고자 하는 통신망이고 공중통신망은 소유자가 있지만 일반 대중들이 이용할 목적으로 만들어진 통신망이다.

통신망의 발달 과정은 개략적으로 SNA(System Network Architecture)방식에서 이더넷(Ethetnet)방식으로 발전하였고 다시 TCP/IP방식, WWW(World Wide Web), IMT2000(International Mobile Telecommunication 2000) 등으로 발전되었

다고 할 수 있다. 현재는 이더넷, TCP/IP, WWW, IMT2000이 각각의 영역에서 공존하면서 효율적이고 효과적인 통신망 구축에 이용되고 있다.

　컴퓨터통신의 시초는 하나의 컴퓨터에 여러 개의 단말기(모니터와 키보드로 이루어진 입출력 위주의 시스템)를 연결하여 사용했던 것으로 동일한 건물 또는 인접한 건물들 내에 있는 컴퓨터사용자들을 대상으로 한 통신방식이었다. 이러한 개념의 통신방식을 위한 프로토콜이 SNA(System Network Architecture)이다. SNA프로토콜은 IBM에서 제안했던 통신방식인데 중앙집중식으로 정보처리를 할 때 적합한 통신프로토콜이다. 중앙집중식은 중앙에 고가의 고성능 컴퓨터를 두고 이 컴퓨터에 많은 단말기를 연결하여 단말기를 이용하는 각 사람들이 중앙컴퓨터를 동시에 공용하여 이용하는 방식이다. 중앙컴퓨터를 호스트서버(Host Server)라고도 하는데 말 그대로 주인이 되는 컴퓨터라는 의미이고 고가이기 때문에 고성능 기능을 제공할 수 있으며 시분할 방식으로 단말기사용자들을 동시에 서비스할 수 있다. 단말기는 터미널이라고도 부르는데 CPU나 메모리기능은 없고 키보드와 모니터로만 구성되어 호스트서버에 연결할 수 있으며 단순히 호스트서버의 원격 입출력기능만을 담당하는 역할을 한다. 호스트서버와 터미널은 전화선으로도 연결될 수 있다. 중앙집중 방식은 중앙의 호스트서버가 모든 단말기로부터의 데이터처리 요청을 서비스하므로 중앙서버로의 부하집중이 많고 중앙 서버가 고장 나면 전체 통신망이 기능을 할 수 없게 된다. 따라서 데이터를 분산처리하자는 개념의 클라이언트－서버방식이 나오게 된 것이다. 과거의 PC통신방식은 하나의 고용량 PC통신서버와 단말기 역할을 하는 비교적 먼 거리에 있는 많은 PC들이 전화선을 이용하여 연결되어 PC통신서버를 매개로 PC사용자들끼리 통신을 하는 방식이었다. 〈그림 12-4〉는 SNA의 개념을 보여주고 있다.

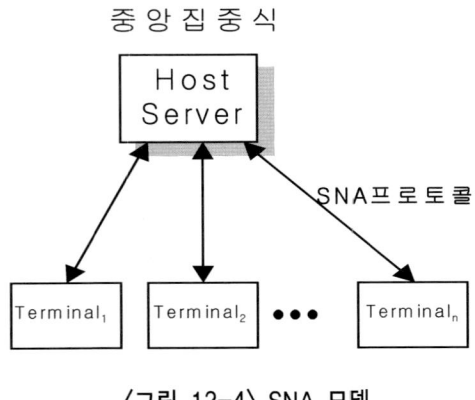

〈그림 12-4〉 SNA 모델

　좀 더 발전된 형태의 컴퓨터통신은 근거리상에 있는 클라이언트(Client) 컴퓨터와 서버컴퓨터사이에 회선으로 연결되어 데이터를 주고받는 클라이언트 – 서버 방식이다. 중앙집중방식에서의 단말기는 키보드와 모니터를 이용하여 서버로 데이터를 입력하고 서버가 처리한 결과를 단순히 출력만 하는 역할인 반면 클라이언트 컴퓨터는 서버에 데이터 전송요청을 하고 데이터를 전송받아서 자체적인 CPU와 메모리를 사용하여 정보처리를 할 수 있는 컴퓨터이다. 이러한 개념의 통신방식을 위한 대표적인 프로토콜이 이더넷(Ethernet)이다. 〈그림 12-5〉는 이더넷의 개념을 보여주고 있다.

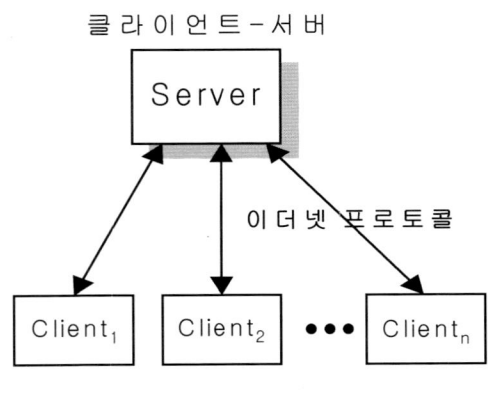

〈그림 12-5〉 이더넷 모델

클라이언트 – 서버방식은 데이터를 분산하여 처리하는 개념이다. 클라이언트 컴퓨터에서 서버로 특정 데이터 전송을 요청하면 서버는 요구하는 데이터만을 찾아서 전송하며 그 데이터에 대한 처리는 클라이언트 컴퓨터에서 이루어진다. 클라이언트도 데이터처리의 일정 역할을 담당함으로써 분산처리의 효과가 있는 것이다. 이더넷 프로토콜은 LAN환경에서 클라이언트-서버방식의 정보처리를 위하여 이용된다.

TCP/IP 프로토콜은 인터넷프로토콜로서 인터넷상에서 데이터를 송수신하기 위한 통신방식이다. 인터넷(Internet)은 네트워크의 네트워크로서 LAN이나 WAN들이 서로 연결되어 있는 통신망이다. 전 세계의 다양한 통신망을 서로 연결시켜 놓은 것이 인터넷이다. TCP/IP 프로토콜은 다른 통신망에 있는 컴퓨터들 사이에 데이터를 정확하게 송수신하려는 목적의 통신프로토콜이다. 〈그림 12-6〉은 TCP/IP 프로토콜의 개념을 보여주고 있다.

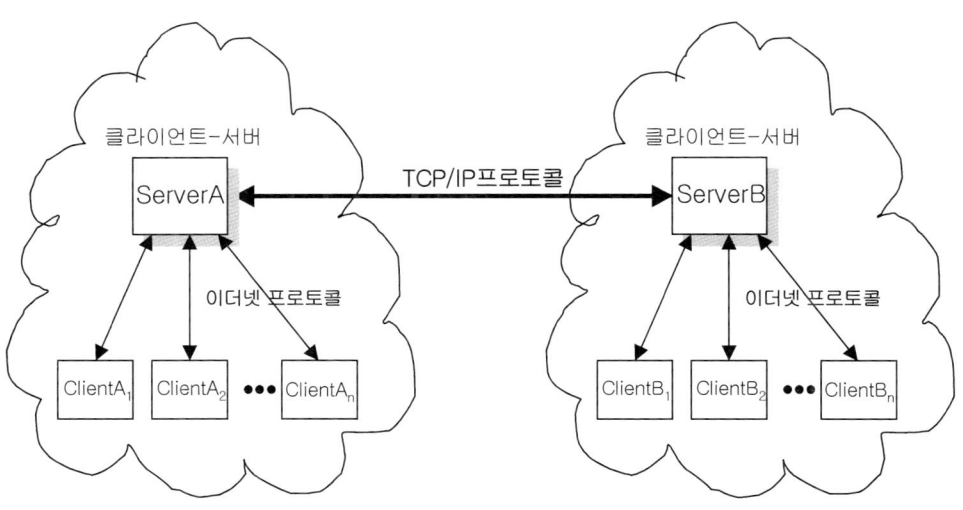

〈그림 12-6〉 TCP/IP 프로토콜의 개념

〈그림 12-6〉에서 왼쪽 통신망의 ClientA₁이 오른쪽 통신망의 CLientB₃과 데이터를 주고받고자 할 때 자신의 통신망을 지나서 상대편 통신망으로 들어가야 하므로

통신망을 가로지를 수 있는 TCP/IP프로토콜을 이용해야 한다.

WWW은 TCP/IP프로토콜을 기반으로 여러 통신망을 가로지르면서 멀티미디어 데이터를 주고받기 위한 통신프로토콜이다. WWW프로토콜이 개발되면서 사용하기 편리한 인터넷 응용소프트웨어들이 만들어졌으며 이는 인터넷혁명을 몰고 와서 기업의 비즈니스방식뿐만 아니라 우리들의 일상생활에도 많은 영향을 미치게 되었다.

현대의 통신망은 미 국방성의 알파넷이 시초가 된 인터넷을 중심으로 계속발전하고 있다. 가정에서는 기존의 통신인프라인 전화선을 이용하여 인터넷을 보다 빠르게 이용할 수 있는 기술인 ADSL(Asymmetric Digital Subscriber Line)이 개발되어 현재 많은 가정에서 이용되고 있다. 이제는 인터넷을 무선으로 이동하면서 자유롭게 이용할 수 있는 기술인 와이브로(Wibro)나 HSDPA(High Speed Down Link Package Access) 등이 개발되어 상용화 단계에 접어들었다.

IMT2000은 전 세계적으로 이동하면서 멀티미디어 데이터를 주고받기 위한 통신기술로서 현재 완벽한 서비스는 이루어지고 있지 않지만 현재의 기술개발 노력으로 볼 때 조만간 만족스런 결과를 보일 것으로 기대한다.

4. 통신 기초기술

4.1 통신방식

두 DTE(Digital Terminal Equipment) 사이의 통신방식은 데이터 흐름의 방향과 동시성 여부에 따라 단방향통신(Simplex), 반이중통신(Half Duplex), 전이중통신(Full Duplex)이 있다.

단방향통신은 한 DTE는 송신기능만 가능하고 다른 DTE는 수신기능만 가지는 형태이다. 일반적인 컴퓨터의 데이터통신에는 없으며 TV, 라디오 같은 방송용에 쓰인다.

반이중통신은 통신하는 두 DTE가 시간적으로 교대하여 데이터를 교환하는 방식의 통신이다. 무전기에 의한 통신이 이러한 방식의 예이다.

전이중통신은 두 DTE가 동시에 송신과 수신이 가능한 형태를 말한다. 이를 위해서는 송신과 수신을 위한 독립적인 채널이 필요하다. 전화가 그 예이다. 〈그림 12-7〉은 각 통신방식을 그림으로 나타내고 있다.

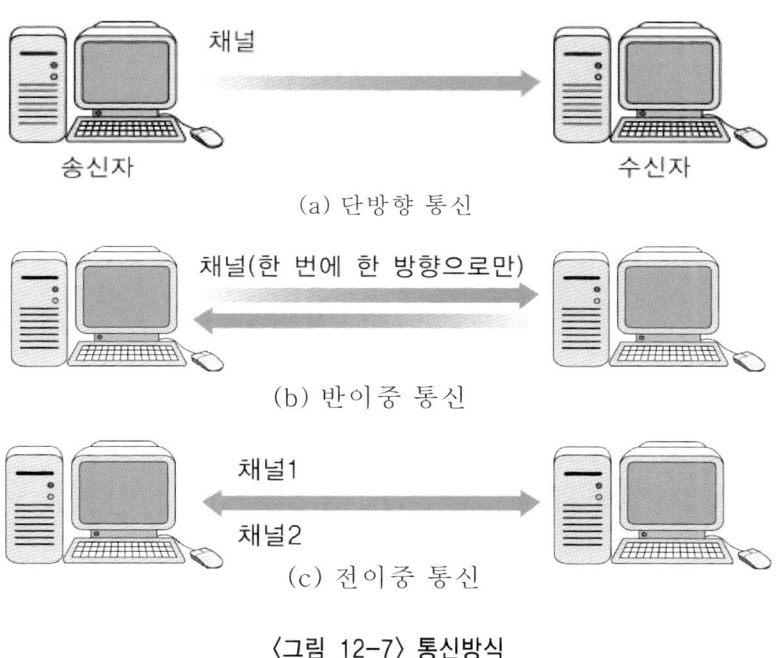

(a) 단방향 통신

(b) 반이중 통신

(c) 전이중 통신

〈그림 12-7〉 통신방식

4.2 통신망 기초

통신망(network)이란 네트워크라고도 하는데 여러 DTE들이 서로 정보를 교환할 수 있도록 전송선로와 통신장비가 결합되어 있는 시스템을 의미한다. 통신망 기술은 크게 회선교환망(Circuit Switching Network)과 패킷교환망(Packet Switching Network) 등이 있다.

(1) 회선교환망

회선교환망은 전화망과 같은 원리로 운영되는 통신망으로서 두 DTE 사이에 한 번 연결이 이루어지면 두 DTE가 그 연결을 해제하기 전까지는 그 연결회선을 다른 가입자들이 이용할 수 없다. 〈그림 12-8〉은 회선교환망의 예를 보여주고 있다. 그림에서 A와 C가 어떤 정보를 주고받으려고 할 경우 교환기(Switch)의 한쪽 끝은 A에게, 다른 한쪽 끝은 C에 연결되어 있어 나머지 B, D, E, F는 전혀 통신이 불가능하게 된다.

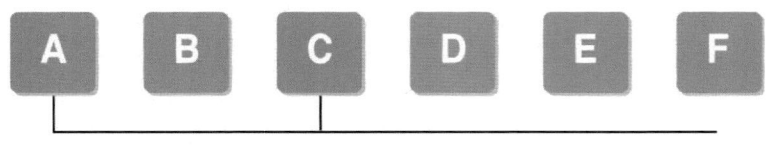

〈그림 12-8〉 회선교환망의 예

회선교환망에서는 연결설정이 이루어져서 사용되고 있는 회선은 다른 통신주체가 이용할 수 없는 특성을 갖는다. 따라서 회선교환망에 의한 통신은 전송속도가 빠른 편이다. 왜냐하면 연결설정된 두 주체만 회선을 전용하여 쓰기 때문이다. 반면 회선을 비효율적으로 활용하는 측면이 있다. 연결설정된 회선이 바쁘지 않은 상황에서도 그 회선에 대한 연결해제가 이루어지지 않는 한 회선이용이 어렵기 때문이다.

(2) 패킷교환망

패킷교환망은 전송회선을 공동으로 사용할 수 있도록 하여 회선을 효율적으로 사용할 수 있도록 하는 통신방식이다. 두 통신주체 사이에 통신을 하고 있는 상황에서도 다른 주체가 그 회선을 이용할 수 있다. 〈그림 12-9〉는 패킷교환망의 예를 보여주고 있다.

〈그림 12-9〉 패킷교환망의 예

A와 C가 현재 연결설정이 되어 서로 통신을 하고 있는 상황이다. A와 C 사이에는 아직 연결해제가 되지 않았는데도 B가 D사이에 통신의 필요성이 생기면 서로 통신이 가능하다. 패킷교환망에서는 데이터 송수신을 할 때 전송할 데이터를 패킷(Packet)이라는 단위로 나누고 목적지주소를 붙여서 보내기 때문에 회선공유가 가능하다는 것이다. 패킷은 헤드부분(Head)과 데이터부분(Data), 꼬리부분(Tail)으로 이루어진다. 패킷의 헤드부분에는 목적지 주소와 그 패킷의 순서가 기록된다. 패킷의 헤드부분에는 목적지주소와 그 패킷의 순서 등이 포함되기 때문에 그 패킷이 중간에 어떠한 회선을 경유하건 무사히 목적지에 도착할 수 있으며 목적지에서 패킷순서가 재배열된다. 패킷의 꼬리부분에는 패킷데이터가 전송도중 에러가 발생할 경우 에러수정을 위한 정보가 포함된다. 통신망에 연결된 DTE들은 회선을 감지하다가 도착한 패킷의 주소를 체크하여 자신에게 온 것이면 받아들이게 된다.

LAN에서 광범위하게 사용되는 대표적인 통신프로토콜인 CSMA/CD는 패킷교환방식의 개념으로 통신을 한다. CSMA/CD는 이더넷프로토콜을 표준화시킨 것으로 CSMA/CD와 이더넷은 동일한 의미로 사용된다. CSMA/CD는 데이터를 전송하기 전에 회선이 사용 중인지 감시하고 있다가 회선이 비어있을 때 전송한다. 만약 데이터를 전송하는 시점에 다른 DTE가 동시에 전송을 개시하면 충돌(Collision)이 발생하게 되며, 충돌한 데이터들은 버려지고 데이터를 전송한 장치들에게 재전송을 요구하게 된다. 이더넷은 가장 광범위하게 설치된 LAN기술로 제록스에 의하여 개발되었으며 국제 표준화기구에 의하여 CSMA/CD(IEEE 802.3)으로 표준화되었다.

4.3 근거리통신망

근거리통신망(Local Area Network, LAN)이란 원래 300m 이하의 비교적 근거리에 있는 컴퓨터들이 통신회선과 통신장비 등에 의하여 연결된 네트워크의 의미였지만 현재는 거리 개념보다는 한 조직이 소유한 인접지대의 네트워크를 의미하는 경우가 많다. 초기의 LAN은 이더넷 기술을 사용했지만 현재는 좀 더 고속화된 ATM(Asynchronous Transfer Mode)이나 사용이 편리한 무선기술 등이 쓰이고 있다.

(1) LAN의 구조

LAN은 통신프로토콜과는 별개로 망 구성을 어떤 구조로 하느냐에 따라 버스형(Bus), 링형(Ring), 스타형(Star) 등이 있다.

버스형은 버스라는 백본(Backbone, 중심 회선)에 각 DTE들이 접속되어 있는 형태로 어떤 신호가 버스를 통해 흐르고 있다면 이 신호와 관련 있는 DTE만 신호에 주목하고 그 이외의 DTE는 신호를 무시하는 방식으로 통신이 이루어진다. 여기서 신호는 패킷신호일 수 있다. 〈그림 12-10〉은 버스형 LAN의 구조를 보여주고 있다. 그림에서 DTE들은 서버컴퓨터뿐 아니라 프린터, 스캐너 등이 될 수 있다. 라우터(Router)는 다른 통신망과 연결시키기 위한 통신장비이다.

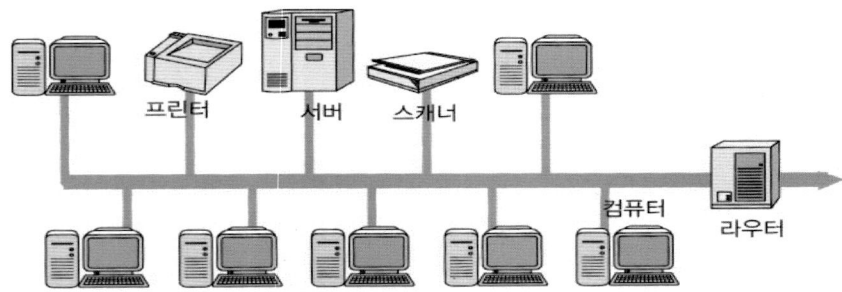

〈그림 12-10〉 버스형 LAN 구조

 링형은 각 DTE들이 원형을 이루는 회선경로에 따라 2개의 다른 DTE와 점대점(Point-to-Point)으로 연결되면서 전체적으로 링 모양을 가지는 통신망을 말한다. 링에 연결된 각 DTE는 고유한 주소를 갖고 패킷의 흐름은 단 방향으로만 진행된다. 각 DTE는 재전송기능이 있어서 수신된 패킷을 체크하여 자신에게 오는 것이면 받아들이고 그렇지 않으면 이웃 DTE로 넘겨준다. 패킷을 전송하고자 하는 DTE는 링을 돌고 있는 토큰(Token)을 획득하여야 데이터 전송권한을 갖게 되고 데이터전송을 완료하면 토큰을 방출하여 다른 DTE가 토큰을 이용할 수 있게 한다. 〈그림 12-11〉은 링형 LAN의 구조를 보여주고 있다.

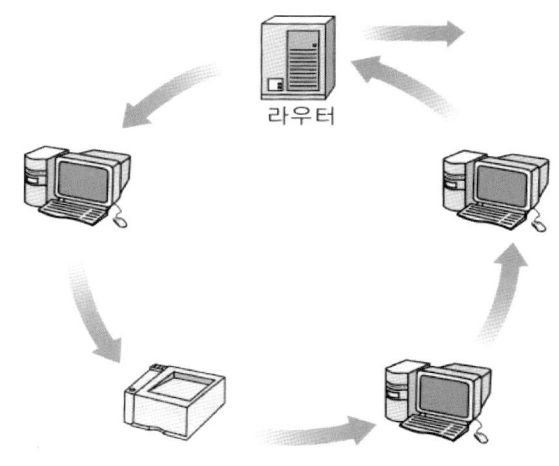

〈그림 12-11〉 링형 LAN의 구조

 스타형 LAN은 중앙에 허브(Hub)라는 통신장비를 두고 이 허브에 여러 DTE들을 연결하여 통신망을 구성하는 방식이다. 각 DTE의 연결은 중앙 허브의 제어를 통하여 이루어진다. 중앙 허브에 데이터관리가 집중되므로 관리하기 쉬운 장점이 있지만 중앙 허브의 성능이 전체 통신망의 성능을 좌우하게 되며 중앙 허브가 다운되면 전체 통신망에 이상이 생긴다. 〈그림 12-12〉는 스타형 LAN의 구조를 나타내고 있다. 그림에서 A가 B에게 데이터를 전송하려면 전송 패킷들을 중앙 허브

로 보내고 중앙허브는 연결된 모든 DTE들에게 방송형태로 전파해주는 역할을 한
다. 오늘날에는 스타형구조로 LAN을 구축하는 경우가 많다.

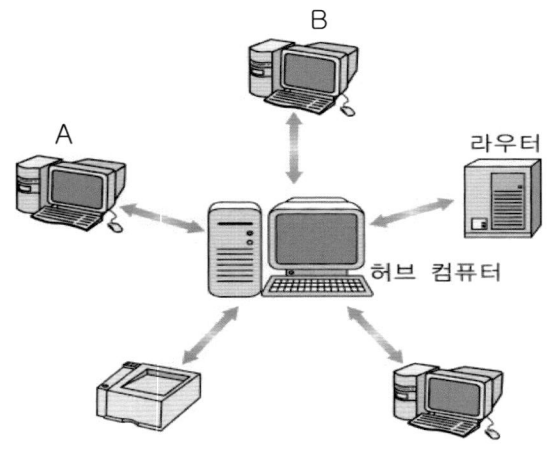

〈그림 12-12〉 스타형 LAN의 구조

4.4 원거리통신망

원거리통신망(Wide Area Network)은 넓은 지역에 걸쳐 분포하는 많은 통신장
비(교환기 등)들과 DTE들로 구성된 통신망이다. LAN이 보편화되면서 멀리 떨어
져있는 LAN과 LAN을 연결하는 수단으로써 WAN이 이용되기도 한다.

LAN과 비교하여 WAN의 특징은 LAN보다 먼 거리를 연결한다는 점과 LAN
보다 느리다는 점 그리고 구축비용이 LAN과는 비교할 수 없을 정도로 많이 든다
는 점 등이 있다. WAN은 한 조직이 부담하기에는 너무 많은 비용이 필요하므로
통신서비스회사에 의한 공중망 형태로 구축되고 운영되는 것이 일반적이다. 한국
통신과 하나로통신 등은 WAN을 공중망 개념으로 구축하여 운영하는 대표적인
통신회사들이다. 〈그림 12-13〉은 LAN과 WAN과의 관계를 나타내고 있다.

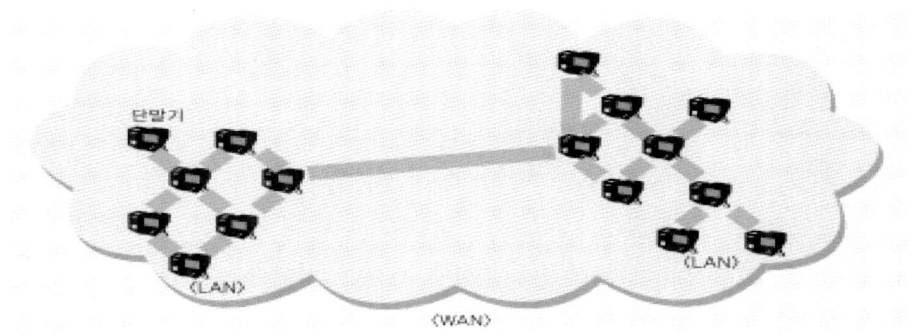

〈그림 12-13〉 LAN과 WAN의 관계

　원거리통신을 위한 패킷교환망에서의 대표적인 통신프로토콜이 TCP/IP와 X.25가 있다. 패킷교환망에서 패킷교환방식은 가상회선방식과 데이터그램방식이 있는데 가상회선방식에 의한 원거리 통신프로토콜이 X.25이고 데이터그램방식에 의한 원거리 통신프로토콜이 TCP/IP이다.

　가상회선방식은 송·수신 측 간에 논리적으로 경로를 설정한 후 그 경로를 따라 패킷을 전송한다. 회선교환에서와 같이 경로설립, 데이터전송, 경로해제의 3단계 과정을 거치나, 다른 점은 송·수신 측 간에 설정된 경로가 독점적으로 사용되지 않는다. 전송된 패킷들은 수신 측에 순서대로 도착하므로 파일전송과 같이 긴 메시지를 보내야 하는 경우에 적합하며, 대표적인 예로 X.25 프로토콜에 의한 통신망을 들 수 있다.

　데이터그램방식은 패킷마다 목적지 주소에 의해 개별적으로 송신경로가 정해지는 방식이다. 패킷을 전송하는 동안 중간 교환노드에서는 자신의 버퍼상태에 따라 패킷을 전달하므로, 패킷의 수신순서는 중간 교환노드의 상황에 의해 변할 수 있다. 따라서 수신 측에서는 도착하는 패킷들의 순서를 정렬하는 기능과 순서대로 도착하지 않은 패킷들을 임시로 저장할 버퍼를 필요로 한다. 데이터그램방식의 대표적인 예로 TCP/IP 프로토콜을 사용하는 인터넷을 들 수 있다.

4.5 통신장비

원활하고 효율적인 통신을 지원하기 위한 통신장비들은 다양하게 존재하기만 여기서는 모뎀(MODEM), NIC(Network Interface Card), 허브(Hub), 라우터(Router)만을 살펴보기로 한다. 모뎀은 Modulator/DEModulator의 준말로 '변복조기'를 의미한다. 디지털신호는 아날로그신호에 비하여 감쇄가 심하다는 문제점이 있다. 원거리 전송을 할 때 이러한 디지털신호의 왜곡을 줄이기 위하여 디지털 데이터를 아날로그신호로 변환하여 전송하는 경우가 있다. 디지털신호를 전화선으로 보내기 위해 아날로그신호로 변조한 뒤에 받는 쪽에서는 그 신호를 다시 디지털신호로 복조해주는 기기이다. 속도는 느리지만 가장 넓게 퍼져있는 통신하드웨어이다. 현재 인터넷을 이용하는 가정에서도 모뎀이 설치되어 있을 것이다.

NIC(Network Interface Card)는 모든 형태의 통신망과 컴퓨터를 연결시켜주는 장치를 의미하는데 컴퓨터는 일반적으로 LAN에 연결되어 있으므로 LAN카드 또는 이더넷카드라고도 불린다. NIC은 여러 가지 유형이 있는데 전송속도와 전송방식, 전송거리 등에 의하여 분류된다. NIC 유형중 「10BASE2」, 「10BASE5」등이 있다. 「10BASE5」에서 10의 의미는 전송속도가 10 MBps라는 의미이다. BASE는 베이스밴드(Base Band) 방식으로서 컴퓨터에서 나오는 디지털신호를 그대로 전송하는 기저대 전송방법이다. 베이스밴드와 상대적인 개념으로 브로드밴드(Broad Band)가 있는데 이것은 디지털신호를 아날로그신호로 변조하여 보내라는 의미이다. 「10BASE5」 5의 의미는 리피터 장비 없이 500m까지 전송할 수 있는 능력이 있다는 말이다.

허브는 원래 버스형인 이더넷의 네트워크 구성을 스타형으로 구성할 수 있도록 하는 통신장비로서 허브와 DTE는 최대 50m 거리까지 떨어져 있을 수 있다. 허브는 〈그림 12-12〉처럼 전송 요청한 DTE가 보낸 신호를 자신과 연결된 모든 DTE들에게 방송형태로 뿌려주는 역할뿐만 아니라 약해진 신호를 재생시켜서 보내는 리피터(Repeater)의 기능도 한다. 스위치허브(Switching Hub)는 단순히 방송형태로 전달하는 기능을 넘어 목적지 주소에 해당하는 라인으로 전송하는 기능까지 가지고 있다. 스위치 허브는 일반 허브에 비하여 비교적 고가이다.

인터넷은 여러 통신망이 연결되어 있는 통신망의 통신망이다. 라우터는 통신망들을 서로 연결해주는 통신장비이다. 통신망들을 연결하는 라우터는 수신되는 인터넷주소를 파악하여 통신망들을 가로지르는 통신경로를 정하는 역할을 한다. 이와 같이 통신경로를 결정하는 과정을 라우팅(Routing)이라고 한다. 라우터는 목적지주소와 목적지에 이르는 경로상의 다음 라우터주소 정보를 가지고 있는 라우팅테이블을 가지고 있다. 라우팅테이블은 관리자가 초기화하거나 라우터 간의 통신에 의하여 동적으로 갱신된다. 라우터는 하드웨어 형태로 제공되는 제품도 있고 소프트웨어의 형태로 제공되어 컴퓨터에서 실행될 수도 있다.

5. 최신통신기술

최신통신기술로 ISDN, ADSL, 와이브로, HSDPA, IMT2000 등에 대하여 살펴본다.

5.1 ISDN

ISDN(Integrated Service Digital Network)은 최신기술이라고 할 수는 없지만 ADSL기술과 ATM기술의 모태가 되었기 때문에 잠시 살펴보기로 한다.

ISDN은 회선교환능력이 있는 전화망과 패킷교환능력이 있는 데이터통신망을 통합하여 음성통신의 한계를 뛰어 넘고 데이터, 영상, 비디오 등의 통신서비스를 하나의 통신망으로 제공하고자 하는 종합정보통신망인 것이다. 협대역(Baseband) ISDN은 회선교환망과 패킷교환망을 물리적으로 결합하고 사용자인터페이스 부분은 디지털방식으로 단일화하여 서비스관점에서 통합한 경우이다. 광대역(Broadband) ISDN

은 ATM(Asynchronous Transfer Mode)기술을 이용하여 회선교환망과 패킷교환망을 화학적으로 결합하고 사용자인터페이스 부분은 디지털방식으로 단일화하여 기술과 서비스관점 양쪽 모두에서 통합한 경우이다. 협대역 ISDN이든 광대역 ISDN이든 단일의 사용자 인터페이스를 위하여 TA(Terminal Adaptor)를 통해 디지털로 접속된다. 모뎀 대신에 TA를 설치한 가정이나 회사의 사용자들은 최고 128Kbps까지의 빠른 속도로 제공되는 웹페이지를 볼 수 있다. ISDN은 전송양단에 TA가 필요하므로 서비스이용자 측과 서비스제공자 측에 TA가 설치되어야 한다. 〈그림 12-14〉는 ISDN의 구조를 나타내고 있다.

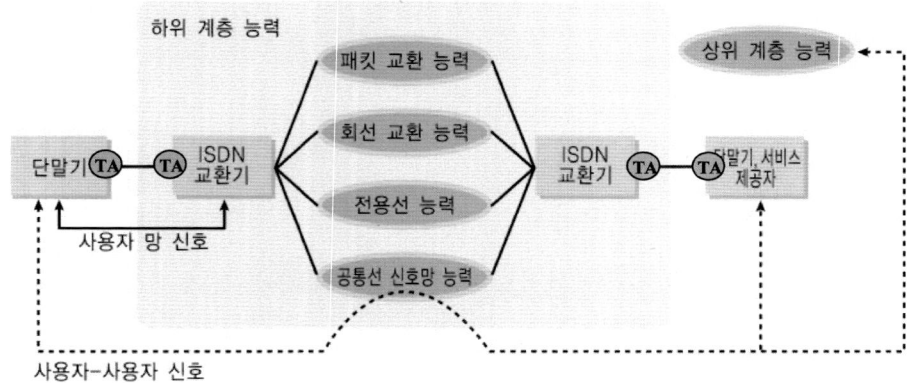

〈그림 12-14〉 ISDN구조

ISDN은 일반적으로 미국이나 유럽의 대부분 도시지역의 전화회사가 서비스를 공급하였으며 우리나라에서는 한국통신에서 1993년부터 ISDN서비스를 시작하였으나 지금은 거의 사용되고 있지 않다.

다만 TA의 기술을 바탕으로 한 ADSL 등의 디지털가입자망은 현재 활발히 이용되고 있다.

5.2 ADSL

ADSL(Asymmetric Digital Subscriber Line)은 비대칭 디지털 가입자 회선의 약자로 음성통화와 고속인터넷 통신이 동시에 가능한 차세대 접속서비스이다. 즉 ISDN의 가입자 인터페이스와 비슷한 개념으로 가정과 통신서비스회사 사이에 전화선을 이용한 디지털통신 기술을 의미한다. ADSL은 기존의 전화선으로 0~4KHz까지를 음성용으로, 4KHz~2.2MHz를 데이터용으로 나누어 음성과 데이터를 동시에 사용할 수 있게 하는 기술 중의 하나이다.

ADSL을 이용한 통신은 하향속도(수신속도)가 상향속도(송신속도)보다 더 빠른 비대칭 방식이다. 가정에서 인터넷 웹을 이용할 때 이미지나 동영상 같은 멀티미디어 데이터가 사용자 PC로 들어와서 디스플레이 되어야 할 것이기 때문에 수신속도는 빨라야 할 것이다. 반면 가정의 사용자 PC로부터 외부로 나가는 데이터는 일반적으로 소용량의 텍스트 형태일 것이기 때문에 송신 속도는 수신 속도에 비하여 느려도 된다는 것이다. ADSL은 기존의 전화선을 사용함으로써 막대한 회선구축비용이 절감되고 ISDN보다 훨씬 빠른 속도를 지원한다. 한국통신의 KT메가패스 서비스는 일반가정집에 인터넷과 전화를 동시에 이용할 수 있도록 ADSL 서비스를 제공하는 서비스상품으로써 월 일정액의 사용료를 지불하면 이용할 수 있다.

ADSL은 여러 DSL기술 중의 하나이다. DSL(Digital Subscriber Line)은 일반 전화선을 통하여 가정이나 소규모 기업에 고속으로 정보를 전송하기 위한 기술을 말한다. xDSL이란 ADSL, HDSL, VDSL 등 DSL 기술을 이용한 기술들을 총칭하는 말이다. DSL은 매우 고속으로 자료를 전송할 수 있으므로 동영상, 음악, 심지어는 3D 데이터까지도 전송할 수 있다. 〈표 12-1〉은 xDSL의 각종 기술을 나타낸 것이다.

〈표 12-1〉 xDSL의 각종 기술

DSL형태	설 명	데이터 전송속도	활용분야
ADSL	Asymmetric Digital Subscriber Line	하향속도 1.544~8Mbps 상향속도 16~640Kbps	가정에서 인터넷 및 웹 접근을 위하여 통신서비스회사에 접속할 때
HDSL	High bit-rate Digital Subscriber Line	회선에 따라 T1급(1.544Mbs) 또는 E1급(2.048Mbps)의 속도	기업의 서버를 통신서비스회사에 접속할 때
VDSL	Very high Digital Subscriber Line	하향속도 12.9~52.8Mbps 상향속도 1.5~2.3Mbps	기업의 LAN을 통신서비스회사에 접속할 때

5.3 IMT2000

IMT2000(International Mobile Telecommunication 2000)은 이동통신의 일종으로서 이동통신의 범위를 전 세계적 차원으로 넓히려는 목적을 갖는 국제적인 이동통신이다.

이동통신기술의 발달과정을 잠시 살펴보면, 1세대는 아날로그 방식에 의하여 이동하면서 음성통신을 할 수 있는 시기였고, 2세대는 디지털방식에 의하여 이동하면서 음성통신을 할 수 있는 시기, 2.5세대는 디지털방식에 의하여 이동하면서 음성통신과 데이터 통신을 할 수 있는 시기였다면 3세대는 디지털방식에 의하여 전 세계를 자유롭게 이동하면서 멀티미디어통신을 하려는 목적을 갖는 IMT2000 기술이다.

IMT2000에 의하여 멀티미디어서비스와 글로벌로밍이 가능하다. 글로벌로밍은 다른 통신사업자의 서비스 지역에서도 통신이 가능하도록 해주는 이동통신서비스를 의미한다. 예를 들어, 우리나라 사람이 한국통신에서 서비스를 해주는 휴대폰을 갖고 미국 출장을 가게 되었을 때 자신이 갖고 있는 휴대폰을 미국에 가서도 그대로 우리나라에서처럼 이용할 수 있는 것이 글로벌로밍 서비스이다. 여기서 말하는 글로벌로밍은 자동로밍으로서 별도의 신청절차 없이 자동적으로 로밍이 된다는 의미이다. 또한 IMT2000은 유무선 통합서비스를 제공한다. 기존에 구축된 유선망에 이동하면서 무선으로 지역에 관계없이 접속할 수 있는 무선접속기술이 가능하다는 말이다.

〈표 12-2〉는 기존의 이동통신서비스와 IMT2000서비스의 차이점을 보여주고 있다.

〈표 12-2〉IMT2000과 기존 이동통신과의 차이

구 분	2세대 이동통신 서비스	IMT2000 서비스
주파수	국가마다 상이	전세계적으로 통일
	800MHz, 900MHz, 1800MHz(2GHz 이하)	WARC-92에서 할당한 230MHz대역 1885~2025MHz, 2110~2200MHz
데이터서비스	32Kbps이하, 회선방식	최대2Mbps, 회선/패킷방식
로 밍	제한적	글로벌로밍 가능
주요서비스	음성, 저속데이터	고속데이터, 영상, 음성

주요한 차이는 사용주파수 관점에서 볼 때 기존의 이동통신서비스는 국가마다 다르지만 IMT2000서비스는 전 세계적으로 통일되는 것을 목표로 한다는 것이다. 주요 서비스 관점에서는 기존 이동통신의 경우 음성 및 저속 데이터인데 비하여 IMT2000 서비스는 멀티미디어 데이터를 자유롭게 서비스한다는 점이 차이가 있다.

IMT2000이 추구하는 진정한 글로벌로밍이 가능하기 위해서는 전 세계가 단일 표준의 동일한 방식의 통일된 무선접속 방식이 필요할 것이다. 따라서 처음에는 기술적으로 가장 우수한 세계 단일 표준을 만들려고 했지만 기존의 여러 셀룰러 방식의 이동통신 기술과의 호환성 문제가 제기되면서 기존의 것들을 가급적 수용하는 형태의 소극적이고 점진적인 접근을 하게 되었다. 즉 기존 시스템들의 기능을 확장하고 이들 사이에 망 연동 기능을 강화해서 전체적으로는 하나의 통합된 모양의 시스템을 갖추는 것이 보다 현실적이고 실현 가능 할 것이라고 생각했다.

그러나 공교롭게도 현재는 2개의 표준 기술이 서로 각축을 벌이는 상황이 되었다. 즉 미국이 제안한 동기방식의 CDMA2000(Code Division Multiple Access 2000)과 유럽에서 제안한 비동기방식의 WCDMA(Wireless Code Division Multiple Access)

방식이라는 2개의 IMT2000표준이 존재한다는 것이다. WCDMA와 CDMA2000 사이의 가장 큰 차이점은 기지국 사이의 기준시간을 맞추는 방법이다. 기지국들이 가리키고 있는 시간이 동일하여야 그러한 시간을 기준으로 정확한 통신이 가능할 것이다. CDMA2000은 GPS라는 위치파악시스템, 즉 인공위성을 이용하여 기지국 사이의 시각을 동일하게 하는 방식이지만 이처럼 특정 시스템 하나에 전적으로 의존하는 방식은 효율성은 좋지만 위험성이 존재한다. 왜냐하면 위치파악시스템이 잘못되기라도 하면 전체 시스템이 다운되어 버린다. 따라서 위치파악시스템이 아니라 개별 기지국들 끼리 서로 커뮤니케이션 하면서 기준시간을 맞추자는 개념이 WCDMA방식이다. CDMA2000은 미국에서 제안한 표준이고 WCDMA는 유럽/일본에서 제안한 표준이다. 〈그림 12-15〉는 IMT2000의 진화과정을 나타내고 있다.

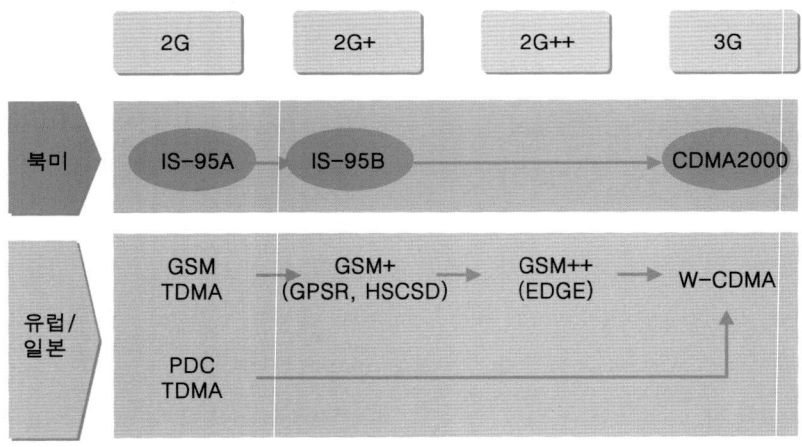

〈그림 12-15〉 IMT2000의 진화과정

CDMA2000은 2세대 이동통신기술인 IS-95A와 IS-95B기술이 기반이 되어서 만들어진 표준이다. IS-95는 미국의 퀄컴이라는 회사가 개발을 했는데 CDMA기술을 기반으로 하고 있다. 우리나라도 2세대 이동통신 즉 디지털 음성통신은 IS-95기반으로 되어 있어서 기술사용료를 미국 퀄컴사에 제공하고 있는 실정이다.

W-CDMA는 유럽의 2세대 이동통신 기술인 GSM기술이 기반이 되어 만들어진 IMT2000 표준이다. GSM은 TDMA방식의 다중화기술을 이용하여 디지털 음성통신을 하는 기술이다. W-CDMA는 TDMA와 호환이 되는 방식으로 CDMA에 기반하여 만들어진 기술인 것이다. 또한, W-CDMA는 일본의 2세대 이동통신 기술인 PDC기술도 어느 정도 포함하고 있다.

IMT2000표준과 관련하여 CDMA2000과 W-CDMA를 비교하였을 때 어느 것이 기술적으로 더 우수한지는 판단하기 어렵다지만 전 세계적으로는 CDMA2000보다는 W-CDMA표준기술을 더 많이 사용하는 실정이다. 우리나라의 입장에서는 2세대 이동통신기술이 CDMA2000과 비슷한 기술을 기반으로 하고 있기 때문에 기존의 투자시설을 활용하는 측면에서는 CDMA2000을 이용하는 것이 바람직할 수도 있지만 전 세계가 W-CDMA를 채택하는 추세라면 세계적인 흐름에 동행하는 입장에서 W-CDMA를 이용하는 것도 바람직할 것이다.

5.4 WIBRO

WIBRO(Wireless Broadband Internet)는 정보통신부·한국정보통신기술협회, 이동통신 업체들이 2006년 상용서비스를 목표로 개발한 무선 휴대인터넷서비스이다. 휴대폰처럼 언제 어디서나 이동하면서 초고속인터넷을 이용할 수 있는 서비스로 휴대폰과 무선LAN의 중간영역에 있다. 통상 유선망으로 구축되어 왔던 일반 LAN에 비하여 무선LAN은 통신선로나 유선장비를 사용하지 않고 적외선 발광소자를 이용해 무선으로 DTE들 사이를 연결할 수 있게 하는 통신망이다.

WIBRO는 한국정보통신기술협회를 중심으로 2003년 6월부터 표준화를 추진하는 한편 미국 전기전자기술자협회(IEEE)에도 반영하는 등 한국이 국제 표준화를 주도하고 있는 3.5세대 이동통신 서비스이자 국책사업이다.

상용화될 경우 시속 60Km 이내로 이동하면서 초고속인터넷을 이용할 수 있다. 주파수대역은 2.3GHz, 인터넷속도는 1Mbps 정도이다.

개인용컴퓨터, 노트북, PDA(Personal Digital Assistants),차량용 수신기 등에 WIBRO 단말기를 설치하면 이동하는 자동차 안이나 지하철에서도 휴대폰처럼 자유롭게 인터넷을 이용할 수 있는 서비스이다.

5.5 HSDPA

HSDPA(High Speed Downlink Packet Access)는 고속하향접속기술을 통해 3세대 이동통신 기술인 W-CDMA나 CDMA2000보다 훨씬 빠른 속도로 데이터를 주고받을 수 있는 3.5세대 이동통신방식이다.

3세대 비동기식 이동통신기술 표준화기구인 3GPP(3rd Generation Partnership Project)가 2002년 3월 발표한 고속데이터패킷접속은 W-CDMA 표준에서 패킷기반의 데이터서비스를 가리킨다. 이 기술을 사용하면 W-CDMA보다 5배 이상 빠른 속도로 통신할 수 있다. 다운링크 속도는 최대 14.4bps이다. 기지국에 대한 별도의 투자없이 W-CDMA시스템을 개량하는 방식으로 서비스를 제공할 수 있다는 것도 장점이다.

6. 인터넷

6.1 인터넷 개념

인터넷은 네트워크에 대한 네트워크 또는 네트워크들의 모임이라고 할 수 있다. 어떤 기업 내의 네트워크가 있을 수 있고 연구소 내의 네트워크가 있을 수 있다. 이들 네트워크들은 대부분 LAN으로 구축되어 있을 것이다. 경우에 따라서는 WAN으로 구축될 수 도 있다. 이런 LAN이나 WAN은 일반적으로 유선망으로 되어 있을 것이지만 무선통신이 가능할 수 도 있다. 이처럼 전 세계적으로 흩어져 있는 많은 네트워크들을 서로 연결해 놓은 통신망이 인터넷이다. 〈그림 12-16〉은 인터넷의 개념을 보여주고 있는 그림이다.

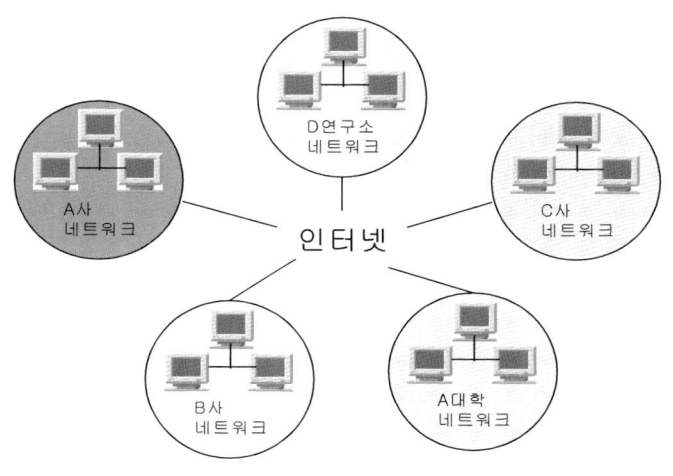

〈그림 12-16〉 인터넷의 개념

　인터넷은 인위적으로 하루아침에 만들어진 것이 아니라 어떤 통신망이 조금씩 확대되면서 만들어진 것이다. 처음에는 미국에서 국방의 목적으로 조그만 통신망을 구축했는데 이 통신망에 다른 통신망들이 접속되고 계속해서 국가를 뛰어 넘는 차원에서 통신망들을 연결시키다 보니까 결국 전 세계를 연결시키는 거대한 통신망인 인터넷이 되었다.

　인터넷에 연결된 컴퓨터들은 TCP/IP 프로토콜을 이용해서 서로 데이터를 주고 받는다. 인터넷은 여러 개의 통신망들로 이루어졌기 때문에 여러 통신망을 가로지르면서 데이터를 전송해주는 TCP/IP 프로토콜이 적합한 통신방법이 될 것이다.

　인터넷에 연결된 각 컴퓨터들은 고유의 주소인 IP주소를 갖는다. 다른 컴퓨터와 중복되지 않는 고유의 주소를 갖고 있어야 그 컴퓨터를 식별할 수 있고 원활한 통신이 가능할 것이다. IP주소의 고유성을 보장하기 위하여 IP주소를 할당해주는 별도의 기관이 있다.

인터넷을 이용해서 주고받을 수 있는 정보의 형태는 초창기에는 문자, 숫자 등의 텍스트 데이터형이었는데 HTTP프로토콜이 개발됨으로써 이미지, 사운드, 동영상 등과 같은 멀티미디어 형태의 데이터를 주고받을 수 있게 되었다. 인터넷에서 주고받는 정보의 형태가 멀티미디어 형태가 되면서 그 편리성으로 인하여 더 많은 사람들이 인터넷을 이용하게 되었다.

인터넷을 통하여 이용할 수 있는 다양한 서비스들이 있다. 정보검색 서비스, 전자우편서비스, 인터넷쇼핑, 전자상거래 등과 같은 서비스들은 우리의 일상생활 방식과 기업의 경영패러다임을 변화시킨 정보혁명이라 할 수 있다.

6.2 인터넷 역사

인터넷의 시초는 알파넷(ARPANet)이라는 조그마한 통신망이다. 미 국방성에서 프로젝트의 일환으로 구축된 실험적인 통신망이었다. 그 프로젝트는 냉전 시대에 핵전쟁이 발발했을 때 통신망에 연결된 어떤 시스템이 파괴되어도 다른 시스템을 통해서 지속적으로 통신할 수 있는 통신망을 구축해 보자는 취지의 프로젝트였다. 이 통신망을 구축하기 위하여 TCP/IP 프로토콜을 개발하고 미국 내 통신망뿐만 아니라 다른 나라의 통신망들이 연결되면서 세계적인 통신망이 된 것이다. 우리나라는 1980년대에 태평양 해저를 가로지르는 해저케이블을 설치하면서 이 통신망에 연결되었다.

TCP/IP프로토콜은 1975년에 개발되었고 1991년에는 HTTP(Hyper Text Transfer Protocol)프로토콜이 개발되어 멀티미디어 데이터들을 주고받을 수 있게 되었다. HTTP프로토콜은 TCP/IP프로토콜 위에서 수행되는 통신프로토콜로서 멀티미디어 데이터의 자연스러운 송수신 기능을 제공한다. WWW(World Wide Web)서비스는 HTTP프로토콜을 이용한 인터넷서비스로서 하이퍼텍스트(Hyper Text) 형태의 문서들을 주고받으면서 편리한 인터넷 사용 환경을 제공한다. 하이퍼텍스트는 링크태그 (Link Tag)를 이용하여 문서들을 서로 연결하거나 또는 문서와 멀티미디어 파일들을 연결해 놓은 특수한 문서를 의미한다.

WWW서비스를 쉽게 이용할 수 있게 하는 응용소프트웨어로서 웹브라우저(Web Browser)가 개발되었다. 1991년도에는 모자이크라는 웹브라우저가 개발되었고 1994 년도에는 넷스케이프사의 네비게이터, 1995년도에는 마이크로소프트사에서 개발한 인터넷 익스플로러라는 웹브라우저가 개발되었다.

국내 인터넷 역사를 잠시 살펴보면 1980년에 서울대와 한국전자통신연구소 사이에 TCP/IP 프로토콜을 이용하는 SDN이라는 통신망이 생겼다. SDN망은 TCP/IP 프로토콜을 사용하는 통신망이라는 데 의의를 두는 일종의 연구망이었다. 1980년대 후반에 교육전산망과 연구전산망이 구축되었고 인터넷의 본격적인 도입과 활용은 1990년대 초 KAIST를 중심으로 몇몇 대학과 연구소에 공동으로 설치된 하나 망이 미국의 인터넷에 연결되면서 시작되었다고 볼 수 있다. 1990년대 중반에는 데이콤이라든가 한국통신 등에서 인터넷접속 서비스를 지원하기 위한 상용망을 구축하고 서비스를 시작했다. 즉 일반기업에서 수익 목적으로 인터넷연결 서비스를 제공하기 시작하였던 것이다.

오늘날에는 새롭게 구축되는 네트워크들은 인터넷에 연결되어야 그 가치가 있게 되는 상황이 되었다.

6.3 인터넷 주소체계

인터넷에 연결된 모든 컴퓨터는 IP(Internet Address)라는 고유한 인터넷주소를 갖는다. IP주소는 각 숫자가 8비트씩 이루어진 4개의 숫자로 구성된다. 예를 들어 192.203.138.18은 IP주소의 예이다. 여기서 각 숫자는 십진수로 되어 있지만 실제 통신에 이용될 때는 각 숫자가 8비트 이진수로 변환되어서 처리가 된다. 결국 IP 주소는 32비트로 이루어진 것이다.

IP주소는 3가지 부류로 나누어서 생각해 볼 수 있는데, A클래스, B클래스, C 클래스로 구분된다. A클래스에 속하는 IP주소는 첫번째 숫자가 네트워크 주소에 해당되고 다음 3개의 숫자가 그 네트워크에 연결된 컴퓨터들의 주소를 의미하게 된다. 〈그림 12-17〉은 IP의 A클래스 주소구조를 나타내고 있다.

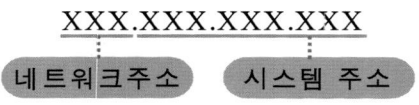

〈그림 12-17〉 IP의 A클래스 주소구조

따라서, A클래스에 속하는 IP주소는 이론적으로 대략 2^8개의 네트워크, 즉 약 256개의 네트워크를 지칭할 수 있고 각 네트워크는 최대 2^{24}개의 컴퓨터, 즉 약 1700만대를 연결할 수 있는 크기의 네트워크가 될 것이다.

B클래스에 속하는 IP주소는 앞의 2개의 숫자가 네트워크주소를 의미하고 뒤의 2개의 숫자가 그 네트워크에 연결된 시스템들의 주소가 된다. 〈그림 12-18〉은 IP의 B클래스 주소구조를 나타내고 있다.

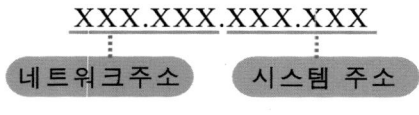

〈그림 12-18〉 IP의 B클래스 주소구조

B클래스에 속하는 IP주소는 이론적으로 대략 2^{16}개의 네트워크를 지칭할 수 있고 각 네트워크는 최대 2^{16}개의 컴퓨터를 연결할 수 있는 크기의 네트워크가 될 것이다.

C클래스에 속하는 IP주소는 앞의 3개의 숫자가 네트워크주소를 의미하고 뒤의 1개의 숫자가 그 네트워크에 부착된 시스템들의 주소가 된다. 그래서 이론적으로는

C클래스에 속하는 IP주소는 2^{24}개의 네트워크를 지칭할 수 있고 각 네트워크에는 2^8개의 시스템 즉 254대까지의 컴퓨터를 구별할 수 있지만 현실적으로는 이와 조금 다르다. 일반적으로 LAN에 연결된 컴퓨터의 IP주소들은 C클래스에 속한다.

〈그림 12-19〉는 IP의 C클래스 주소구조를 나타내고 있다.

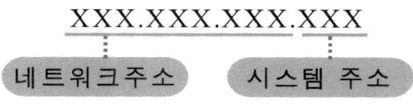

〈그림 12-19〉 IP의 C클래스 주소구조

6.4 인터넷 서비스

인터넷을 이용하여 다양한 서비스들이 제공되고 있으며 우리들은 이러한 기능들을 이용하여 편리한 일상생활을 영위할 수 있다. 그 인터넷서비스들은 전자우편, 파일전송, 원거리접속 등과 같은 기본서비스와 뉴스서비스, 정보검색 서비스 등이 있다.

(1) 기본서비스

인터넷서비스 기능 중의 하나인 전자우편은 인터넷 사용자들이 자신의 컴퓨터에서 작성한 문자형태의 메시지나 그림 등의 자료를 인터넷에 연결된 다른 사용자에게 전달해 주는 서비스이다. 전자메일을 보내고자 하는 사용자는 수신인의 전자메일 주소를 정확하게 알면 인터넷으로 연결된 세계 어느 곳에나 자신의 전자메일을 보낼 수 있다. 그러나 전자메일을 이용하기 위해서는 자신의 컴퓨터가 메일서버(Mail Server) 기능을 하는 서버컴퓨터에 연결되어 있어야 한다. 수신자 컴퓨터도 특정 메일서버에 연결되어 있어야 한다. 메일서버는 우체국의 역할을 하는 것에 비유할 수 있다. 우리가 편지를 보내려면 우체국을 통하여야 하듯이 우리가 작성한 전자메일은 나의 컴퓨터가 연결된 메일서버를 통하여 수신자에 연결된 메일서버에 전송되고 수신자는 수신자와 연결된 메일서버의 수신자용 전자사서함에 들어 있는 메일을 볼 수 있는 것이다. 〈그림 12-20〉은 전자메일시스템의 구조를 나타내고 있다.

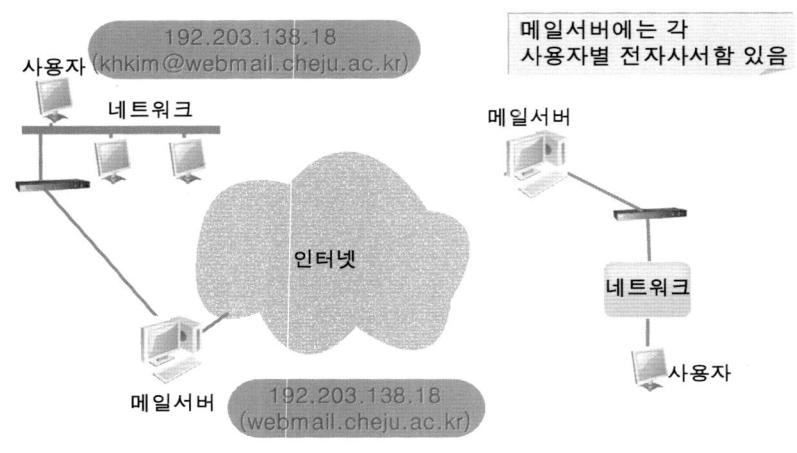

〈그림 12-20〉 전자메일시스템의 구조

메일서버는 192.203.138.18과 같이 4개의 숫자로 되어 있는 고유한 IP주소를 갖는데 이러한 숫자보다는 훨씬 이해하기 쉬운 영문자로 표현되기도 한다. 이것을 도메인네임(Domain Name)이라고 하는데 예를 들어, 192.203.138.18에 대응하는 도메인네임은 webmail.cheju.ac.kr에 대응된다.

전자메일 사용자는 메일서버에 자신의 계정을 갖는데 그 사용자의 전자메일주소는 자신의 계정과 메일서버의 도메인네임을 결합한 형태로 이루어진다. 예를 들어 어떤 사용자의 계정이 khkim이라면 이 사람의 메일 주소는 khkim@cheju.ac.kr이 된다.

인터넷서비스 중에서 파일전송 서비스는 지역적으로 떨어져 있는 FTP서버에 접속해서 파일을 전송받거나 자신의 파일을 전송해주는 기능을 제공한다. 파일전송 서비스를 이용하려면 접속하고자 하는 FTP서버에 계정을 가지고 있어야 하지만 계정이 없는 사용자에게도 FTP서비스를 제공하는 anonymous FTP서버도 많이 있다. 전자메일에 비하여 파일전송 서비스는 대용량 데이터 파일을 송수신을 할 때 주로 이용된다.

원거리접속서비스는 멀리 떨어진 컴퓨터에 접속하여 그 컴퓨터를 마치 자신의 컴퓨터인 것처럼 이용할 수 있게 하는 기능을 제공한다.

뉴스서비스는 전자게시판을 통하여 동일한 관심과 취미를 가진 동호회에 뉴스를 제공해 주는 서비스이다. 여기서의 뉴스란 전자게시판에 게시되는 기사 내용이 될 것이다. 뉴스서버는 전자게시판을 제공하는 컴퓨터를 의미한다. 유즈넷은 뉴스서버들을 연결한 가상의 네트워크라고 할 수 있다.

(2) 정보검색서비스

또 다른 인터넷서비스 기능으로 정보검색서비스가 있다. 정보검색 서비스는 인터넷호스트, 즉 인터넷에 연결된 서버컴퓨터 사이의 정보검색과 교환을 쉽게 해주는 서비스로서, 이 서비스를 제공하기 위한 여러 응용프로그램들이 개발되어 있다. 그 정보검색 서비스를 위한 응용프로그램의 예로써 아치(Archie), 와이즈(WAIS), 고퍼(Gopher) 등이 있다.

아치는 정보검색서비스를 위하여 찾고 있는 파일이 존재하는 FTP서버의 위치뿐만 아니라 FTP서버 내의 경로와 파일이름까지 알려주는 기능을 제공한다. 와이즈는 키워드를 입력하면 이에 가까운 정보를 제공하는 기능이 있고, 고퍼는 메뉴방식으로 자료를 검색하는 것을 지원한다. 아치나 와이즈, 고퍼는 문자위주의 서비스로서 멀티미디어 위주의 웹서비스가 나오면서 자취를 감추었다.

웹서비스는 문자위주의 서비스에서 벗어나 음성 및 이미지 등 보다 다양한 형태의 멀티미디어 정보를 교환할 수 있게 할 뿐만 아니라 정보들 사이의 연관성을 추적하여 검색할 수 있도록 하는 하이퍼텍스트 개념의 검색을 가능하게 한다. 또한 기존의 인터넷서비스들인 파일전송, 유즈넷 등의 서비스를 웹브라우저라는 통합된 하나의 툴로 다루기 때문에 인터넷 사용자들에게 많은 편리성을 주었다.

(3) 웹서비스 환경

① 웹의 개념

웹(Web)이란 거미줄 망이라는 의미로서 일반 네트워크보다 더 촘촘한 형태의 네트워크라고 할 수 있다. 일반 네트워크는 단순하게 컴퓨터들끼리 연결되어 있는 구조이지만 웹은 파일들 구체적으로 하이퍼텍스트 문서들끼리 연결되어 있는 네트워크라는 말이다. 즉 서버컴퓨터 안에는 많은 하이퍼텍스트 문서들이 있고 이러한 하이퍼텍스트 문서들끼리 연결되어 있는 네트워크가 웹이라는 말이다. 〈그림 12-21〉은 이러한 웹의 개념을 보여주고 있는 그림이다.

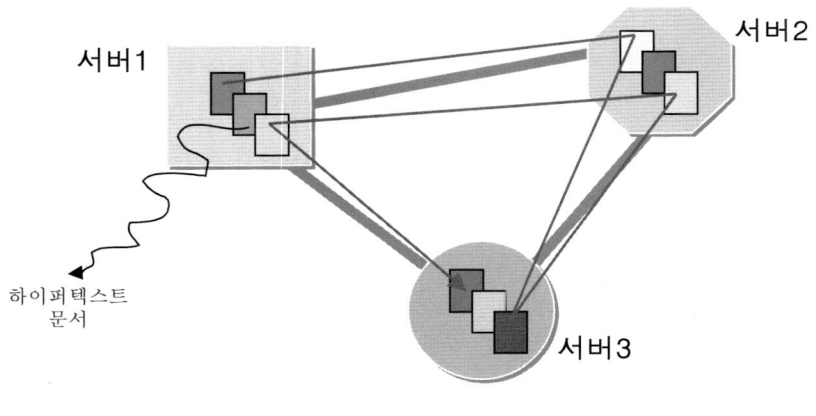

〈그림 12-21〉 웹의 개념

② 웹서비스의 동작과정

웹서비스는 클라이언트 – 서버 방식으로 작동되면서 서비스된다. 클라이언트 컴퓨터의 웹브라우저에서 서버컴퓨터에게 필요한 HTML문서의 전송을 요청하면 서버컴퓨터는 요청하는 HTML문서를 찾거나 또는 만들어서 클라이언트 컴퓨터에 전송해주고 클라이언트 컴퓨터의 웹브라우저는 전송받은 HTML문서를 디스플레이 시켜주는 방식으로 웹서비스가 이루어진다. 〈그림 12-22〉는 웹서비스의 동작과정을 나타낸다.

〈그림 12-22〉 웹서비스의 동작과정

이때, 클라이언트의 웹브라우저가 서버 측에 HTML문서를 요청할 때 어떤 HTML문서인지를 표현하는 방법으로 URL(Uniform Resource Locator)을 이용한다.

URL은 인터넷상에 있는 어떤 개체의 위치를 표현하기 위한 수단이다. URL에는 서버 주소와 그 서버 안에 있는 파일이름 그리고 그 파일을 어떤 프로토콜을 이용하여 전송받을 것인지를 나타내는 프로토콜 이름이 나타나게 된다. 예를 들어 「http://www.cheju.ac.kr/home.html」은 URL의 예인데 웹서버의 도메인네임은 「www.cheju.ac.kr」이고 원하는 하이퍼 텍스트파일 이름은 「home.html」이며 이 문서의 전송프로토콜은 http 프로토콜임을 의미한다. 또 다른 URL의 예로서 「ftp://ftp.cheju.ac.kr/test.zip」은 서버의 도메인네임이 「ftp.cheju.ac.kr」이며 원하는 파일이름은 「test.zip」이며 이 파일의 전송프로토콜은 ftp프로토콜임을 의미한다.

웹브라우저(Web Browser)는 앞에서도 얘기했지만 웹을 이용하여 효과적인 자료검색을 지원하는 응용프로그램이다. 상용화된 대표적인 웹브라우저로 익스플로러, 넷스케이프 등이 있다. 웹브라우저는 자바언어로 작성된 프로그램을 실행할 수 있는 자바가상머신의 역할도 한다.

자바는 객체지향개념을 지원하고 네트워크 프로그래밍에 적합한 프로그래밍언어이다. 네트워크프로그래밍에 적합하다는 의미는 다양한 기종의 컴퓨터들이 연결된 네트워크상에서 다운로드 등의 방식으로 임의의 컴퓨터에 탑재되어 실행될 수 있는 이동형 프로그램을 만들기에 적합하다는 말이다. 자바프로그램은 자바가상머신이라는 소프트웨어가 깔려있으면 어떠한 컴퓨터에서도 실행될 수 있는데, 웹브라우저 안에 자바가상머신엔진이 포함되어 있으므로 자바프로그램은 웹브라우저가 설치된 모든 컴퓨터에서 실행가능하다고 할 수 있다. 애플릿(Applet)은 자바프로그램의 일종으로서 웹브라우저에서 실행 가능한 프로그램이다.

6.5 인터넷과 관련된 산업

인터넷이 활성화되면서 인터넷과 관련된 또는 인터넷을 이용한 여러 가지 신종산업들이 생겨났다. 현재는 신종산업이라기보다는 성장기 또는 성숙기 산업이라고 해야 맞을 것이다.

인터넷과 관련된 산업으로서 우선 인터넷서비스산업을 생각해 볼 수 있다. 인터넷서비스산업은 인터넷에 단순히 접속할 수 있게 해주거나 인터넷을 보다 편리하게 이용할 수 있는 환경을 구축해주는 산업으로서 인터넷접속서비스, 웹호스팅, 메일호스팅, 홈페이지구축 등의 사업을 말한다. 예를 들어, 인터넷접속서비스사업은 한국통신등에서 ADSL 등을 이용하여 수행하는 사업일 수 있고, 웹호스팅사업은 웹서버 기능을 대신 제공해 주는 사업이라고 할 수 있다.

인터넷과 관련된 산업으로서 인터넷콘텐츠산업을 생각해 볼 수 있다. 인터넷콘텐츠산업은 웹사이트를 통하여 다양한 콘텐츠를 제공함으로써 수익을 올리는 사업으로써 포털사이트, 게임사이트, 가상대학 등을 들 수 있다.

그리고 인터넷을 이용한 전자상거래등도 인터넷과 관련된 산업이라고 할 수 있을 것이다.

【요 약】

통신기능은 정보시스템에서 매우 중요한 비중을 차지하는데 통신하드웨어와 통신소프트웨어를 통하여 응용소프트웨어 또는 사용자들에게 통신기능을 제공한다.

통신 프로토콜은 신속하고 정확한 통신을 위하여 통신주체 쌍방간에 서로 약속해 놓은 통신절차라고 할 수 있는데 통신망의 특성에 따라 다양한 통신 프로토콜들이 있다.

통신망은 통신주체들이 서로 데이터나 정보를 주고받을 수 있게 해주는 인프라로서 회선으로만 구성될 수도 있고 회선과 교환기 등을 이용하여 보다 효율적으로 구성될 수도 있다. 일반적으로는 통신망은 회선과 통신장비들 그리고 통신프로토콜들로 구성된다. 통신망은 크게 회선교환망과 패킷교환망으로 구분할 수 있다. 회선교환망은 전화망과 같은 원리로 운영되는 통신망으로서 두 DTE 사이에 한번 연결이 이루어지면 두 DTE가 그 연결을 해제하기 전까지는 그 연결회선을 다른 가입자들이 이용할 수 없다. 패킷교환망은 전송회선을 공동으로 사용할 수 있도록 하여 회선을 효율적으로 사용할 수 있도록 하는 통신방식을 사용한다. 또한 비교적 가까운 거리의 DTE들을 연결하는 근거리통신망과 넓은 지역에 걸쳐 분포하는 많은 통신장비들과 DTE들로 구성된 원거리 통신망이 있다.

통신망을 보다 효율적으로 사용할 수 있도록 지원하는 최신 통신기술로 xDSL, 와이브로, HSDPA, IMT2000 등이 있다.

인터넷은 통신망들을 연결해 놓은 세계적인 통신망으로서 TCP/IP프로토콜에 의하여 통신이 이루어진다. 인터넷은 전세계의 컴퓨터들을 연결해 놓은 통신망인 반면 웹은 전 세계의 컴퓨터 내에 있는 하이퍼파일들을 서로 연결해 놓은 통신망으로서 인터넷통신망보다 더 촘촘한 통신망이라 할 수 있다. 인터넷에 연결된 컴퓨터는 IP주소에 의하여 그 고유성이 식별되지만 웹에 연결된 문서들은 URL이라는 방식으로 그 고유성이 식별된다.

인터넷을 이용하여 다양한 서비스들이 제공된다. 그 인터넷서비스들은 전자우편,

파일전송, 원거리접속 등과 같은 기본서비스와 뉴스서비스, 웹서비스 등이 있다. 특히, 웹서비스는 문자위주의 서비스에서 벗어나 음성 및 이미지 등 보다 다양한 형태의 멀티미디어 정보를 교환할 수 있게 할 뿐만 아니라 정보들 사이의 연관성을 추적하여 검색할 수 있도록 하는 하이퍼텍스트 개념의 검색을 가능하게 한다. 또한, 기존의 인터넷서비스들인 파일 전송, 유즈넷 등의 서비스를 웹브라우저라는 통합된 하나의 툴로 다루기 때문에 인터넷 사용자들에게 많은 편리성을 주었다.

【연습문제】

※정오식문제

1. 통신망은 전송회선으로만 이루어져 있다.(   )

2. 가입자망 기술 중 빠른 순서대로 나열해보면 HDSL, VDSL, ADSL, ISDN.(   )

3. IMT2000서비스를 위하여 동기식 CDMA와 비동기식 CDMA기술을 이용할 수 있는데 주로 동기식 CDMA를 이용한다.(   )

4. 통신망에 연결된 컴퓨터는 일종의 DTE라고 할 수 있다.(   )

5. 회선교환망은 전송속도는 빠르지만 회선이용효율이 좋지 않다.(   )

6. WWW서비스는 TCP/IP프로토콜을 이용하고 TCP/IP프로토콜은 HTTP프로토콜을 이용한다.(   )

7. 웹은 인터넷을 기반으로 하여 하이퍼텍스트나 하이퍼미디어가 서로 연결되어 있는 통신망으로서 엄밀한 의미에서 WWW 서비스와는 다른 개념이다.(   )

※단답식문제

8. (   )은 최신기술이라고는 할 수 없지만 ADSL기술과 ATM기술의 모태가 되었다는 점에서 의미가 있다.

9. (   )는 두 통신망을 연결하는 통신장비이다.

【참고문헌】

[1] 김대수, 컴퓨터개론, 생능출판사, 2005.

[2] 이원영, 양경훈, 안준모, 조용한, 경영정보통신, 지성출판사, 1998.

[3] 차동완, 정보통신세계, 영지문화사, 2002.

[4] 한금희, 함미옥, 컴퓨터과학개론, 한빛미디어, 2005.

제13장

데이터베이스

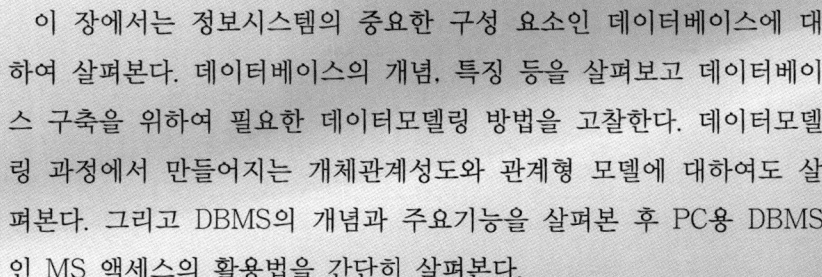

　이 장에서는 정보시스템의 중요한 구성 요소인 데이터베이스에 대하여 살펴본다. 데이터베이스의 개념, 특징 등을 살펴보고 데이터베이스 구축을 위하여 필요한 데이터모델링 방법을 고찰한다. 데이터모델링 과정에서 만들어지는 개체관계성도와 관계형 모델에 대하여도 살펴본다. 그리고 DBMS의 개념과 주요기능을 살펴본 후 PC용 DBMS인 MS 액세스의 활용법을 간단히 살펴본다.

1. 정보시스템과 데이터베이스

데이터베이스(Database)를 살펴보기 전에 정보시스템에서 데이터베이스의 위치를 생각해볼 필요가 있다. 〈그림 13-1〉은 협의의 정보시스템과 데이터베이스관리시스템 (Database Management System, DBMS)과의 관계를 보여주고 있는 그림이다.

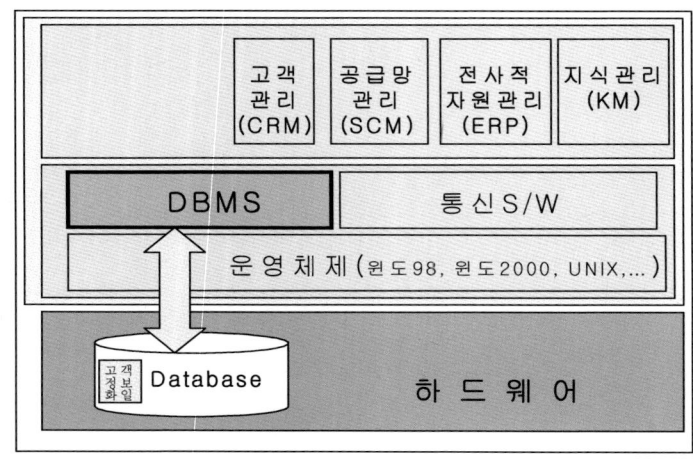

〈그림 13-1〉 정보시스템과 DBMS

그림에서 하드웨어가 가장 하위계층에 있고 하드웨어 위에 운영체제가 있으며 운영체제의 도움과 함께 수행될 DBMS와 통신소프트웨어가 있다. 또 DBMS 위에서 DBMS의 도움을 받으면서 수행될 ERP 등의 응용소프트웨어들이 있다. DBMS는 다른 응용소프트웨어를 지원하는 역할을 하므로 시스템소프트웨어로 분류될 수 있다.

DBMS는 응용소프트웨어에서 어떤 데이터처리요구를 받아서 그 요구를 처리해주기 위한 데이터처리 및 관리기능을 갖고 있다. 예를 들어 고객관리프로그램이라는 응용프로그램을 생각해 보자. 기업의 고객담당자들이 고객관리프로그램을 실행하여 고객정보를 입력하면 고객관리프로그램에서는 DBMS에게 새로운 고객정보파일을 생성해달라고 요청하거나 또는 기존 고객정보파일에 새로 입력된 고객데이터를 삽입해달라고 요청한다. DBMS는 운영체제에게 보조기억장치상의 빈 공간에 새로운 파일을 생성해달라고 요청하거나 기존의 파일에 새로운 데이터를 추가해달라고 부탁한다. 기업의 마케팅 책임자가 고객분포를 파악하기 위하여 고객관리프로그램에서 숫자데이터의 분포를 그래프형태로 보여주는 기능을 실행할 것이다. 고객관리프로그램 내부에서는 고객정보파일로부터 나이 데이터를 읽어달라고 DBMS에게 요청할 것이다. DBMS는 운영체제의 도움을 받으면서 디스크의 고객정보파일에 접근하고 그 고객정보파일로부터 특정 나이대의 사람 수가 몇 명인지 등의 데이터를 읽어서 고객관리프로그램에게 넘겨줄 것이다. 고객관리프로그램에서는 그 데이터를 처리하여 모니터나 프린터상에 그래프형태로 출력시킬 것이다. DBMS의 역할은 응용프로그램의 요구사항을 받아서 처리하는데 그 요구사항이란 것이 보조기억장치상의 특정 데이터파일에서 특정 조건의 데이터를 읽어 오거나 또는 새로운 데이터파일을 생성하거나 또는 기존의 데이터파일의 내용을 일부 변경 및 삭제시키는 것 등이다.

보조기억장치에는 응용프로그램들의 요구에 의하여 생성된 많은 데이터파일들이 있는데 이러한 데이터파일들을 모아 놓은 것이 데이터베이스이다. 그러한 데이터파일의 구조는 DBMS가 인식하여 쉽게 처리할 수 있는 형태의 정형화된 구조를 갖는다. 보조기억장치에는 DBMS가 인식할 수 있는 정형화된 데이터베이스 이외에도 문서파일, 프로그램파일, 멀티미디어파일 등 비정형화된 파일도 있다. 비정형화된 파일들은 DBMS가 처리할 수 있는 구조를 갖지 않으므로 운영체제에 의하여 직접 처리될 것이다.

DBMS는 응용프로그램 또는 데이터베이스관리자의 요구에 따라서 데이터베이스상의 정형화된 파일들을 새롭게 생성하기도 하고 이미 생성되어 많은 데이터를 포함하고 있는 파일로부터 조건을 만족하는 일부 데이터를 뽑아 오기도 하고 또는 기존의 데이터파일에 새로운 데이터를 추가, 갱신, 삭제 하는 등의 데이터처리기능을 수행한다.

DBMS가 없다면 응용프로그램에서 운영체제로 직접 필요한 데이터파일을 읽어 달라고 요청하고 읽어 온 데이터파일에서 조건을 만족하는 일부 데이터를 뽑는 작업을 응용프로그램이 직접 할 수도 있다. 그러나 응용프로그램이 복잡해질 뿐만 아니라 데이터파일을 중복하여 생성하는 등의 여러 가지 비효율성이 발생한다.

오늘날 대부분의 정보시스템은 DBMS와 데이터베이스를 이용하여 구축되는 것이 일반적이다. 데이터베이스는 데이터파일들의 모임인 정적인 개념이고 DBMS는 데이터베이스의 특정 데이터파일을 처리하거나 관리하는 시스템소프트웨어로서 동적인 개념이다. 데이터베이스와 DBMS를 둘 다 포함하는 개념으로 데이터베이스 시스템이라고 부르기도 하는데 이러한 데이터베이스시스템을 줄여서 데이터베이스 라고 부르기도 한다.

2. 데이터베이스의 개념

데이터베이스(Database)는 데이터파일들의 모임이다. 데이터베이스상의 데이터 파일들은 DBMS가 인식하고 처리할 수 있는 정형화된 구조를 가지며 각 데이터파일들은 서로 관련되어 있다. 데이터베이스상의 데이터파일들은 독립적이 아니라 서로 연관성이 있다는 것이다. 〈그림 13-2〉는 3개의 데이터파일을 포함하고 있는 데이터베이스의 예로서 어떤 가구회사에서 기업활동을 하는 데 필요한 데이터파일들을 포함하고 있다. 부품파일은 가구조립에 사용될 부품데이터를 포함하고 있고 공급자파일은 해당가구회사의 거래업체목록을 담고 있으며 주문파일은 주문거래내역을 포함하고 있다.

부품번호	부품내역	재고량
105	너트	220
107	너트	155
113	볼트	300
124	볼트	160
128	null	75
131	와셔	2160
150	못	3200
·	·	·

(a) 부품파일

공급자번호	공급자이름	위치
16	대신공업사	수원
27	삼진사	서울
39	삼진사	인천
62	진아공업사	대전
70	신촌상사	서울
·	·	·

(b)공급자파일

부품번호	공급자번호	단가	주문량
105	16	210	2500
105	39	200	1000
113	62	120	3000
113	27	125	5000
113	39	130	5000
124	39	150	2000
131	16	30	3000
150	27	15	15000

(c) 주문파일

〈그림 13-2〉 데이터베이스의 예

각 파일은 관계형구조(쉽게 말하면 테이블형 구조라고 말할 수 있음)로 정형화되어 있다. 그리고 각 파일은 서로 연관되어 있다. 주문파일은 부품파일의 부품번호 데이터와 공급자파일의 공급자번호를 포함하여 어느 공급자로부터 부품주문이 이루어졌는지에 대한 데이터를 담고 있다. 각 데이터파일은 서로 연관되어 있기 때문에 복잡한 데이터처리가 가능한 것이다. 예를 들면 '대신공업사가 공급한 전체 부품량은 얼마인가?'와 같은 데이터처리 요구는 공급자파일로부터 대신공업사의 공급자번호 '16'을 파악하고 주문파일에서 공급자번호가 '16'인 행의 재고량 데이터 2500과 3000을 합하면 해결된다. 이러한 데이터처리요구는 응용프로그램이 요청하게 되고 그 처리는 DBMS가 수행한다.

DBMS(DataBase Management System)은 데이터베이스를 생성하고 데이터베이스 안에 새로운 데이터파일들을 생성하기도 한다. 또한 데이터베이스 안에 생성된 데이터파일에 추가적인 데이터들을 삽입하기도 하고 조건에 맞는 일부 데이터를 검색하기도 한다. 뿐만 아니라 데이터베이스상의 데이터파일에 대하여 조건에 따라 일부 데이터를 수정. 삭제하기도 하고 특정 데이터파일 전체를 삭제하기도 한다. DBMS는 말 그대로 데이터 처리와 관리를 최대의 목적으로 하는 시스템소프트웨어인 것이다. DBMS의 기능은 데이터베이스관리자라는 데이터베이스 전문가가 직접 이용하기도 하지만 일반적으로는 응용프로그램 안에서 프로그램명령에 의하여 데이터처리 및 관리 요구가 발하여진다.

데이터베이스와 DBMS의 응용분야는 정보처리에 의한 정보생성이 필요한 모든 응용프로그램에서 필요로 할 것이기 때문에 대부분의 분야가 그 응용영역이라고 할 수 있다. 정보처리는 사용자에게 유용한 정보를 생성하기 위해 컴퓨터를 이용해서 데이터를 처리하는 작업을 의미 할 수 있다. 〈그림 13-3〉은 정보처리시스템의 일반적인 구조를 보여주고 있다.

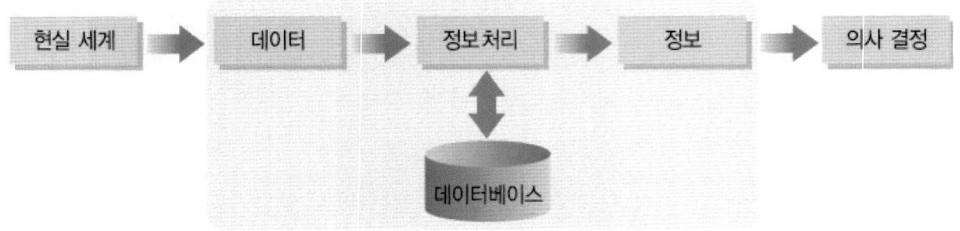

〈그림 13-3〉 정보처리시스템의 일반적인 구조

한 조직체의 활동결과로 발생한 데이터는 데이터베이스에 저장될 수도 있고 데이터베이스 안의 특정 데이터와 결합되고 가공되어 의사결정에 유용한 정보로 변환되기도 한다. 〈그림 13-3〉에서 정보처리 모듈은 DBMS를 이용하여 효율적인 데이터베이스 접근에 의한 정보처리를 할 수도 있고 DBMS없이 비효율적으로 정보처리를 할 수도 있다. DBMS가 없는 정보처리시스템의 구조는 〈그림 13-4〉에서 보여주고 있는 바와 같이 응용프로그램에서 직접 데이터파일에 대한 처리와 관리를 한다.

학적업무처리 프로그램은 운영체제의 도움과 함께 학적관련파일을 직접 접근하여 필요한 데이터를 읽거나 수정, 삭제하면서 성적처리를 하고 성적표 등의 결과를 만들어낸다. 또한 학적관련파일은 학적업무처리 프로그램에서만 독점하여 접근하고 이용할 수 있다. 학생업무처리 프로그램은 운영체제의 도움과 함께 학생관련파일을 직접 접근하여 필요한 데이터를 읽거나 수정하거나 삭제하면서 학생 휴학업무 등의 처리를 한다. 이때 학적관련파일에는 학생들의 성적 데이터파일뿐만 아니라 학생들에 대한 정보가 들어 있는 학생데이터파일 등이 있을 것이다. 학생관련파일에도 학생데이터파일이 있을 수 있다. 학생데이터파일이 중복될 수 있는 것이다.

또 다른 단점으로 응용프로그램에서 직접 데이터파일을 접근해서 처리하고 관리하므로 데이터파일의 구조가 변경될 경우에는 응용프로그램도 수정해야 하는 상황이 발생한다. 응용프로그램의 유지보수가 그만큼 어려워진다는 말이다.

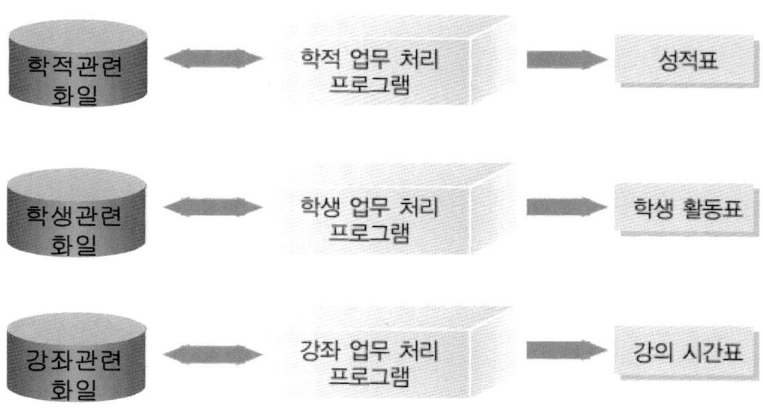

〈그림 13-4〉 DBMS가 없는 정보처리시스템

〈그림 13-5〉는 DBMS를 도입한 경우의 정보처리시스템 구조를 보여주고 있다.

응용프로그램들에서 이용되는 여러 데이터파일들이 데이터베이스에 모여지고 각 응용프로그램들이 필요에 따라 공용할 수 있다. DBMS는 응용프로그램들의 요구에 따라 데이터베이스 안의 데이터파일들을 처리하고 관리하는 기능을 수행하며 그 결과를 응용프로그램들에게 알려준다.

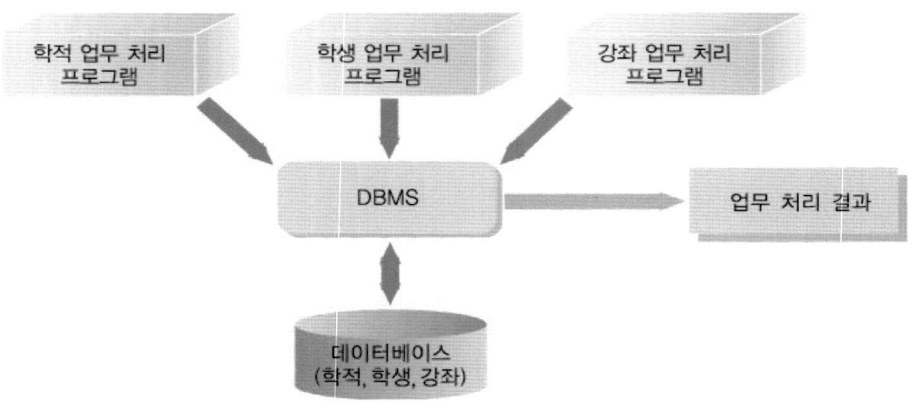

〈그림 13-5〉 DBMS를 도입한 정보처리시스템

학적관련 파일 중의 하나인 학생정보파일과 학생관련 파일 중의 하나인 학생정보파일은 중복되지 않고 한 번만 데이터베이스상에 생성되며 이 학생정보파일은 학적업무처리 프로그램과 학생업무처리 프로그램에서 공용할 수 있다.

또한 데이터베이스상의 데이터파일 구조가 변경되더라도 DBMS 차원에서 그 변경사항을 인식하고 처리할 수 있으므로 그 데이터파일의 구조변화가 응용프로그램의 수정을 요구하지 않는다. 따라서 데이터베이스의 관리가 수월해지고 결국 응용프로그램들의 유지보수도 쉬워진다.

3. 데이터베이스의 특징과 장점

데이터베이스는 실시간 접근성(Realtime Access)을 보장하여 주어진 질의(Query)를 즉각적으로 처리할 수 있어야 한다. 실시간 접근성이란 접근요청이 이루어진 그 시점에 바로 적절한 데이터처리가 가능하여야 한다는 말이다. 질의란 데이터베이스상의 특정 데이터파일에 대한 데이터처리 요구를 일컫는 말이다. 특정 데이터파일에 대해서 특정조건을 만족하는 데이터가 무엇인지를 검색하라는 데이터처리요구는 대표적인 질의처리요구이다. 기업거래활동 예를 들면 주문거래의 결과 데이터를 데이터베이스상에 입력시키라는 데이터처리 요구도 일종의 질의이며 이러한 질의처리요구도 발생되는 시점에서 즉각적으로 처리될 수 있어야 한다.

데이터베이스상의 데이터파일들은 계속적인 변화가 있어야 한다. 새로운 데이터의 삽입, 기존 데이터의 삭제, 갱신 등으로 현재의 정확한 데이터를 항상 유지할 수 있어야 한다는 말이다. 기업활동 결과를 정확히 반영하여 오전의 데이터베이스 상태와 오후의 데이터베이스 상태가 달라야 한다.

데이터베이스상의 데이터파일들은 여러 응용프로그램들이 필요할 경우 동시적으로(Concurrently) 공유할 수 있어야 한다. 동일한 데이터를 여러 응용프로그램 사용자들에 의하여 공유될 수 있게 하여 데이터 활용의 효율성을 높일 수 있어야 한다. 동일한 데이터를 여러 응용프로그램들이 공유할 때 단순히 읽기만 하는 경우는 별다른 문제가 없겠지만 갱신처리가 필요한 경우는 DBMS에 의한 정교한 제어가 필요하다. 상용화된 다중사용자용 DBMS는 동시처리(Concurrent Processing) 기능을 갖고 있다.

데이터베이스상의 데이터파일은 내용에 의한 참조가 가능하여야 한다. 데이터베이스상의 특정 데이터를 참조하고자 할 때 그 데이터의 수록위치나 주소 등을 파악해야 한다면 데이터처리요구는 매우 어려워질 것이다. 예를 들어 학생성적파일에서 중간고사 성적이 95점 이상인 학생명단을 검색하라는 요구는 내용에 의한 참조이다. 참조하기를 원하는 데이터의 조건을 명세하면 조건을 만족하는 모든 행(레코드)들이 하나의 논리적 단위로 취급되고 접근되어야 한다.

응용프로그램들에서 필요로 하는 데이터들을 처리하고 관리하는 데 있어서 DBMS를 도입하면 많은 장점들이 있다. 첫째는 데이터의 공유가 가능하다는 것이다. 같은 내용의 데이터를 여러 응용분야에 맞게 다양한 형식으로 지원 가능하므로 데이터의 유지관리나 응용프로그램 개발에 유리하다. 예를 들어 고객 데이터가 있을 경우 배달처리프로그램은 고객파일로부터 고객주소정보를 필요로 할 것이다. 반면에 마케팅정보시스템은 고객의 소비패턴이라든가 고객의 나이분포 등에 대한 데이터를 필요로 할 것이다. 데이터 공유기능이 있으면 동일한 고객파일이라도 그 응용목적에 따라 다양하게 응용될 수 있을 것이기 때문에 데이터의 활용성과 응용효율성은 높아지게 된다. 데이터공유기능은 또한 데이터의 중복성(Redundancy)을 최소화하여 기억공간을 절약할 수 있다.

DBMS를 도입하여 데이터의 중복성을 없앨 수 있으면 데이터의 일관성(Consistency)을 확보할 수 있어서 보다 정확한 데이터의 처리가 가능하다. 데이터 일관성이란 데이터 값들이 일치되도록 유지하는 것이다. 약간의 중복성을 허용하더라도 DBMS로 하여금 중복된 데이터를 인식하게 하고 이런 데이터들의 값이 일치하도록 관리할 수 있다. 앞에서 DBMS가 없는 정보처리시스템의 경우 학적관련파일에도 학생정보파일이 존재하고 학생관련 파일에도 학생정보파일이 존재하는 데이터중복 현상이 발생하면 기억공간의 낭비도 문제지만 더 중요한 문제는 데이터일관성 결여문제가 생긴다. 학생이 이사를 해서 주소가 변경된 경우 학생관련파일 내에 있는 학생정보파일의 갱신은 정확히 이루어졌지만 학적관련파일에는 갱신이 이루어지지 않았을 경우 성적표는 정확한 주소로 배달되지 못하는 상황이 발생할 수 있는 것이다.

DBMS를 도입하면 데이터의 무결성(Integrity)을 유지할 수 있다. 데이터의 무결성을 유지한다는 것은 데이터에 결함이 없도록 한다는 것이다. 새로운 데이터가 생성될 때마다 DBMS로 하여금 부정확하거나 허용되지 않는 데이터들이 있는지 검사할 수 있게 함으로써 데이터 무결성을 유지할 수 있다.

DBMS를 도입하면 데이터의 보안(Security)을 유지할 수 있다. DBMS가 적당한 사용자인지 검사하고 또한 허용된 데이터와 연산요구인지를 확인하여 데이터에 대한 보안을 유지할 수 있다.

DBMS를 도입하면 조직에서 관리하는 데이터의 표준을 수립하고 관리할 수 있다. 데이터베이스관리자가 데이터베이스를 해당 조직의 응용분야에 맞게 표준체계를 정립함으로써 데이터의 공유성뿐만 아니라 사용자들 간에 데이터의 의미를 이해하는 데 도움이 되게 할 수 있다.

4. 데이터 모델

　지금까지는 데이터베이스의 개념적인 내용을 위주로 살펴보았는데 지금부터는 조금 구체적으로 들어가서 데이터베이스를 어떻게 구축할 것인지에 대하여 알아보고자 한다. 여기서의 데이터베이스는 데이터파일들의 모임을 의미한다. 데이터베이스 구축을 위한 첫 단계는 데이터모델을 만드는 것이다. 데이터베이스를 구축하기 전에 무슨 데이터를 데이터베이스상에 담을지, 즉 해당조직이 활동을 하는 데 있어서 중요한 데이터가 무엇인지 등을 분석하고 그런 데이터를 알아내는 과정이 데이터베이스설계 과정인데 이 데이터베이스설계 과정에서 데이터모델을 만드는 것은 중요한 과정이다.

　데이터모델(Data Model)은 현실세계를 데이터베이스에 표현하기 위한 중간 과정으로서 데이터베이스 설계과정에서 데이터의 구조를 논리적으로 표현하기 위한 수단이다. 한마디로 말하면 현실세계의 복잡한 데이터 상황을 단순화시켜서 표현해 놓은 것이 데이터모델이다. 〈그림 13-6〉는 데이터모델의 개념을 그림으로 나타내고 있다.

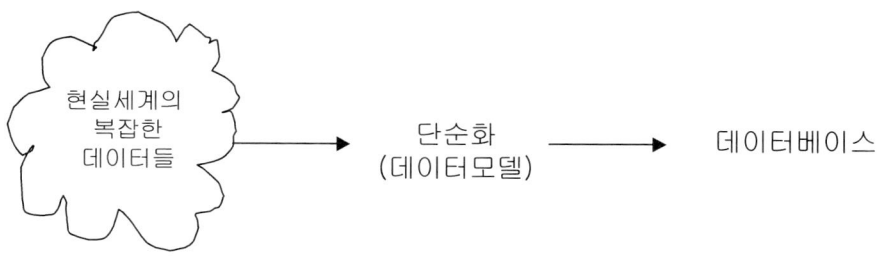

〈그림 13-6〉 데이터모델의 개념

　패션모델은 다양한 신체조건을 가진 많은 사람들 중에서 이상적인 신체조건을 가진 사람이 선택된 경우이다. 보통 사람들의 다양한 신체조건이 패션모델의 신체

조건으로 단순화한 경우라고 할 수 있는 것이다. 현실세계의 복잡한 경제현상은 경제수식모델에 의하여 단순화되어 설명되기도 한다. 단순화시키는 방법으로써 그림으로 표현하는 것이 가장 바람직할 것이다. 회식장소를 알려주기 위하여 말로 길게 표현하는 것보다는 그림으로 그려주는 것이 훨씬 이해하기 쉽다.

따라서 데이터모델은 현실 세계의 복잡한 데이터 상황들을 그림으로 단순화시켜서 표현해 놓은 것이라고 할 수 있다. 단순화된 데이터모델은 컴퓨터상의 데이터베이스로 구현하기가 쉽다. 데이터모델링(Data Modeling)은 데이터모델을 끌어내는 과정을 의미한다.

그림으로 표현되는 데이터모델은 개체관계성도(Entity Relationship Diagram, ERD)와 관계형 데이터모델(Relational Data Model, RDM)이 있다. ERD는 현실세계의 개체(entity)들을 직사각형으로 나타내고 각 개체사이의 관계는 마름모꼴 도형으로 나타내며 각 개체의 속성(attribute)들은 타원으로 나타내면서 데이터모델을 표현한다. RDM은 현실세계의 개체와 개체 사이의 관계(relation)들을 테이블 구조로 나타내면서 데이터모델을 표현한다. 일반적으로 ERD가 먼저 도출되고 그 다음 RDM이 만들어진다.

RDM이 만들어지면 데이터베이스의 전체적인 설계 윤곽을 파악할 수 있다. 〈그림 13-7〉은 데이터모델링과정에서 ERD와 RDM의 위치를 나타내고 있다.

〈그림 13-7〉은 가구를 생산하는 기업에서 기업활동을 할 때 발생할 수 있는 데이터가 무엇이고 또 필요한 데이터가 무엇인지 분석하여 이를 컴퓨터에 저장하기 편리한 구조로 바꾸는 과정을 나타내고 있다. 데이터베이스설계자 또는 시스템분석가는 업무분석, 보고서분석, 기업구성원과의 인터뷰 등을 수행한 후 부품데이터, 공급자 데이터 등이 필요하고 또한 주문데이터 등이 발생할 것이라는 것을 파악하였다. 이러한 데이터들을 정보시스템의 데이터베이스를 이용하여 관리하고 처리하기 위하여 컴퓨터에 저장하기 편리한 구조인 RDM으로 표현할 필요가 있다. RDM으로 표현하기 위하여 ERD를 먼저 그려보는 것이다.

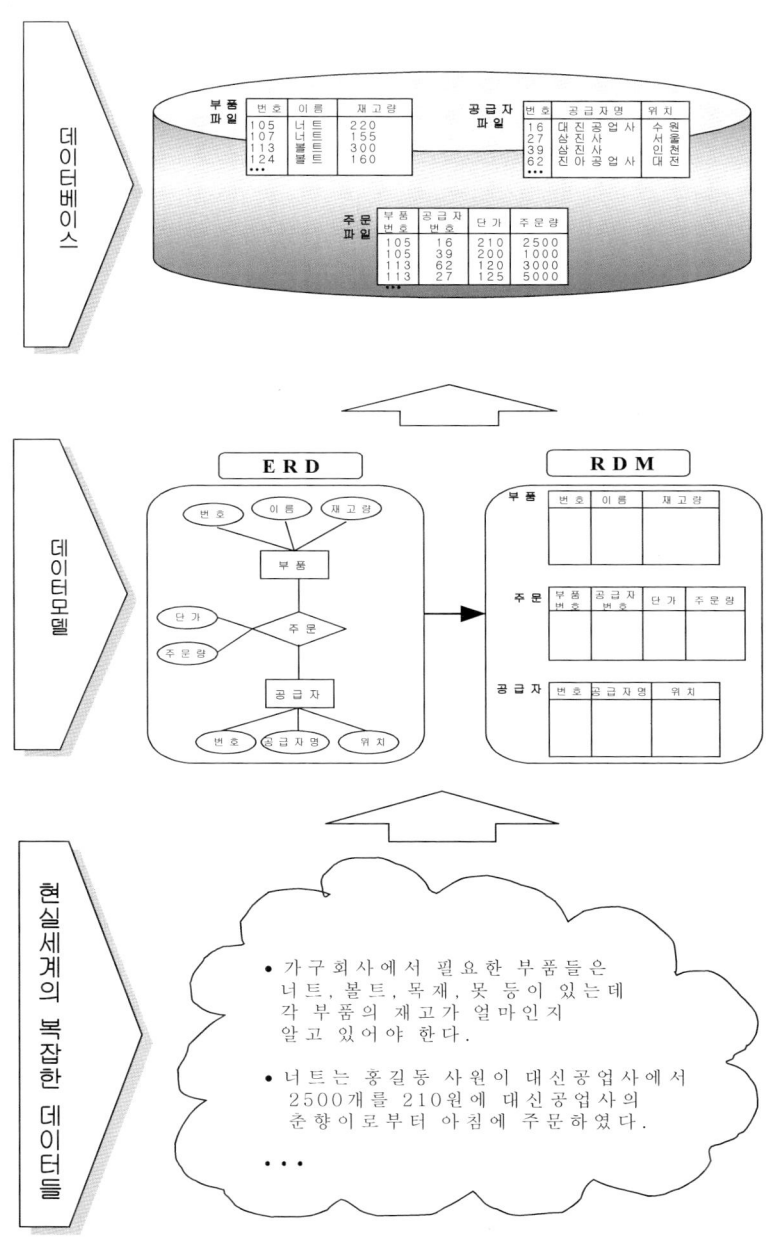

〈그림 13-7〉 데이터모델링과 데이터베이스

〈그림 13-7〉의 ERD에서 부품개체(entity)와 공급자개체, 주문개체가 있다. 개체
는 독립적으로 존재할 수 있는 실체를 의미하고 속성(attribute)은 개체에 종속되
는 것으로서 개체의 특성을 나타낸다. 예를 들면 학생개체가 있을 수 있고 학번이
나 학생이름 등은 학생개체의 속성이 될 수 있는 것이다. 분석과정에서 도출한 부
품데이터나 공급자데이터 등은 개체가 될 수 있고 부품번호, 부품내역, 재고량은
부품개체의 속성이 된다. 주문개체는 부품개체와 공급자개체 사이의 주문관계를
나타내는 관계성개체이다. 주문개체는 특정 부품을 특정 공급자로부터 주문한다는
것을 의미하는 개체이다. ERD는 복잡한 데이터상황을 개체와 속성 그리고 개체사
이의 관계로 표현한다. 모든 데이터들은 개체도 될 수 있고 속성도 될 수 있지만
개체는 독립적으로 존재할 수 있는 것이고 속성은 독립적으로 존재하는 것보다 특
정 개체에 종속되는 것이 더 바람직한 데이터인 것이다. 예를 들면 부품번호는 독
립적으로 존재하는 개체보다는 부품개체에 속하는 속성으로 모델링하는 것이 더
어울린다.

ERD가 도출되면 RDM을 쉽게 만들 수 있다. ERD의 개체는 RDM의 테이블에
대응된다. ERD의 각 개체에 속하는 속성들은 RDM의 각 테이블 속성으로 대응시
키면 된다. 그러나 ERD의 개체와 RDM의 테이블이 항상 1대1로 대응되지는 않는
다. 보다 효율적인 데이터베이스 구축을 위하여 ERD의 개체는 RDM의 2개 테이
블로 표현되기도 하고 또는 ERD의 2개의 개체가 RDM에서는 하나의 테이블로
표현되기도 한다. 자세한 사항은 이 책의 범위를 벗어나므로 생략하기로 한다.

RDM이 완성되면 DBMS를 이용하여 RDM의 각 테이블들을 컴퓨터의 보조기억
장치상에 새로운 파일로 생성하고 데이터를 삽입하면 데이터베이스가 구축되는 것
이다.

5. 관계형 데이터모델

관계형 데이터모델은 데이터파일의 구조를 테이블형태로 표현하는 모델이다. 앞에서 데이터베이스상의 데이터파일들은 정형화된 구조를 갖는다고 했는데 관계형 데이터모델은 테이블형태의 정형화된 구조를 갖는다. 관계형 데이터모델은 수학자 코드(Codd)에 의해서 개발되었다. 관계형 데이터모델이 개발되기 이전에는 계층형 데이터모델이나 네트워크형 데이터모델이 이용되었었지만 지금은 거의 사용되지 않고 대부분 관계형 데이터모델을 사용한다.

상용화된 DBMS들도 어떠한 데이터모델에 기반하는가에 따라 그 특성이 달라지는데 오늘날의 대부분의 상용화된 DBMS들은 관계형 모델을 지원한다. 관계형 데이터모델을 지원하는 DBMS를 관계형 DBMS라고 한다. 관계형 데이터모델에 기반하여 구축된 데이터베이스를 RDB(Relational DataBase)라고도 부른다.

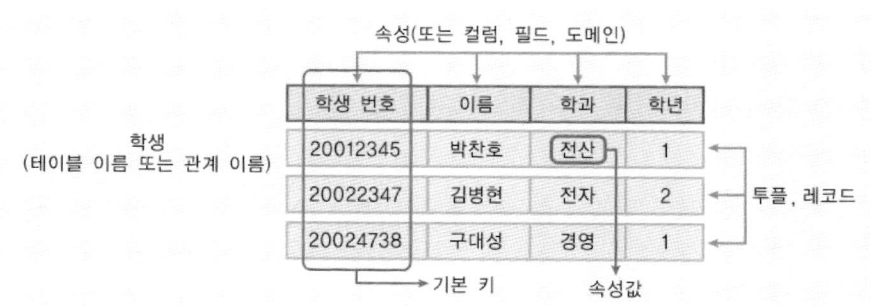

〈그림 13-8〉 관계형 데이터모델의 기본 구조

〈그림 13-8〉은 관계형 데이터모델의 구조를 나타내고 있다. 관계형 데이터모델은 데이터를 테이블구조로 표현한다. 테이블을 관계 또는 릴레이션이라고도 부른다. 릴레이션은 속성(attribute)들로 구성되고 각 속성은 도메인(domain)안의 값들 중에서 임의의 값을 가질 수 있다. 속성을 컬럼(column)또는 필드(field)라고도 한다. 각

도메인은 속성이 그 값으로 가질 수 있는 데이터형으로 정의되는 것이 일반적이지만 특정 값들로 제한하여 구체적으로 정의될 수도 있다. 릴레이션에서 같은 행(row)에 있는 모든 속성값들의 집합이 투플(tuple)이 된다. 투플을 레코드(record)라고 부르기도 한다. 릴레이션은 기본키(Primary Key)를 갖는다. 기본키는 투플들을 유일하게 구별할 수 있게 하는 속성들 중에서 하나가 선택되어 만들어진다.

오늘날에는 관리해야 할 데이터들의 형태가 대부분 멀티미디어형이기 때문에 객체지향개념에 의하여 데이터관리를 하는 것이 더 효과적일 수 있다. 그래서 객체지향 데이터모델이 제안되고 객체지향 데이터모델을 지원하는 DBMS가 개발되었었지만 그 안정성에 문제가 있어서 성공하지는 못했다. 결국 관계형 DBMS의 안정성과 객체지향 DBMS의 멀티미디어 지원능력을 결합한 객체관계형(Object Relational) DBMS가 이용되고 있는 상황이다. 기존 관계형 DBMS들의 후속제품들은 대부분 객체관계형 데이터모델을 지원한다.

6. 관계형 데이터베이스시스템

관계형 데이터베이스시스템은 관계형 데이터베이스와 관계형 DBMS를 합쳐서 부르는 것으로 생각할 수 있다.

관계형 데이터베이스는 데이터베이스를 구성하는 데이터파일의 구조가 2차원 테이블형 구조로 되어 있는 데이터베이스이고 관계형 DBMS는 관계형 데이터베이스를 관리하고 처리할 수 있는 DBMS를 말한다.

관계형 데이터베이스구조는 데이터정의어(Data Definition Language, DDL)를 이용하여 정의할 수 있다. 앞에서 언급했던 RDM이 만들어지면 그 구조에 따라 DDL을 이용하여 실제 데이터파일들을 정의하여 생성한다. 새로 생성된 데이터파일들은 레코드를 포함하지 않고 비어있는 상태일 것이다.

DDL에 의하여 데이터파일들이 정의되고 생성되면 데이터조작어(Data Manipula-tion Language, DML)에 의하여 데이터를 삽입하고 검색하고 수정하는 등의 작업을 할 수 있다.

데이터정의어나 데이터조작어는 DBMS가 인식할 수 있는 데이터언어로서 그 표준으로 제정된 데이터언어 중의 하나가 SQL(Structured Query Language)이다. SQL은 비절차적인 데이터언어로서 데이터베이스 구축이나 조작 및 검색에 편리한 언어이다. 비절차적(non-procedural)이라는 말은 원하는 데이터처리의 방법을 절차적으로 명시할 필요없이 무엇을 원하는지만을 선언하면 되는 명령방식이다. SQL은 IBM에서 처음 개발하였으나 지금은 ISO 국제표준으로 제정되었고 오늘날 대부분의 상용 DBMS는 SQL언어를 인식하여 처리할 수 있다.

7. MS 액세스2000

DBMS의 유형은 크게 단일사용자용 DBMS와 다중사용자용 DBMS로 나누어서 생각해볼 수 있다. 다중사용자용 DBMS는 한꺼번에 여러 사람들의 요구사항, 즉 여러 응용프로그램들을 지원할 수 있는 기능이 있는 DBMS이고, 단일사용자용 DBMS는 한번에 한 사람 또는 하나의 응용프로그램만을 지원할 수 있다. 기업용 DBMS는 일반적으로 다중사용자용 DBMS이다. 왜냐하면 기업에는 DBMS를 이용하는 많은 응용프로그램이 있을 것이고 또한 여러 사람들이 동시에 그 응용프로그램들을 이용할 것이기 때문에 다중사용자용 DBMS가 필요할 것이다. 오라클 DBMS나 마이크로소프트의 MS SQL서버, IBM의 DB2등은 다중사용자용 DBMS이다.

단일사용자용 DBMS는 PC용 DBMS라고도 말하는 마이크로소프트의 MS 액세스2000이 있다. 액세스2000은 QBE(Query By Example)방식의 사용자 인터페이스를 지원하기 때문에 쉽게 데이터베이스를 구축할 수 있는 장점이 있다. 데이터베이스상의 데이터 파일들을 정의하고 생성할 때 SQL 언어를 이용하는 경우가 많지만 초보자들은 QBE라는 그래픽 방식에 의해서 데이터 파일들을 생성하고 적절한 데이터처리 요구를 하는 것이 더 쉽다. QBE는 사용법이 쉽고 직관적이어서 많은 관계형 DBMS에서 SQL 외의 추가적인 질의어로 지원한다. 액세스2000은 QBE 방식과 SQL방식을 모두 지원하기 때문에 이 둘을 비교하면서 데이터파일 생성과 처리를 습득할 수 있는 좋은 수단이 될 수 있다.

7.1 액세스 DBMS의 실행

액세스 DBMS을 실행하기 위해서는 [시작] - [프로그램] - [Microsoft Access]를 클릭하면 된다.

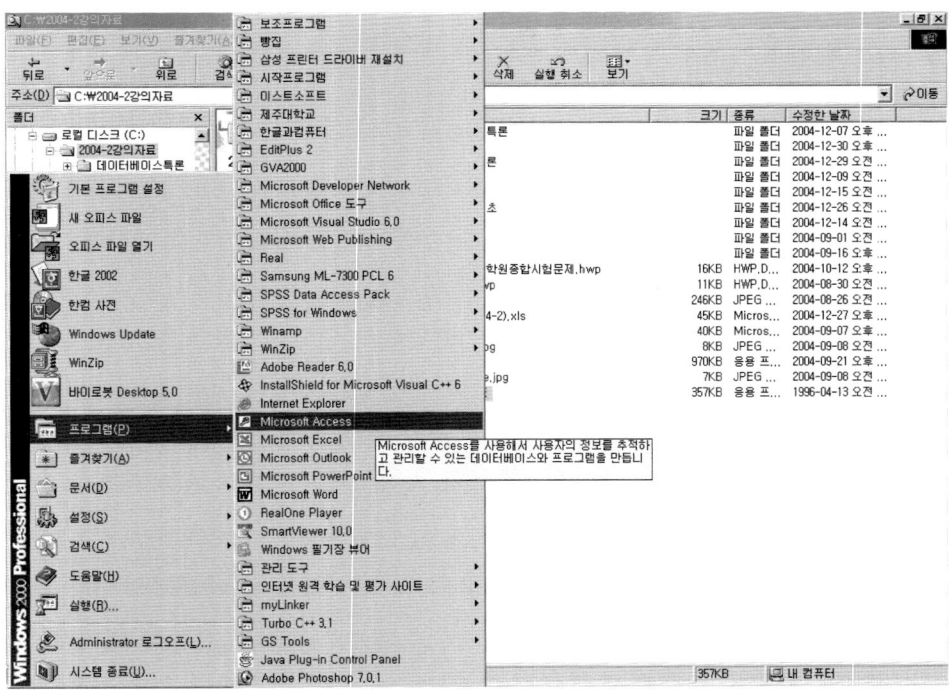

〈그림 13-9〉 액세스 DBMS의 시작

그러면 〈그림 13-10〉과 같이 새로운 데이터베이스를 생성할 것인지 또는 기존의 데이터베이스를 이용할 것인지를 선택하는 화면이 나타난다. [새Access데이터베이스]를 선택한다.

〈그림 13-11〉은 명문가구.mdb라는 새로운 데이터베이스를 [실습] 폴더 밑에 생성하고 있다. 액세스2000은 단일사용자용 DBMS로서 소규모 데이터베이스를 가정하므로 데이터베이스가 mdb파일이라는 하나의 파일에 대응된다. mdb파일 안에는 많은 테이블파일들을 포함할 수 있다.

〈그림 13-12〉는 [C:\실습] 폴더에 명문가구.mdb파일이 생성된 것을 보여주고 있다.

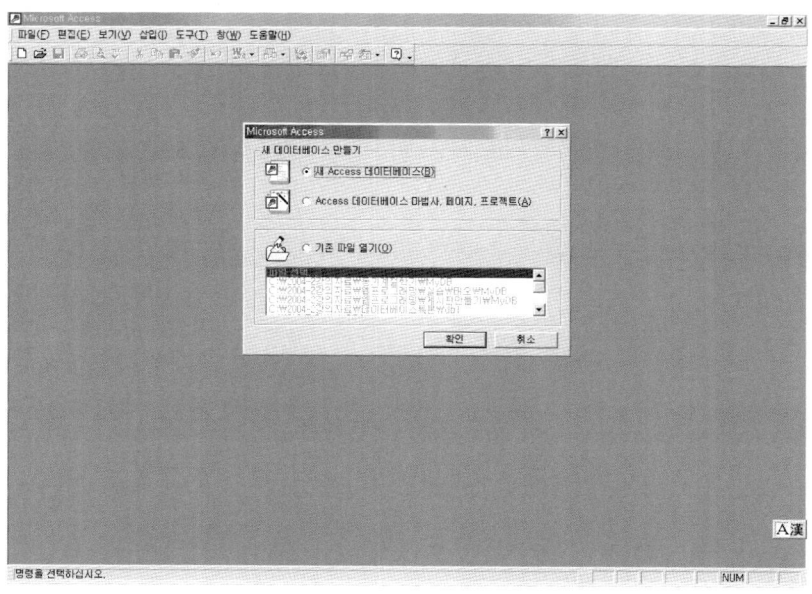

〈그림 13-10〉 새 데이터베이스 생성

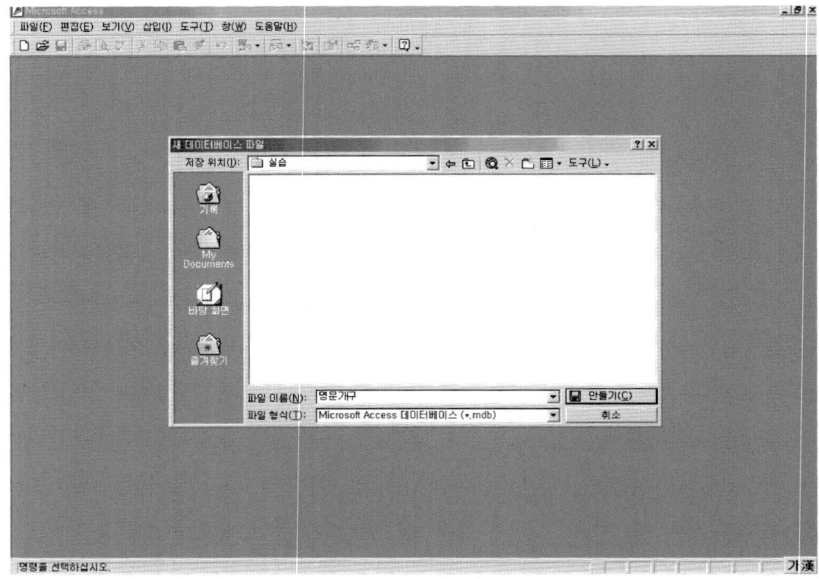

〈그림 13-11〉명문가구.mdb 데이터베이스의 생성

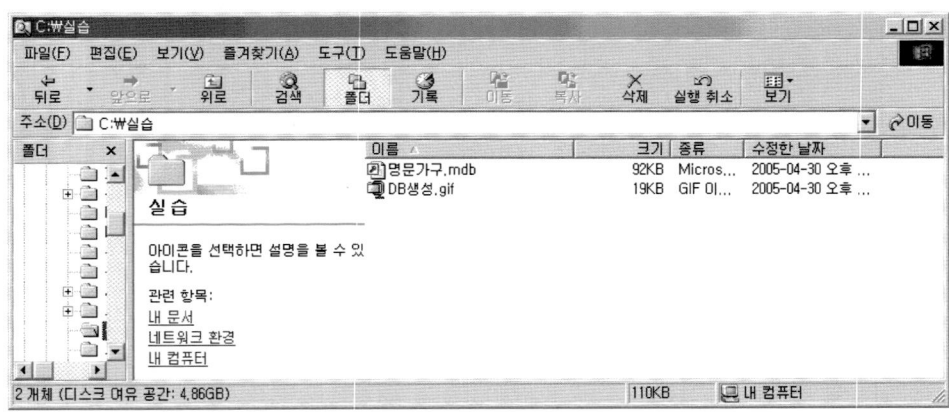

〈그림 13-12〉명문가구.mdb 파일의 생성

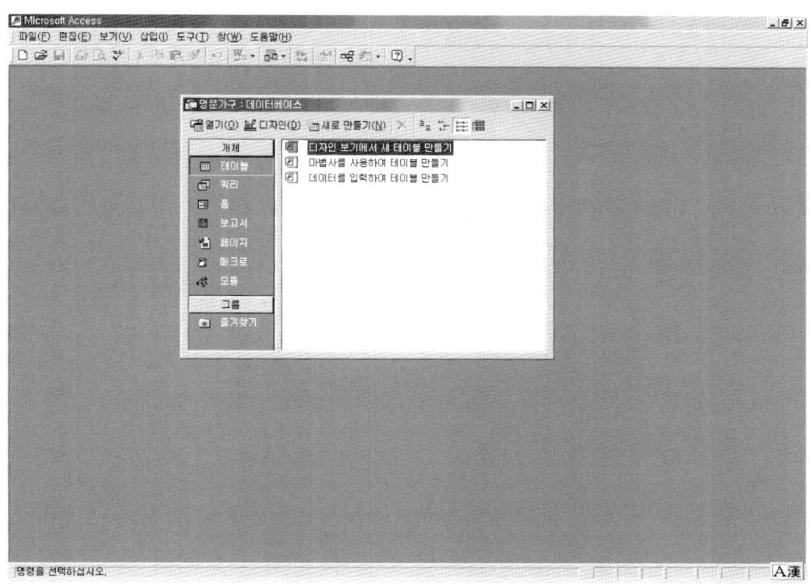

〈그림 13-13〉 명문가구.mdb 데이터베이스의 실행 창

〈그림 13-13〉은 액세스2000 DBMS가 명문가구.mdb 데이터베이스와 연결되고 이 데이터베이스에 여러 가지 데이터처리요구를 요청할 수 있는 메뉴들을 보여준다.

이제부터는 명문가구.mdb 데이터베이스 안에 〈그림 13-2〉의 3개의 데이터파일 즉 부품파일, 공급자파일, 주문파일을 생성해 보자. 〈그림 13-14〉처럼 [새로만들기]-[디자인보기]를 선택하면 〈그림 13-15〉처럼 QBE방식으로 관계형 데이터파일을 정의할 수 있는 창이 생긴다.

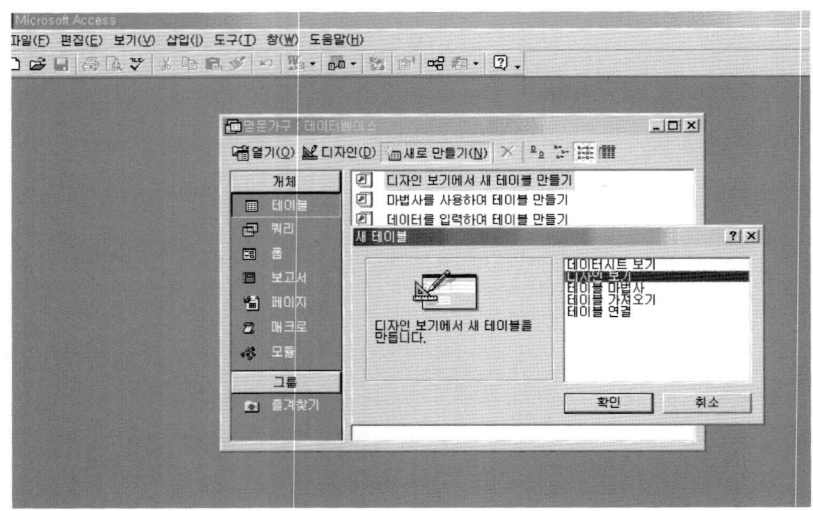

〈그림 13-14〉 QBE에 의한 데이터파일 정의

〈그림 13-15〉에서 정의하는 데이터파일의 속성들은 [부품번호], [부품내역], [재고량]이다. 부품번호 속성이 그 값으로 가질 수 있는 데이터형 즉 도메인은 숫자형이다. 〈그림 13-16〉은 기본키로 부품번호 속성을 정의하는 창을 보여주고 있다. [부품번호] 속성을 마우스로 선택하고 [편집]-[기본키]를 선택하면 [부품번호] 속성이 기본키로 정의된다. 정의가 끝났으면 [파일]-[저장]을 선택하고 부품이라는 파일로 저장한다.

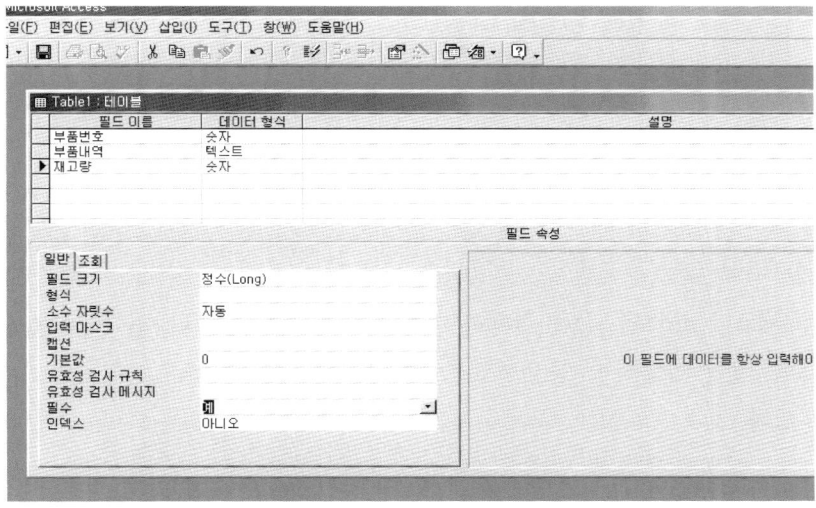

〈그림 13-15〉 QBE에 의한 부품파일 정의

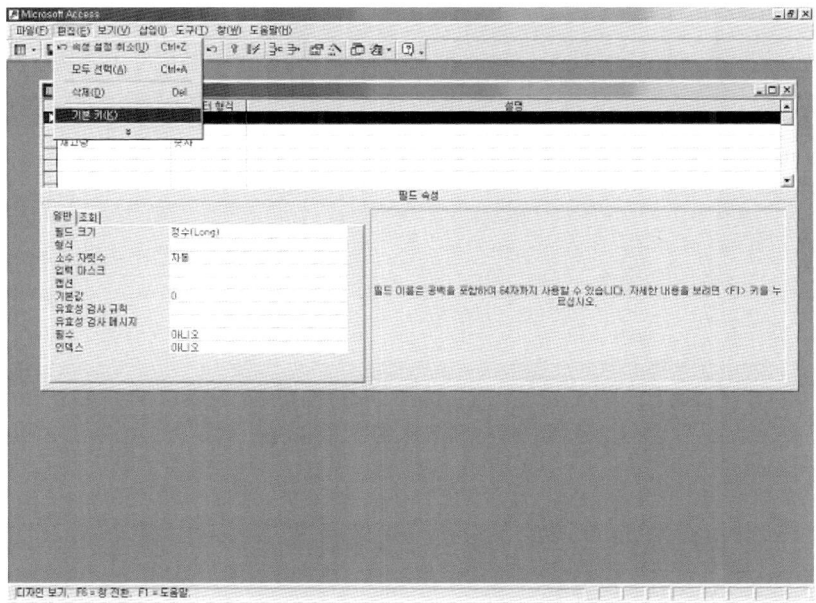

〈그림 13-16〉 부품번호를 기본키로 정의

〈그림 13-17〉은 SQL에 의하여 부품파일을 정의하는 것을 나타내고 있다. SQL 입력창을 띄우기 위해서는 왼쪽의 [쿼리탭]을 누른 후 [새로만들기]-[디자인보기]-[닫기]를 누르면 왼쪽 상단에 SQL아이콘이 생성된다. SQL아이콘을 클릭하고 [SQL보기]를 누르면 SQL입력창이 뜬다. SQL입력창에 입력된 SQL 데이터정의문을 보면 생성할 데이터파일 이름은 'SQL__부품'이고 'SQL__부품' 데이터파일이 포함할 속성들은 '부품번호', '부품내역', '재고량' 등이다. 이러한 SQL 데이터정의문은 액세스 DBMS를 직접 실행하여 SQL입력창에서 입력시킬 수도 있지만 응용프로그램 내에 삽입하여 응용프로그램이 실행될 때 그 SQL정의문이 수행되게 할 수도 있다.

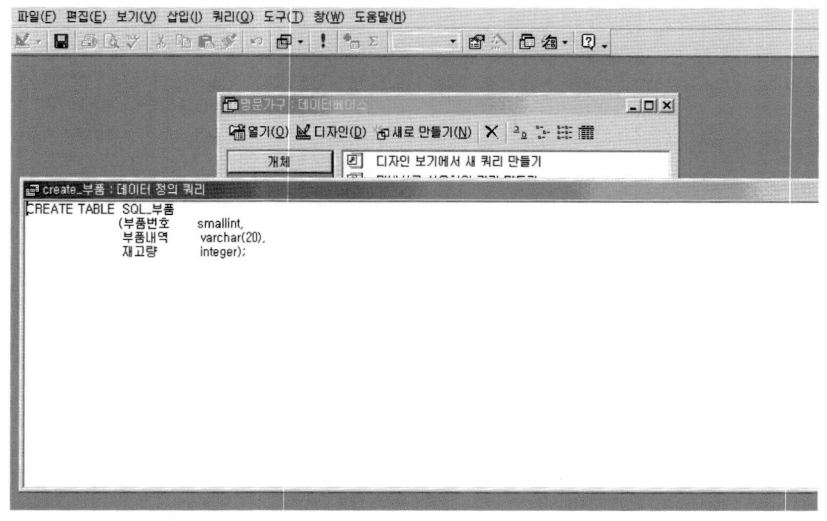

〈그림 13-17〉 SQL에 의한 부품파일 정의

〈그림 13-18〉은 QBE방식에 의하여 부품파일에 데이터를 입력하는 예를 보여주고 있다. 마우스로 [부품] 파일을 더블클릭하면 부품번호, 부품내역, 재고량 속성을 포함하는 비어있는 부품파일창이 뜬다. 이 창에서 부품정보들을 입력시키면 된다.

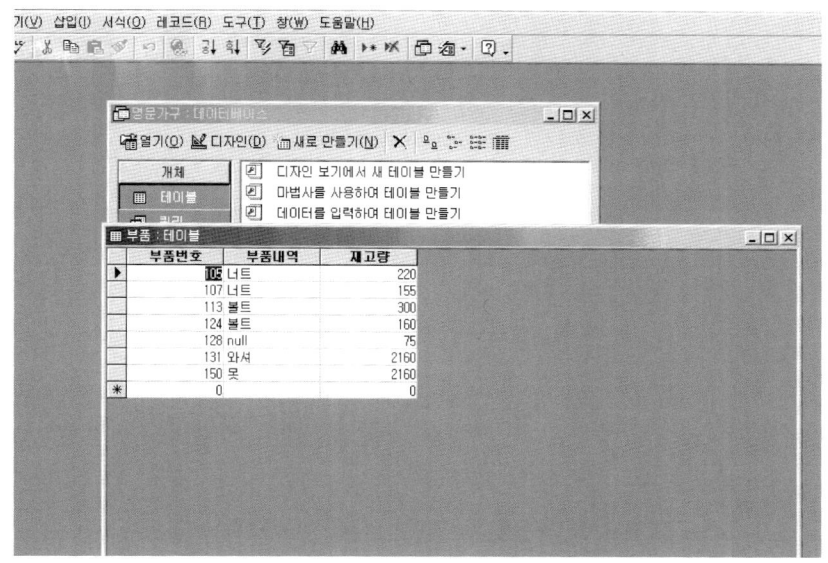

〈그림 13-18〉 QBE방식에 의한 데이터입력

〈그림 3-19〉는 SQL에 의하여 [부품_SQL]파일에 부품정보들을 입력하는 SQL 명령을 보여주고 있다. SQL 데이터조작문 중의 하나인 INSERT 명령을 이용하여 레코드 입력을 하고 있다. 이러한 SQL 데이터조작문은 액세스 DBMS를 직접 실행하여 SQL입력창에서 입력시켜서 실행시킬 수도 있지만 응용프로그램 내에 삽입하여 응용프로그램이 실행될 때 그 SQL조작문이 수행되게 할 수도 있다.

〈그림 13-20〉은 부품 데이터파일에 대하여 조건을 만족하는 일부의 데이터를 읽어오는 QBE명령을 보여주고 있다. 왼쪽의 [쿼리] 탭을 누른 후 [새로만들기] - [디자인보기]를 선택하여 나타난 [테이블표시] 창에서 [부품] 파일을 추가한다. 일부의 데이터를 검색할 조건은 재고량이 2000보다 크고 3000미만인 레코드들 중에서 부품번호 속성값만을 읽겠다는 것이다.

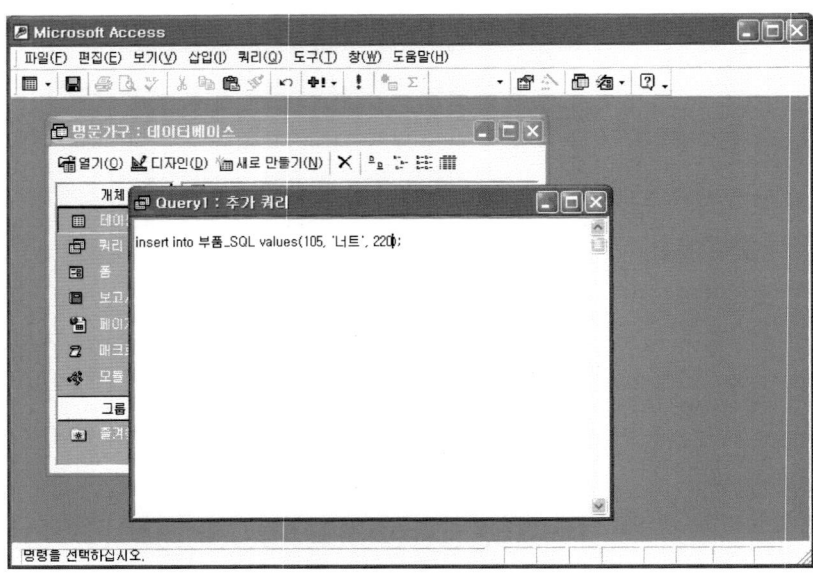

〈그림 13-19〉 SQL에 의한 데이터입력 예

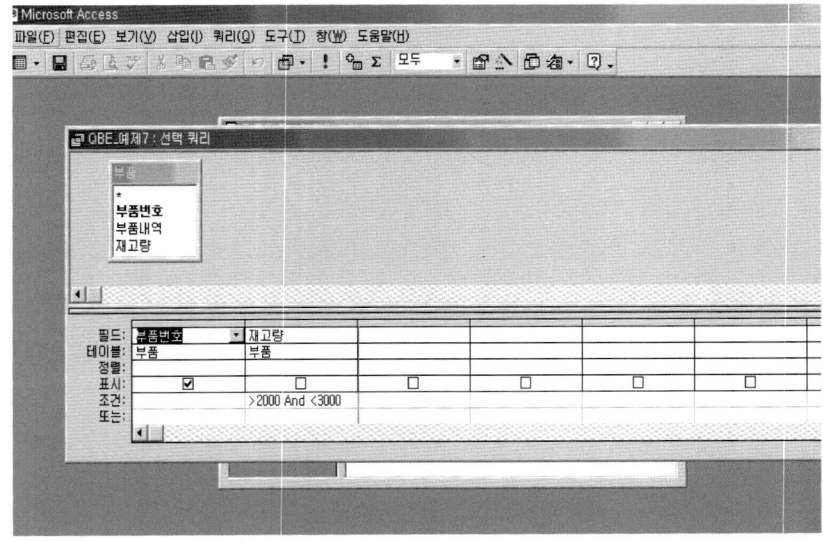

〈그림 13-20〉 QBE방식에 의한 데이터 검색

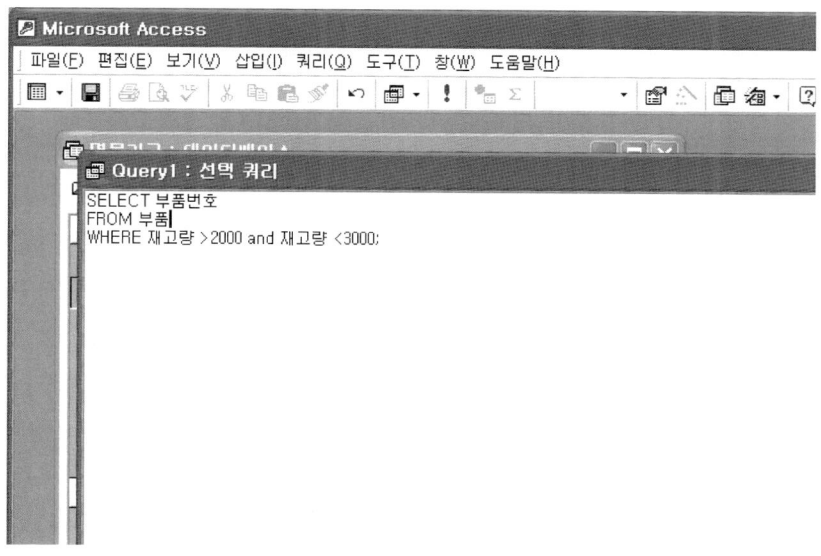

〈그림 13-21〉 SQL방식에 의한 데이터 검색

　〈그림 13-21〉은 부품 데이터파일에 대하여 조건을 만족하는 일부의 데이터를 읽어오는 SQL명령을 보여주고 있다. SQL 데이터조작문 중의 하나인 SELECT 명령을 이용하여 레코드 검색을 하고 있다. 이러한 SQL 데이터조작문은 액세스 DBMS를 직접 실행하여 SQL입력창에서 입력시켜서 실행시킬 수도 있지만 응용프로그램 내에 삽입하여 응용프로그램이 실행될 때 그 SQL조작문이 수행되게 할 수도 있다.

【요 약】

데이터베이스는 정보시스템에서 매우 중요한 비중을 차지한다. 데이터베이스는 정형화된 구조를 갖는 파일들의 모임을 의미하고 DBMS는 응용프로그램이나 사용자의 요청에 따라 이러한 데이터베이스의 파일들을 처리하고 관리하는 시스템소프트웨어를 일컫지만 데이터베이스와 DBMS를 통틀어 데이터베이스라고 부르기도 한다.

관계형 데이터베이스는 데이터베이스를 구성하는 파일들의 구조가 테이블 형태로 되어있다. 관계형 DBMS는 테이블구조의 데이터파일들을 처리하고 관리할 수 있는 DBMS이다.

정보처리시스템을 개발할 때 DBMS 없이 응용프로그램들이 직접 파일들을 처리하고 관리할 수 있게 구축할 수도 있지만 중복 파일들이 존재할 수 있고 응용프로그램의 유지보수가 복잡해지는 문제가 생긴다. 일정 규모의 정보처리시스템은 DBMS를 포함하여 구축하는 것이 일반적이다.

데이터베이스를 구축하기 위해서는 먼저 조직의 업무처리 상황을 분석하고 조직에서 관리될 필요가 있는 데이터들을 알기 쉽게 표현한 개체관계성도를 도출하여야 한다. 도출된 개체관계성도는 테이블 구조의 파일들인 관계형 데이터모델로 변환되고 이 관계형 데이터모델은 SQL명령어와 DBMS를 이용하여 실제 저장장치에 구현되게 된다.

【연습문제】

※정오식문제

1. 테이블 모양으로 데이터를 구조화시켜 놓은 것을 개체관계성모델이라고 한다.(   )

2. 액세스2000은 다중 사용자용 DBMS이다.(   )

3. DBMS없이 정보시스템을 구축할 경우 데이터파일의 중복과 응용프로그램의 유지보수가 어렵다는 문제가 발생할 수 있다.(   )

※단답식문제

4. (   )란 데이터베이스 상의 특정 데이터파일에 대한 데이터처리 요구를 일컫는 말이다.

5. (   )는 중복된 데이터의 값들이 일치되는 것을 의미한다.

6. (   )은 현실 세계의 복잡한 데이터 상황들을 그림으로 단순화시켜서 표현해 놓은 것이다.

【참고문헌】

[1] 김대수, 컴퓨터개론, 생능출판사, 2005.

[2] 김성언·최재화, 데이터베이스시스템, 학현사, 2002.

[3] 서길수, 데이터베이스관리, 박영사, 2005.

[4] 정윤·서용무·이국희, 데이터베이스시스템, 1994.

[5] 한금희, 함미옥, 컴퓨터과학개론, 한빛미디어, 2005.

제14장

프로그래밍언어

　이 장에서는 정보시스템을 구축하는 과정에서 필수적으로 거쳐야 하는 프로그래밍과 프로그래밍언어에 대하여 살펴본다. 알고리즘과 컴퓨터프로그램의 개념, 프로그래밍언어의 유형, 소프트웨어 개발과정 등을 살펴본다. 또한, 상용화된 프로그래밍언어의 특징들을 간략히 살펴본다.

1. 알고리즘

알고리즘(Algorithm)이란 어떤 문제를 해결하기 위한 단계를 순서대로 기술한 것을 말한다. 어떤 문제의 해결절차를 논리적으로 기술해 놓은 것이 알고리즘인 것이다. 예를 들어 현금 자동인출기에서 현금 3만 원을 인출하는 문제의 해결과정을 알고리즘 형태로 표현해보면 〈그림 14-1〉같이 생각해 볼 수 있다.

1. 카드를 넣는다.

2. 비밀번호를 물으면 4자리 숫자 등의 비밀번호를 입력한다.

3. 만약 비밀번호가 틀렸다면 1번부터 다시 시작한다. 아니면 원하는 서비스 항목 중에서 현금지급을 선택한다.

4. 액수에 3만원이라고 입력한다.

5. 현금과 카드, 그리고 명세서를 받는다.

〈그림 14-1〉 현금 자동인출기로부터 현금 3만원을 인출하는 방법

〈그림 14-1〉을 보면 현금인출이라는 목적 달성을 위하여 5단계에 걸쳐서 각 단계 별로 처리해야 할 일을 기술하고 있다. 단계별 처리과정을 묘사할 때 여기서는 한글문장에 의하여 기술하고 있지만 간단한 영어문장을 이용할 수도 있고 그림을 이용할 수 도 있다. 그림형태로 알고리즘을 기술하는 방법을 순서도(flow chart)라고도 한다.

2. 컴퓨터 프로그램

컴퓨터 프로그램(Computer Program)은 문제를 해결하기 위해서 컴퓨터가 이해할 수 있는 방식으로 컴퓨터 하드웨어에 내린 일련의 명령어 집합체를 의미한다. 알고리즘과의 차이점은 컴퓨터가 이해할 수 있는 언어로 문제해결단계를 기술한다는 것이다. 즉 컴퓨터프로그램은 컴퓨터가 이해할 수 있는 프로그래밍언어를 이용하여 문제해결과정을 기술해 놓은 것으로서 컴퓨터소프트웨어(Software)라고도 한다.

프로그래밍언어(Programming Language)는 컴퓨터가 이해할 수 있는 언어인데 엄밀히 말하면 CPU가 이해할 수 있는 언어여야 한다. 왜냐하면 CPU에게 명령을 내릴 것이기 때문이다. 그러나 CPU는 0과 1의 조합으로 이루어진 명령만 이해할 수 있는 반면 실제 명령을 내리는 주체인 사람은 0과 1의 조합으로 명령을 내리는 것이 쉬운 일이 아니다. 따라서 0과 1의 조합으로 이루어지지는 않지만 사람이 이해하기 쉬운 방식으로 명령을 내리고 그 명령들을 특정 소프트웨어(예를 들면 컴파일러)에 의해서 자동으로 0과 1의 조합 형태로 변환하는 방식을 이용한다. 결과적으로 프로그래밍언어는 특정 소프트웨어가 이해할 수 있는 언어인 것이다.

컴퓨터 프로그래밍(Programming)이란 컴퓨터프로그램을 작성하는 작업을 의미한다. 알고리즘의 각 단계별 처리작업을 프로그래밍언어로 표현하는 과정이 컴퓨터 프로그래밍이다.

프로그래머(Programmer)란 컴퓨터프로그래밍을 통하여 컴퓨터프로그램을 만드는 전문가를 일컫는다

컴퓨터 소프트웨어는 컴퓨터 프로그램들로 이루어진 것으로서 어떤 문제를 해결하기 위한 기능들을 제공한다. 예를 들어 응용소프트웨어 중에서 문서편집기인 한글2000은 문서의 생성과 편집 등과 같은 문제를 해결하기 위한 기능을 제공한다. 웹브라우저는 인터넷상에서의 정보검색 문제를 해결하기 위한 기능을 제공하고 게임프로그램은 엔터테인먼트 문제를 해결하기 위한 기능을 제공한다.

2.1 프로그래밍언어의 유형

프로그래밍언어는 사람이 이해하기 쉬운 정도에 따라서 고수준언어(High Level Language)와 저수준언어(Low Level Language)로 나눌 수 있다.

사람이 이해하기 쉬운 영어문장 형태로 명령을 내리는 프로그래밍언어를 고수준언어라 한다. COBOL, FORTRAN, C/C++, JAVA, 비주얼베이직, 델파이, 파워빌더 등 상용화된 대부분의 프로그래밍언어는 고수준언어이다.

COBOL은 사무자동화용 컴퓨터프로그램을 작성하는 데 적합한 프로그래밍언어이고 FORTRAN은 과학계산용 프로그램을 작성하는 데 적합한 언어이지만 지금은 많이 이용되지 않는다. C/C++, 자바 등은 사무자동화용이든 과학계산용이든 다양한 영역의 프로그램을 만드는 데 이용될 수 있는 고수준언어로서 현재 많이 이용되고 있다. 특히 운영체제인 UNIX가 C언어로 개발되었다는 데서도 알 수 있듯이 C언어는 컴퓨터하드웨어를 제어하는 것과 같은 명령도 표현할 수 있는 매우 융통성 있는(Flexible) 언어라고 할 수 있다. 융통성 있는 언어라는 말은 매우 다양한 방식으로 프로그래밍이 가능하다는 말이다. C++이나 자바는 C언어에 객체지향개념을 적용하여 그 기능을 한 단계 향상시킨 언어이다. 비주얼베이직, 델파이, 파워빌더 등은 GUI방식의 프로그램을 보다 쉽게 작성할 수 있는 기능을 지원한다는 특징이 있다. 반면에 주어진 틀에서만 프로그래밍을 해야 한다는 관점에서 융통성이 부족한 면이 있다.

저수준언어는 사람은 이해하기 어렵지만 CPU가 명령수행을 쉽게 할 수 있도록 CPU의 작동과정을 고려하여 만들어진 언어이다. 저수준언어의 예로써 기계어(Machine Language)나 어셈블리어(Assembly Language) 등이 있다. 기계어는 0과 1의 조합형태의 명령구조를 갖고 있기 때문에 CPU에 대한 충분한 지식을 갖고 있는 컴퓨터전문가가 아니면 그 명령을 이해하기가 매우 어렵다. 어셈블리어는 기계어가 너무 어렵기 때문에 사람이 좀 더 쉽게 이해할 수 있도록 기계어를 개선한 형태의 언어이다. 기계어에서 0과 1의 조합 단위를 영어심볼(Symbol)로 대응시킨 형태의 언어가 어셈블리어이다. 저수준언어는 CPU의 작동과정을 고려하여 만든 언어이기 때문에 CPU에 대한 미세한 제어를 할 수 있다는 장점이 있다.

2.2 소프트웨어 개발과정

컴퓨터프로그래밍을 컴퓨터소프트웨어를 만드는 작업이라고도 하는데 엄밀히 말하면 컴퓨터소프트웨어를 만드는 작업의 일부과정이 컴퓨터프로그래밍이다. 컴퓨터소프트웨어를 만드는 작업은 컴퓨터프로그래밍만 하면 되는 것이 아니라 추가적으로 해야 할 중요한 작업들이 있다. 즉 컴퓨터소프트웨어를 만들기 위해서는 문제를 분석하고 그 문제의 해결과정을 설계하는 단계가 필요하다. 설계단계에서는 데이터구조설계와 처리알고리즘들이 만들어져야 한다. 설계단계를 완성한 후 데이터구조와 알고리즘을 컴퓨터프로그램으로 변환시키는 컴퓨터프로그래밍 단계가 이어져야 하는 것이다.

소프트웨어 개발과정은 분석단계, 설계단계, 구현단계, 테스트단계 등으로 이루어진다. 분석단계에서는 문제분석을 하고 현재의 수준과 미래의 목표 등을 설정하고 그 목표를 위해서 어떠한 소프트웨어 기능들이 필요한지를 정의하는 과정이다. 설계단계에서는 소프트웨어의 기능을 컴퓨터로 구현하기 위한 데이터구조와 알고리즘을 설계하는 단계이다. 구현단계에서는 설계단계의 결과물인 데이터구조와 알고리즘을 프로그래밍언어를 이용하여 컴퓨터프로그램으로 변환하는 과정이다. 테스트단계는 만들어진 컴퓨터프로그램이 잘 실행되는지, 목표로 설정했던 기능들을 잘 제공하는지 등을 체크하는 과정이다. 목표했던 기능들이 제대로 수행되지 않으면 설계단계로 돌아가서 설계도를 수정하든지, 아니면 컴퓨터프로그램을 수정하여 다시 테스트하여야 할 것이다.

〈그림 14-2〉는 소프트웨어 개발과정을 특정 예를 바탕으로 개략적으로 나타내고 있다.

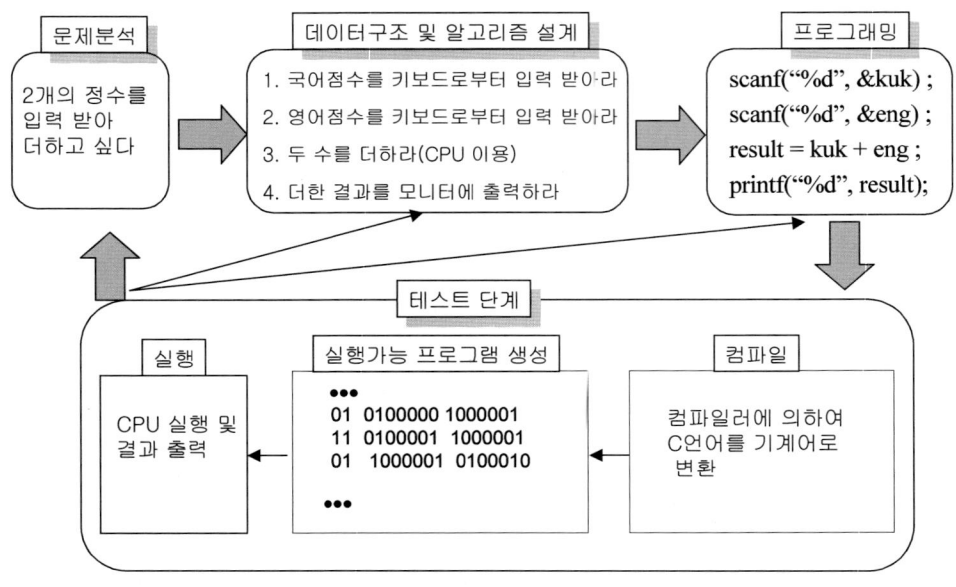

〈그림 14-2〉 소프트웨어 개발과정

〈그림 14-2〉에서 해결해야 할 문제는 두 개의 정수를 입력받아서 합계를 구하는 것이다. 여기서는 매우 단순한 문제로써 굳이 컴퓨터프로그램을 작성하지 않아도 쉽게 해결할 수 있는 문제이지만 소프트웨어 개발과정을 쉽게 이해하기 위하여 예를 드는 것이다. 문제분석단계에서는 문제가 복잡할 경우 문제에 대한 철저한 분석이 필요하고 비용 - 효과분석, 개발목표 설정 등의 결과물이 나와야 한다.

이러한 문제를 해결하기 위한 처리절차를 논리적으로 기술하는 과정이 알고리즘 작성단계이다. 물론 복잡한 문제의 경우 데이터구조를 어떻게 하느냐에 따라 알고리즘도 달라질 수 있으므로 문제해결을 위한 데이터구조에 대한 결정도 매우 중요하다. 데이터구조에 대한 설계와 그에 따른 알고리즘 설계도가 설계단계의 결과물일 수 있다. 여기서는 데이터구조는 생략되었고 알고리즘도 4단계로서 개략적으로 표현하였다.

구현단계에서는 설계단계에서 만들어졌던 데이터구조와 알고리즘을 특정 프로그래밍언어를 이용하여 컴퓨터프로그램으로 변환한다. 알고리즘의 1단계 처리명령인 「국어점수를 키보드로부터 입력받아라」를 C언어명령으로 「scanf("%d", &kuk);」처럼 변환할 수 있다. 경험이 많은 프로그래머들은 알고리즘을 구체적으로 기술하지 않고 개략적으로 표현한 후 프로그래밍단계에서 구체적인 명령들을 기술하기도 한다. 많은 프로그래밍 경험이 쌓일수록 프로그래밍 그 자체는 단순한 일로써 시간소모적인 작업이 되는 반면 데이터구조와 알고리즘을 설계하는 일은 창의적이고 흥미로운 작업이 될 것이다.

 테스트 단계에서는 만들어진 컴퓨터프로그램이 제대로 작동하는지, 목표로 설정했던 기능들을 정확히 제공되는지 등을 실험하는 과정이다. 테스트단계에서는 우선 고수준언어인 C언어로 작성된 프로그램을 0과 1의 조합으로 이루어진 기계어 프로그램으로 변환하는 과정이 필요하다. 이 과정을 컴파일과정(Compile)이라고 한다. 컴파일을 위하여 C언어프로그램을 컴파일러(Compiler)라는 시스템소프트웨어에 입력시켜야 하지만 현대의 컴파일러 소프트웨어는 문서편집기능도 제공하기 때문에 컴파일러 소프트웨어의 문서편집기능을 이용하여 C프로그램을 작성하면서 곧바로 컴파일 시킬 수 있다. 컴파일 결과로써 성공적으로 기계어 프로그램이 생성되기도 하지만 문법적으로 C언어 명령의 잘못된 사용을 지적하는 에러메시지를 발생시키기도 한다. 에러메시지가 발생되면 C프로그램 내의 잘못된 명령을 수정하고 재컴파일시켜야 한다. 컴파일이 성공하여 기계어프로그램이 생성되었다 할지라도 당장 CPU가 이해할 수 있는 구조는 아니다. CPU가 이해할 수 있도록 추가적인 정보를 결합하는 과정인 링킹(Linking)단계를 거쳐야 최종적으로 실행가능한 (executable) 기계어 프로그램이 만들어지는 것이다. 그러나 여기에서 끝나는 것이 아니라 실행가능한 기계어프로그램을 실행시키면서 목표기능들을 잘 수행하는지 체크하여야 한다. 프로그램은 실행되지만 원하는 기능이 제공되지 않으면 그 프로그램은 수정되어야 한다. 프로그램설계도를 변경시켜야 할 경우도 있고 C프로그램을 수정해야 할 경우도 있을 것이다. 경우에 따라서는 문제분석을 다시 할 필요도 있을 것이다. 일반적으로 테스트단계는 많은 시간과 노력이 필요한 과정이다.

3. 프로그래밍언어

3.1 저수준언어

프로그래밍 언어는 크게 저수준언어와 고수준언어로 분류할 수 있다. 저수준언어는 컴퓨터의 입장에서 만들어진 언어라고 할 수 있다. 프로그래머는 활용하기가 좀 어렵지만 컴퓨터 하드웨어를 미세하게 제어할 수 있는 장점이 있는 것이다. 고수준언어는 사람의 입장을 고려하여 만들어진 언어이다. 따라서 프로그래머는 잘 이해할 수 있지만 CPU나 기타 하드웨어 구성요소를 미세하게 제어하는 데 한계가 있는 것이다. 〈그림 14-3〉은 저수준언어와 고수준언어를 기준으로 상용화된 프로그래밍언어를 분류하고 있다.

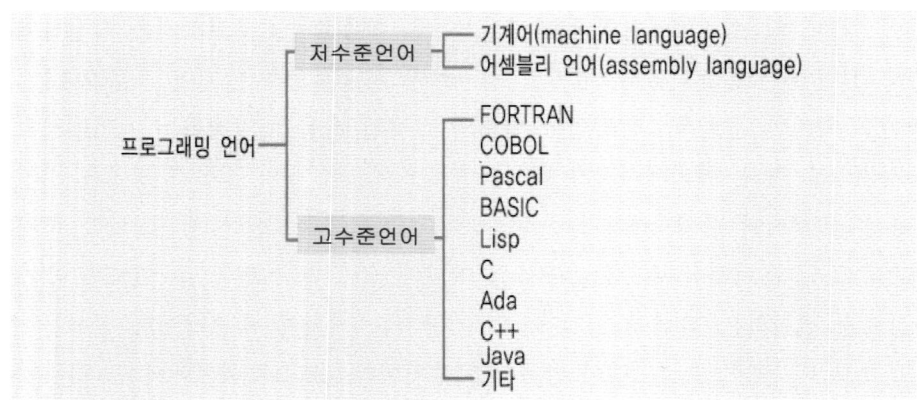

〈그림 14-3〉 프로그래밍언어의 분류

저수준언어로는 기계어와 어셈블리어가 있다. 고수준언어로는 FORTRAN, COBOL, PASCAL, BASIC, LISP, C/C++, JAVA 등이 있다. 오늘날에는 JAVA나 C++ 또는 BASIC의 진화된 형태인 비주얼베이직, PASCAL의 진화된 형태인 델파이 등이 많이 이용되고 있다.

저수준언어는 기계어나 어셈블리어 등을 의미한다. 기계어는 CPU가 이해할 수 있는 언어로서 명령어의 구조는 0, 1의 조합 형태로 되어 있다. 기계어로 컴퓨터프로그래밍을 하려면 CPU와 메모리에 대한 깊은 지식이 있어야 하기 때문에 컴퓨터전문가 이외의 사람이 학습하기에는 어려운 측면이 있다.

기계어의 명령어 구조를 좀 더 쉽게 표현하기 위해서 어셈블리어가 개발되었다. 어셈블리어의 명령어구조는 기계어와 비슷하지만 기계어 명령의 특정 2진비트열(0과 1의 조합으로 이루어짐)을 영문 심볼(Symbol)로 대체하여 표현된다. 〈그림 14-4〉는 어셈블리어가 기계어와 어떻게 대응이 되는지를 나타내고 있다.

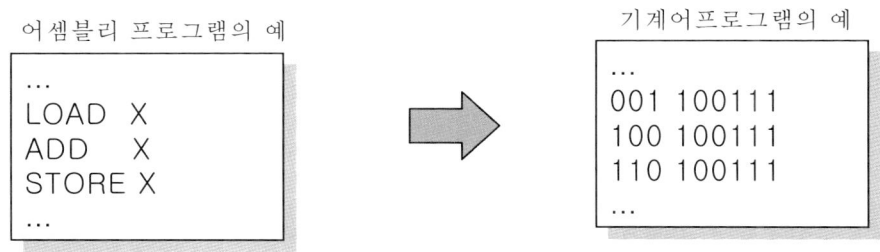

〈그림 14-4〉 어셈블리어와 기계어와의 관계

어셈블리 프로그램의 명령 중의 하나인 「LOAD X」는 주기억장치의 X라는 위치에 있는 데이터를 CPU의 데이터 레지스터로 가져오라는 명령이다. 이때 「LOAD」라는 심볼은 2진비트열 「001」에 대응하는 것이고 「X」는 2진비트열 「100111」을 알기 쉬운 심볼로 표현한 예이다. 어셈블리 프로그램 예제의 또 다른 명령어인「ADD X」는 주기억장치의 X라는 위치에 있는 데이터를 CPU의 데이터 레지스터에 있는 데이터와 합한 후 그 결과를 CPU의 데이터 레지스터로 저장하라는 의미이다. 이때 「ADD」라는 심볼은 2진비트열 「100」에 대응하는 것이고 「X」는 2진비트열 「100111」을 알기 쉬운 심볼로 표현한 예이다.

어셈블리어 프로그램은 어셈블러(Assembler)라는 시스템소프트웨어에 의해서 기계어로 변환된다. 실행가능한 기계어프로그램으로 변환되어 실행시키면 그 프로그램은 주기억장치의 프로그램 저장영역으로 옮겨지고 CPU에 의하여 프로그램의 각 명령들이 하나씩 실행될 것이다. 〈그림 14-5〉는 주기억장치상에 올라 온 기계어프로그램과 데이터 그리고 CPU구조를 나타내고 있다.

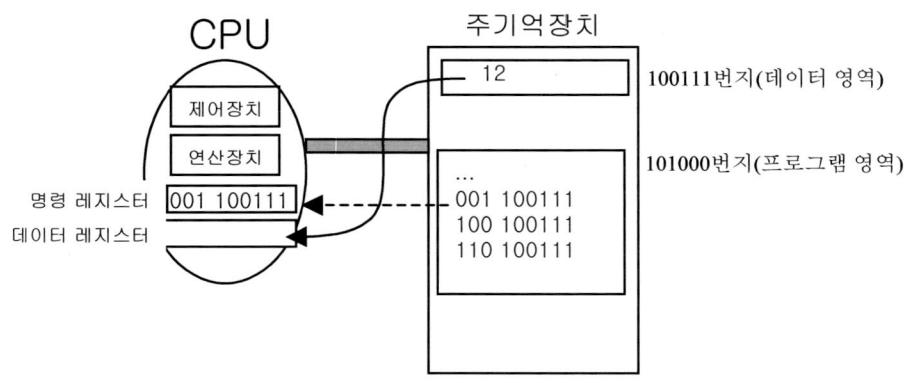

〈그림 14-5〉 기계어 프로그램의 실행

CPU의 제어장치에 의하여 기계어 프로그램의 각 명령은 CPU의 명령 레지스터로 이동되어 해독된다. 「001 100111」은 「LOAD X」라는 의미였는데 CPU의 제어장치에 의하여 해독되어 「X」위치, 즉 「100111」위치에 저장되어있는 데이터 「12」를 레지스터로 가져올 것이다.

3.2 고수준언어

고수준언어는 컴퓨터프로그래머가 하드웨어에 대한 많은 지식이 없어도 프로그래밍이 가능할 수 있도록 하는 프로그래밍언어이다. 기계어나 어셈블리어로 프로그래밍을 하려면 CPU의 구조, 주기억장치에서의 프로그램 저장영역, 데이터 저장영역, 주소 등에 대한 개념과 지식이 필요하지만 고수준언어는 이런 것들에 대한 깊은 지식이 없어도 된다.

그러나 고수준언어는 하드웨어를 미세하게 제어하는 기능이 약하므로 시스템소프트웨어를 개발하기에는 적합하지 않을 수 있다. C언어는 고수준언어임에도 불구하고 하드웨어의 미세한 제어명령이 필요한 운영체제 프로그램을 개발하는 데 이용되었다는 점 때문에 그 탁월성이 입증되었고 많은 사람들이 애용하게 되었던 것이다. 그러나 시스템소프트웨어를 개발할 때는 고수준언어와 어셈블리어를 혼용하여 개발하는 것이 바람직스러울 수도 있다.

고수준언어의 명령어는 일반적으로 영어문장을 축약한 형태로 되어 있다. 예를 들어 C언어에서 「scanf("%d", &kuk);」라는 명령어는 키보드로부터 숫자데이터를 읽어 변수 kuk에 기억시키라는 의미이다. 고수준언어의 명령어 하나는 저수준언어의 여러 명령어를 축약한 형태로 구성되어 있다. 예를 들어 C언어의 명령어 예인 「x= x+1;」의 의미는 기억장소 x위치에 저장되어 있는 데이터에 1을 더해서 다시 x위치에 기억시키라는 의미이다. 이 명령을 어셈블리어로 표현하게 되면 〈그림 14-6〉과 같이 나타낼 수 있다.

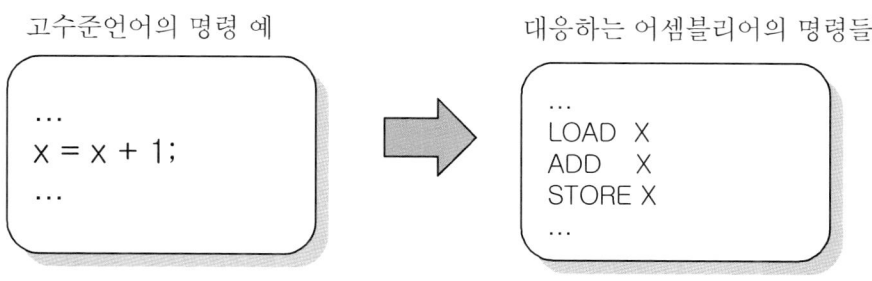

〈그림 14-6〉 고수준언어와 어셈블리어

고수준언어는 만들어진 프로그램을 실행하는 방식에 따라 컴파일언어(Compile Language)와 인터프리트언어(Interpret Language)로 구분할 수 있다. 컴파일방식에 의하여 프로그램실행이 이루어지는 언어를 컴파일언어라 하고 인터프리트방식에 의하여 프로그램실행이 이루어지는 언어를 인터프리트언어라고 한다. C언어는 대표적인 컴파일언어이고 베이직언어는 대표적인 인터프리트언어이다. 〈그림 14-7〉은 컴파일방식과 인터프리트방식의 차이를 나타내고 있다

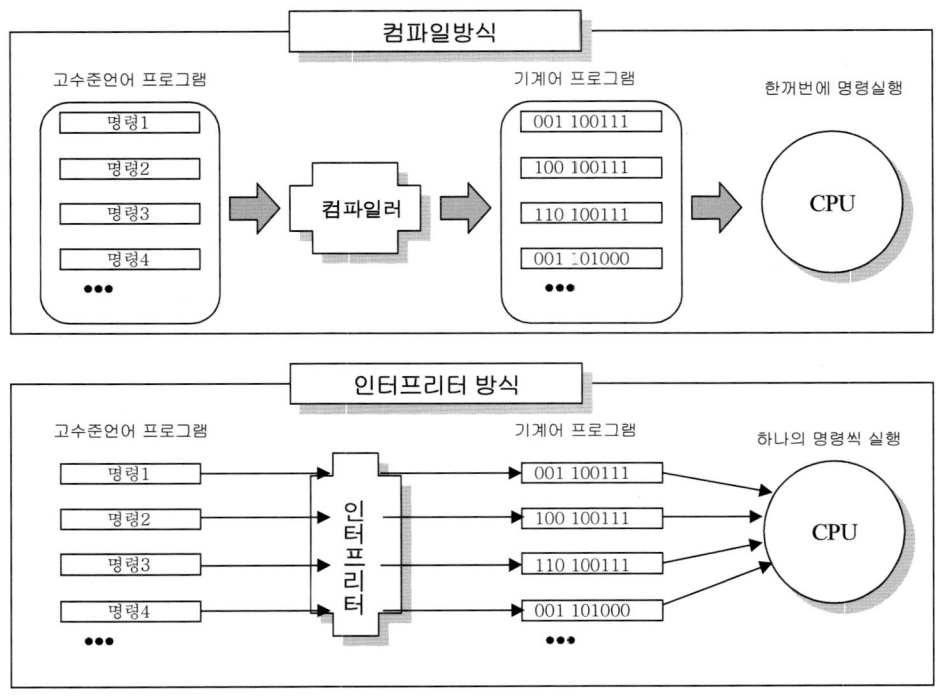

〈그림 14-7〉 컴파일방식과 인터프리터방식의 차이

컴파일방식은 앞에서 언급했던 방식으로써 고수준언어로 작성된 컴퓨터프로그램 명령들을 한꺼번에 기계어로 변환하여 그 기계어프로그램 전체를 한꺼번에 CPU가 실행하는 방식이다.

반면 인터프리트방식은 고수준언어로 작성된 컴퓨터프로그램의 명령어 하나만을 인터프리터 소프트웨어에 의하여 일단 기계어명령어로 바꾸고 에러가 없으면

CPU가 실행한다. 성공적으로 실행이 되면 고수준언어 프로그램의 그 다음 명령어를 다시 기계어로 번역하여 CPU가 실행하는 방식이다. 컴파일언어로 작성된 프로그램은 한꺼번에 기계어 명령어로 바뀐 후 그 기계어 명령들이 한꺼번에 실행되는 반면 인터프리트언어로 작성된 프로그램은 명령어 하나에 대해서 기계어로 바꾸고 실행이 성공하여야 그 다음 명령이 처리되는 식이다.

컴파일방식은 모든 고수준 명령어들을 기계어로 바꾸는 과정에서 많은 컴파일 에러가 발생할 수 있지만 컴파일이 일단 성공하면 재컴파일시킬 필요가 없다. 즉 실행가능한 기계어프로그램으로 바꾸는 과정을 한번한 수행하면 된다.

인터프리트방식은 프로그램을 실행하고자 할 때마다 기계어로 변환되는 과정이 필요하기 때문에 비효율적인 프로그램 실행방식이라 할 수 있고 프로그램 실행속도도 컴파일방식보다 느린 편이다. 그러나 프로그램을 완성시키지 않은 상태에서도 기계어명령으로 바꾸어 실행시킬 수 있으므로 프로그래밍 초보자 입장에서는 프로그램의 잘못된 부분, 즉 에러(error)를 쉽게 찾을 수 있어서 보다 수월하게 프로그래밍언어를 학습할 수 있다.

그러나 대부분의 상용화된 프로그래밍언어는 컴파일방식이고 컴파일방식으로 만들어진 프로그램이 더 효율적이다. 〈그림 14-8〉은 고수준언어로 작성된 프로그램이 컴파일방식에 의하여 실행되는 순서를 나타내고 있다.

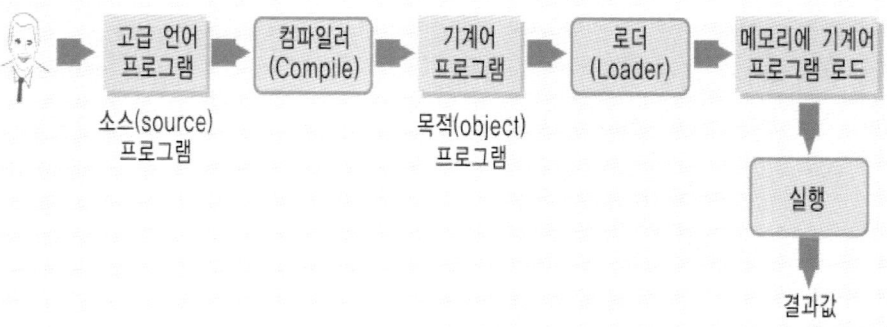

〈그림 14-8〉 고수준언어 프로그램의 전체 실행순서

고수준언어로 작성된 프로그램은 컴파일러라는 시스템소프트웨어에 의하여 기계어 프로그램으로 변환된다. 고수준언어로 만드는 프로그램은 궁극적으로는 CPU에 의해서 처리되어야 하므로 CPU에 의하여 처리 가능한 형태의 프로그램으로 바뀌어야 한다. 따라서 CPU에 의하여 처리 가능한 형태의 기계어 프로그램을 목적프로그램(Object Program)이라 하고 목적프로그램을 만들기 위한 원천이 되는 고수준언어 프로그램을 원천프로그램(Source Program) 또는 소스프로그램이라 부른다. 목적프로그램이 기계어형태로 되어있다고 해서 즉시 CPU에 의하여 실행가능하지는 않다. 목적프로그램에 추가적인 정보를 연결시키는 과정(Linking)을 거쳐야 완전한 실행 가능 프로그램(executable program)이 된다.

보조기억장치에 존재하는 실행가능프로그램을 실행시키면 로더(Loader)에 의하여 주기억장치로 옮겨지고 드디어 CPU에 의하여 처리된다. 로더는 일반적으로 운영체제에 포함되어 있어서 운영체제가 로더의 역할을 한다고 할 수 있다.

3.3 상용화된 고수준언어의 종류와 특성

(1) FORTRAN

FORTRAN(FORmulator TRANslator)은 수식계산에 강한 프로그래밍언어로써 수식계산 프로그램을 만드는 데 적합한 언어이다. FORTRAN은 최초의 고수준언어이며 컴파일방식의 언어이다. 오늘날에는 공학계열의 엔지니어들에 의하여 시뮬레이션 프로그램들을 작성하는 데 많이 이용되고 있다. 〈그림 14-9〉는 FORTRAN 프로그램의 예로써 150개의 임의의 실수를 읽어 들여서 합하는 프로그램이다.

```
1          PROGRAM  MAIN
2                  PARAMETER(MAXSIZE=150)
3                  REAL  NUM(MAXSIZE)
4      10          READ(5, 100, END=999)  J
5      100         FORMAT(I5)
6                  IF(K.LE.0.OR.J.GT.MAXSIZE) STOP
7                  READ *,(NUM(I), I=1,J)
8                  PRINT *, (NUM(I), I=1,J)
9                  PRINT *,'합계=',SUM(NUM, J)
10                 GO  TO 10
11     999         PRINT *,"완료"
12                 STOP
13                 END
14     C  합계 계산 서브프로그램
15     FUNCTION  SUM(P,Q)
16                 REAL::P(Q)
17                 SUM=0.0
18                 DO  20 I = 1, Q
19                     SUM=SUM+P(I)
20     20          CONTINUE
21                 RETURN
22                 END
```

〈그림 14-9〉 FORTRAN 프로그램의 예

(2) COBOL

COBOL(COmmon Business Oriented Language)은 사무업무의 자동화를 위한 프로그램을 작성하는 데 적합하도록 설계된 컴파일방식의 고수준언어이다. DBMS를 사용하지 않고 응용프로그램에서 직접 데이터파일처리를 할 수 있도록 파일처리를 위한 명령어들이 많이 있다. 또한 명령어 구조가 영어문장과 매우 비슷해서 배우기가 쉬울 뿐만 만들어진 프로그램을 이해하기도 수월하다. 〈그림 14-10〉은 보조기억장치상의 데이터파일 데이터를 읽어서 처리하는 COBOL 프로그램의 예를 보여주고 있다.

```
010-ACCOUNTING

        .
    READ  DISKFILE  AT END MOVE 'YES' TO END-OF-FILE.
        .
    PERFORM  050-PROCESSING.
        .
050-PROCESSING.
    MULTIPLY  UNITS-IN  BY PRICE-IN
            GIVING SALES-VALUE.
    MOVE PART-IN TO PART-OUT.
    MOVE PRICE-IN TO PRICE-OUT.
    MOVE  UNITS-IN TO UNITS-OUT.
    WRITE PRINTLINE FROM DETAIL-LINE
            AFTER ADVANCING 1 LINE.
    READ  DISKFILE
            AT END MOVE 'YES' TO END-OF-FILE.
```

〈그림 14-10〉 COBOL 프로그램의 예

(3) BASIC/Visual BASIC

BASIC(Beginner's All - Purpose Symbolic Instruction Code)은 말 그대로 프로그래밍 초보자가 쉽게 배울 수 있도록 개발된 언어로써 인터프리트방식의 고수준 언어이다. BASIC은 프로그래밍 초보자를 위해 미국 다트머스대학에서 개발하였는데 이후 마이크로소프트에서 객체지향개념을 도입하여 GUI방식의 프로그램을 쉽게 개발할 수 있고 컴파일방식과 인터프리트방식을 혼용하여 실행할 수 있도록 개선한 비주얼베이직의 모태가 되는 프로그래밍언어이다. 비주얼베이직은 RAD툴 (Rapid Application Development Tools)의 한 종류이다. RAD툴은 마우스로 그림을 그리듯 인터페이스화면을 만들고 작업하기 원하는 부분에만 프로그램을 짜 넣으면 하나의 GUI프로그램모듈이 완성되는 방식을 말한다. 반복적인 기본적인 부분들은 최대한 자동으로 처리하고 프로그램마다 특이한 부분만 처리한다는 개념에서 나온 것이다. RAD툴의 대표적인 언어로는 비주얼베이직, 델파이, 파워빌더가 있다.

〈그림 14-11〉은 1부터 10까지 더하는 BASIC프로그램의 예이다.

```
10        K =0
20        SUM  = 0
30        SUM  = SUM +K
40        K  =  K  +  1
50        IF K 〈= 10 THEN 30
60        PRINT "총합="SUM
70        END
OK
RUN
총합=55
OK
```

〈그림 14-11〉 BASIC 프로그램의 예

(4) PASCAL/DELPHI

PASCAL은 프랑스 수학자 파스칼의 이름을 따서 명명된 프로그래밍언어로써 1971년에 스위스 취리히공대에서 개발하였다. 컴파일방식의 고수준언어로서 구조적 프로그래밍과 알고리즘 학습에 적합한 교육용 프로그래밍언어로서 그 명성이 있다. 이후 미국 볼랜드사에서 객체지향 개념을 도입하여 GUI방식의 프로그램을 쉽게 개발할 수 있도록 설계된 델파이(Delphi)는 RAD툴(Rapid Application Development Tools)의 한 제품으로서 PASCAL언어를 그 모태로 하고 있다.

〈그림 14-12〉는 보조기억장치의 데이터파일로부터 실수 데이터를 읽어서 합하는 PASCAL 프로그램의 예이다.

```
1       program   main(input, output, indata)
2       const   size = 100
3       type   Vector = array[1..size] of real;
4       var indata : text;
5           num : Vector;
6           j, k  :  integer;
7       begin { of main }
8           reset(indata, 'test.data');
9           while   not(eof(indata)) do
0           begin
11              read(indata, k);
12              for  j : =  1 to k do
13              begin
14                  read(indata, num[j]);
15                  write(num[j] : 10 : 2)
16              end;
17              writeln
18              readin(indata)
19          end
20      end.
```

〈그림 14-12〉 PASCAL 프로그램의 예

(5) PROLOG

PROLOG(PROgramming in LOGic)는 인공지능형 소프트웨어를 만들기 위하여 사용하는 인터프리트방식의 고수준언어로서 1973년 프랑스의 마르세유대학에서 개발하였다. 인공지능형 프로그램이란 문제의 해결과정을 단계별로 절차적으로 기술하는 것이 아니라 삼단논법처럼 추론의 형태로 묘사한다. 프로그램 안에는 사실 (fact)과 규칙(rule)이 서술되고 질문(question)이 포함된다. 프로그램을 실행시키면 사실과 규칙에 따라 추론(inference)이 이루어지고 질문에 대한 답이 구하여진다.

〈그림 14-13〉은 PROLOG 프로그램의 예를 보여주고 있다. 1행에서는 「소크라테스는 사람이다」, 2행에서는 「홍길동은 사람이다」, 3행에서는 「바둑이는 동물이다」라는 사실들이 서술되어 있다. 5행에서는 「모든 사람은 동물이다」, 6행에서는 「모든 동물

을 죽는다」라는 추론규칙들이 서술되어 있다. 8행에서는 서술된 사실과 규칙에 따르면「소크라테스는 죽는가?」라고 질문하는 명령이다. PROLOG 프로그램의 실행결과 8행의 질문에 대한 대답은「yes」가 출력될 것이다. 9행에서는 서술된 사실과 규칙에 따라「모든 죽는 것의 이름은 무엇인가?」라고 질문하고 있다. PROLOG 프로그램의 실행결과 9행의 질문에 대한 대답은「소크라테스, 홍길동, 바둑이」가 출력될 것이다.

PROLOG 프로그램은 인터프리트방식으로 실행되기 때문에 그 속도가 느릴 것이고 사실과 규칙에 따라 삼단논법방식의 추론을 하는 추론엔진(inference engine)이 인터프리터 역할을 한다.

```
1    human(소크라테스).        -소크라테스는 사람이다.(사실)
2    human(홍길동).           - 홍길동은 사람이다.(사실)
3    animal(바둑이)           - 바둑이는 동물이다.(사실)
4
5    animal(X) :- human(X).   - 모든 사람은 동물이다.(추론규칙, X는 변수)
6    die(X) :- animal(X).     - 모든 동물은 죽는다.(추론규칙)
7
8    ?-die(소크라테스)         - 소크라테스는 죽는가를 질의함
9     ?-die(X)               - 모든 죽는 것의 이름 X를 질의함
```

〈그림 14-13〉 PROLOG 프로그램의 예

(6) C언어

C언어는 컴파일방식의 고수준언어로서 UNIX 운영체제를 개발하는 데 사용된 이후로 유명하게 되었다. 프로그래밍을 하는 데 쉬울 뿐만 아니라 저수준언어의 장점도 갖고 있기 때문이다. C언어는 저수준언어와 유사한 기능뿐만 아니라 융통성과 이식성(portability)이 높으며 풍부한 연산자와 데이터형을 가지고 있었기 때문에 범용 프로그래밍언어로서 응용소프트웨어의 개발속도를 향상시키는 데 크게 기여하였다. 〈그림 14-14〉는 함수를 이용하여「안녕하세요?」를 출력하는 C프로그램의 예이다.

```
#include <stdio.h>

/* '안녕하세요?' 출력함수*/
void printme(){
  printf("안녕하세요?₩n");
}

/* main함수 */
main(){
  printme();
  return 0;
}
```

〈그림 14-14〉 C프로그램의 예

(7) C++/Visual C++

C++언어는 C언어의 장점을 그대로 유지하면서 객체지향(Object-Oriented)개념을 접목시킨 C언어의 확장판으로서 컴파일방식의 고수준언어라 할 수 있다.

비주얼C++는 마이크로소프트사에서 만든 C++컴파일러의 이름이다. C++에서 지원하는 대부분의 기본적인 기능을 지원하면서 그 외 여러 가지 GUI기능들을 추가적으로 지원하기 때문에 많은 인기를 누려왔다. 비주얼C++는 윈도환경에서 사용하기 좋은 언어이자 강력한 프로그래밍을 할 수 있는 RAD툴의 일종이지만 비주얼베이직이나 델파이보다는 사용하기 어렵고 까다로운 편이다. 비주얼C++를 이용하기 위해서는 MFC(Microsoft Foundation Class)에 대한 깊이 있는 이해도 필요하다. MFC는 미리 만들어놓은 작은 프로그램 모듈이라고 생각하면 되는데 정확히 말하면 객체지향개념에서 클래스들의 모임이 MFC라고 생각하면 된다. MFC의 클래스들을 잘 이용할 수 있으면 C++프로그램을 보다 쉽게 만들 수 있을 뿐만 아니라 고품질의 소프트웨어를 개발할 수 있을 것이다.

〈그림 14-15〉는 「안녕하세요?」를 출력하는 C++프로그램의 예이다.

```
1        #include 〈iostream.h〉
2
3        //'안녕하세요?'를 출력하는 class
4        class Hello
5        {
6            public
7            //prt__hello(void) : '안녕하세요?' 를 출력
8            void   prt__hello(void)
9            {
10                cout 〈〈 "안녕하세요?"〈〈 endI
11            }
12        };
13
14        // main 함수
15        int main(int argc, char* argv 0)
16        {
17            //hlo라는 Hello 형태의 객체를 생성
18            Hello   hlo
19            hlo.prt__hello();
20
21            // 0을 반환
22            return 0;
23        }
```

〈그림 14-15〉 C++프로그램의 예

(8) JAVA

JAVA는 1994년 미국 SUN사에서 가전제품을 제어하기 위한 목적으로 개발한 대표적인 객체지향언어(Object Oriented Language)로서 인터프리트방식의 고수준 언어이다.

가전제품에 포함된 소용량 컴퓨터에서 실행시킬 목적으로 만든 언어이기 때문에 비교적 저성능의 컴퓨터에서도 잘 실행되는 프로그램을 만들 수 있다는 것이다.

또한 JAVA로 만든 프로그램은 자바가상머신(Java Virtual Machine, JVM)이

설치된 컴퓨터이면 기종에 상관없이 실행가능하다. 이것은 네트워크 프로그래밍언
어로서 적합한 특성이다. 네트워크상에 연결된 컴퓨터는 다양한 기종들일 것인데
JVM만 설치하면 JAVA프로그램을 실행할 수 있을 것이기 때문이다. 인터넷 웹브
라우저에는 JVM이 포함되어 있으므로 웹브라우저가 설치된 컴퓨터는 JAVA프로
그램을 실행할 수 있다. 그러나 운영체제 계층보다 상위계층인 JVM상에서 실행되
는 JAVA프로그램은 실행을 위한 추가적인 처리를 하는 효과 때문에 직접 운영체
제상에서 수행되는 프로그램보다 속도가 느릴 것이다.

〈그림 14-16〉은 JAVA프로그램의 예를 보여주고 있다.

```
1      class Exam {
2          int c;
3          public  int add(int a, int b) {
4              c = a + b;
5              return  c;
6          }
7      }
8
9      public class ExamTest{
10         public  static void main(String args[]) {
11             int  sum;
12             int x, y;
13             x = Integer.parseInt(args[0]);
14             y = Integer.parseInt(args[1]);
15             Exam  examobject = new  Exam();
16
17             sum = examobject.add(x, y);
18             System.out.println("입력한 값의 합은 " + sum + "입니다");
19         }
20     }
```

〈그림 14-16〉 JAVA프로그램의 예

(9) C#언어

C#은 닷넷 환경의 응용프로그램을 개발하기 위한 프로그래밍 언어이다. 닷넷 환경은 자바가상머신과 비슷한 개념으로 생각할 수 있다. 즉 어떤 컴퓨터에 닷넷 플랫폼(.Net Platform)이 구축되면 하드웨어나 운영체제에 관계없이 C# 프로그램이 실행될 수 있게 하자는 것이다. C#과 닷넷플랫폼은 마이크로소프트사에서 JAVA와 자바가상머신에 대응하기 위하여 개발한 제품이라고 할 수 있다.

C#은 2000년도에 마이크로 소프트사의 앤더스 헤일스 버그와 스콧 윌타무스를 중심으로 개발되었는데 C, C++, JAVA, 비쥬얼베이직 언어의 영향을 많이 받았다. C#은 C의 빠른 속도, C++의 객체지향구조, JAVA의 보안성, 비주얼베이직의 빠른 개발시간 등 기존언어의 장점들을 바탕으로 설계되었다.

【요 약】

알고리즘은 어떤 문제를 해결하기 위한 단계를 순서대로 기술한 것을 말한다. 컴퓨터 프로그램은 문제를 해결하기 위해서 컴퓨터가 이해할 수 있는 방식으로 컴퓨터 하드웨어에 내린 일련의 명령어 집합체를 의미한다. 알고리즘과의 차이점은 컴퓨터가 이해할 수 있는 언어로 문제해결단계를 기술한다는 것이다. 즉 컴퓨터프로그램은 컴퓨터가 이해할 수 있는 프로그래밍언어를 이용하여 문제해결과정을 기술해 놓은 것으로서 컴퓨터소프트웨어(Software)라고도 한다. 컴퓨터 프로그래밍이란 컴퓨터프로그램을 작성하는 작업을 의미한다. 알고리즘의 각 단계별 처리작업을 프로그래밍언어로 표현하는 과정이 컴퓨터 프로그래밍이다.

프로그래밍언어(Programming Language)는 컴퓨터가 이해할 수 있는 언어인데 저수준언어와 고수준언어가 있다. 저수준언어의 예로는 기계어와 어셈블리어가 있고 고수준언어의 예로는 C/C++, 자바, 파워빌더, 비주얼베이직, 델파이 등이 있다.

컴퓨터소프트웨어 개발과정은 분석단계, 설계단계, 구현단계, 테스트단계 등으로 이루어진다. 분석단계에서는 문제분석을 하고 현재의 수준과 미래의 목표 등을 설정하고 그 목표를 위해서 어떠한 소프트웨어 기능들이 필요한지를 정의하는 과정이다. 설계단계에서는 소프트웨어의 기능을 컴퓨터로 구현하기 위한 데이터구조와 알고리즘을 설계하는 단계이다. 구현단계에서는 설계단계의 결과물인 데이터구조와 알고리즘을 프로그래밍언어를 이용하여 컴퓨터프로그램으로 변환하는 과정이다. 테스트단계는 만들어진 컴퓨터프로그램이 잘 실행되는지, 목표로 설정했던 기능들을 잘 제공하는지 등을 체크하는 과정이다. 목표했던 기능들이 제대로 수행되지 않으면 설계단계로 돌아가서 설계도를 수정하든지, 아니면 컴퓨터프로그램을 수정하여 다시 테스트 하여야 할 것이다.

【연습문제】

※ 정오식문제

1. BASIC은 모든 사람들이 배우기 쉽도록 만든 언어로서 언어의 분류 중 저급언어에 해당한다.(   )

2. RAD Tool이란 반복되는 부분을 최소한으로 줄이고, 코딩의 양을 최대한 줄이는 프로그래밍 언어의 종류로서, 대표적인 RAD Tool에는 C++, Visual Basic, Delphi 등이 있다.(   )

3. C언어는 중간언어라고 불릴 정도로 고급언어와 저급언어의 양쪽 장점을 모두 가지고 있다.(   )

4. 일반적으로 인터프리터방식의 프로그래밍언어보다 컴파일 방식의 언어가 더 효율적이라고 알려져 있다.(   )

5. 어셈블리 프로그램은 저급언어로 만들어진 프로그램이기 때문에 기계어로 번역되지 않아도 CPU가 이해할 수 있다.(   )

6. C#프로그램은 닷넷플랫폼이 탑재된 어떤 시스템에서도 실행된다.(   )

※ 단답식문제

7. (   )은 어떤 문제의 해결절차를 컴퓨터가 이해할 수 있는 언어로 기술해 놓은 것이다

8. (   )는 고수준언어로 만들어진 프로그램을 기계어코드로 변환하는 시스템소프트웨어이다.

【참고문헌】

[1] 김대수, 컴퓨터개론, 생능출판사, 2005.

[2] 김장형·고성택, C언어의 이해, 문운당, 1999.

[3] 오세만·이양선·김정숙·이창환, Introduction to C#, 생능출판사, 2005.

[4] 윤명영·오해균, 비주얼베이직6.0바로가기, 생능출판사, 2003.

[5] 정채영·정국영·이기준, Delphi, 21세기사, 1998.

[6] 한군희, 파워빌더, 진영사, 1998.

[7] 한금희, 함미옥, 컴퓨터과학개론, 한빛미디어, 2005.

[8] 한상영, FORTRAN77완성, 이한출판사, 1994.

[9] 황부현, JAVA프로그래밍, 정익사, 1998.

• 저자 •

김근형   • 약 력 •

서강대학교 컴퓨터학과(학사/석사/박사)
세종대학교 e-Business학과(경영학석사)
현, 제주대학교 경영정보학과 교수

• 주요논저 •

LNCS, 경영정보학연구, 정보과학회논문지 등
SCI급, 학진등재급 학술지에 다수 출판

컨버전스 시대!

경영과
컴퓨터의 만남

• 초판 인쇄	2008년 1월 30일
• 초판 발행	2008년 1월 30일
• 지 은 이	김근형
• 펴 낸 이	채종준
• 펴 낸 곳	한국학술정보㈜
	경기도 파주시 교하읍 문발리 513-5
	파주출판문화정보산업단지
	전화 031) 908-3181(대표) · 팩스 031) 908-3189
	홈페이지 http://www.kstudy.com
	e-mail(출판사업부) publish@kstudy.com
• 등 록	제일산-115호(2000. 6. 19)
• 가 격	24,000원

ISBN   978-89-534-8083-4 93560 (Paper Book)
         978-89-534-8084-1 98560 (e-Book)